普通高等教育计算机类系列教材

PHP 程序设计案例教程

第 2 版

陈建国　编著

余朝琨　主审

机械工业出版社

全书分为基础知识篇和技能提高篇两部分，共13章。第1~7章为基础知识篇，主要阐述PHP开发的基础知识，具体包括PHP概述、网站开发基础、PHP语法基础、PHP的流程控制结构、PHP数组、PHP网站开发和电子商务网站开发——基础功能等；第8~13章为技能提高篇，主要阐述PHP开发的高级应用技术及综合项目开发，具体包括MySQL数据库技术、PHP与MySQL数据库编程技术、电子商务网站开发——数据库开发、面向对象程序设计、PHP安全与加密技术和电子商务网站开发——在线购物等。

本书内容实用，案例丰富，操作性强，适合作为各类院校计算机专业的教材，也可以作为初中级PHP用户的学习用书。

图书在版编目（CIP）数据

PHP程序设计案例教程/陈建国编著. — 2版. —北京：机械工业出版社，2020.9（2022.5重印）

普通高等教育计算机类系列教材

ISBN 978-7-111-66357-7

Ⅰ. ①P⋯ Ⅱ. ①陈⋯ Ⅲ. ①PHP语言—程序设计—高等学校—教材 Ⅳ. ①TP312.8

中国版本图书馆CIP数据核字（2020）第154159号

机械工业出版社（北京市百万庄大街22号 邮政编码100037）
策划编辑：刘丽敏 责任编辑：刘丽敏 张翠翠
责任校对：炊小云 封面设计：张 静
责任印制：李 昂
北京捷迅佳彩印刷有限公司印刷
2022年5月第2版第3次印刷
184mm×260mm·24.25印张·660千字
标准书号：ISBN 978-7-111-66357-7
定价：65.00元

电话服务   网络服务
客服电话：010-88361066   机 工 官 网：www.cmpbook.com
          010-88379833   机 工 官 博：weibo.com/cmp1952
          010-68326294   金 书 网：www.golden-book.com
封底无防伪标均为盗版   机工教育服务网：www.cmpedu.com

前　言

本书自 2011 年出版以来，被广泛用于全国各类高等院校计算机专业的 PHP 程序设计教材，并得到广大师生好评。同时也收到许多热心读者的积极反馈和宝贵建议。本书第 2 版的修订说明如下。

1）采用最新版本软件——PHP7 和 MySQL8，突出新版软件功能。

2）增加部分章的课后习题及参考答案，以巩固复习核心知识点。

3）设计 3 个电子商务网站开发案例，采用循序渐进的方式对 PHP 网站开发实践过程进行讲解。

本书是编者总结多年 PHP 项目开发和教学经验的结晶，突出案例教学，从初学者的角度出发，通过通俗易懂的语言，丰富多彩、图文并茂的案例，详细生动地介绍 PHP 开发的相关技术。书中列举了大量案例，理论知识结合具体案例进行讲解，案例提供了实现步骤、完整源代码和运行效果，涉及的程序代码附以恰当的注释，读者能够更加直观地理解和掌握 PHP 程序开发技术的精髓，独立完成案例编程，快速提高开发技能。

全书分为基础知识篇和技能提高篇两部分，共 13 章。

第 1～7 章为基础知识篇，主要阐述 PHP 开发的基础知识，具体包括 PHP 概述、网站开发基础、PHP 语法基础、PHP 的流程控制结构、PHP 数组、PHP 网站开发和电子商务网站开发——基础功能等；第 8～13 章为技能提高篇，主要阐述 PHP 开发的高级应用技术及综合项目开发，具体包括 MySQL 数据库技术、PHP 与 MySQL 数据库编程技术、电子商务网站开发——数据库开发、面向对象程序设计、PHP 安全与加密技术和电子商务网站开发——在线购物等。

本书内容实用，案例丰富，操作性强，适合作为各类院校计算机专业的教材，也可以作为初中级 PHP 用户的学习用书。

本书由余朝琨教授主审，在此表示衷心的感谢！

由于编者水平有限，书中难免存在不足之处，敬请广大读者批评指正。

陈建国

目　　录

第 1 部分

基础知识篇

第1章　PHP 概述

【本章要点】
- PHP 技术
- PHP 工作原理
- PHP 开发环境搭建

1.1　PHP 入门

1.1.1　PHP 技术

个人主页：超文本预处理器（Personal Home Page：Hpertext Preprocessor，PHP）是一种多用途编程语言，尤其适合 Web 开发，具有应用广泛、免费开源、基于服务器端、跨平台、HTML 嵌入式等特点。PHP 与 ASP、ASP. NET 和 JSP 等并列成为使用广泛和最受欢迎的 Web 编程语言。

PHP 起源于 1995 年，由 Rasmus Lerdor 开发。PHP 发展迅速，PHP 官方已经先后发布了 PHP4、PHP5、PHP6、PHP7 等多个版本，每个版本都不断完善提升。PHP 在全世界广泛流行，目前 PHP 已成为 Web 领域中最受欢迎的编程语言。著名的社交网站 Facebook 就是基于 PHP 技术构建的。很多高校已经开设 PHP 编程设计课程，很多网站服务器提供商也提供了对 PHP 语言的支持。

PHP 的应用领域如下。

1）Web 网页程序。使用 PHP 开发各种动态网站、B/S（Browser/Server）应用程序。如中小型网站开发、电子商务应用、网上办公管理系统、信息管理系统等。

2）命令行程序。使用 PHP 开发命令行脚本程序，并通过 PHP 预处理器执行这些程序。如用户自定义批处理程序、Windows 平台下的 DOS 程序等。

3）桌面应用程序。使用 PHP 编写具有图形界面的桌面应用程序。如果只是对于桌面应用程序而言，PHP 不是最好的选择，不过可以使用 PHP-GTK 来编写这些程序。PHP 在桌面应用程序方面正在不断发展和完善。

PHP 的特点与优势如下。

1）免费开源。用户可以免费使用 PHP 进行程序开发，并且 PHP 开放源代码，所有的 PHP 自身程序代码都可以被免费使用、学习和交流。

2）支持跨平台。同一个 PHP 应用程序，无须修改源代码就可以在 Windows、Linux、UNIX 等操作系统中运行。

3）简单易学。PHP 继承了 C 语言特点，并结合面向对象编程思想。PHP 语法结构简单，且内置了丰富的函数，有 C 语言基础的用户在学习了 PHP 基本语法和常用 PHP 函数之后，就可以轻松编写 PHP 程序。

4）执行效率高。PHP 消耗更少的系统资源，服务器除了承担程序解释负荷外，无须承担其他负荷，执行速度比 ASP 和 JSP 更快，而且性能稳定。

5）支持面向对象。面向对象编程是当今软件开发的发展趋势，PHP 支持面向对象编程，对于提高 PHP 编程能力和规划 Web 开发架构非常有意义。

6) 高安全性。PHP 是公认的高安全性编程语言。因为 PHP 自身开源，所有人都可以对 PHP 代码进行研究，因此能尽可能多地发现存在的问题和错误，并及时修正。

1.1.2　PHP 工作原理

PHP 是基于服务器端运行的编程语言，可实现浏览器和网页服务器之间的数据交互。典型的 PHP 系统由 Web 服务器、PHP 解释器和浏览器组成。

1) Web 服务器。PHP 运行环境所在的服务器。PHP 支持多种服务器软件，包括 Apache、IIS 等。

2) PHP 解释器。实现对 PHP 程序的解释和编译。

3) 浏览器。浏览网页。由于 PHP 程序在发送到浏览器时已经被解释器解释生成普通 HTML 代码，所以对浏览器没有限制。

静态 HTML 网页的基本运行原理是，访问者在客户端通过浏览器向 Web 服务器发出页面请求，服务器收到请求后直接将所请求的 HTML 页面发回客户端，客户端就能在浏览器中看到页面效果。

（1）PHP 工作原理

PHP 的所有应用程序都是通过 Web 服务器（如 Apache 或 IIS）和 PHP 解释器解释并执行完成的，PHP 的工作原理如图 1.1 所示。

步骤 1：用户在浏览器地址栏中输入要访问的 PHP 页面地址，按 Enter 键发出请求，并将请求传送到支持 PHP 的目标 Web 服务器。

步骤 2：Web 服务器接收这个 PHP 请求，从服务器中取出对应的 PHP 应用程序，并将其发送给 PHP 解释器。

步骤 3：PHP 解释器读取 Web 服务器传送的 PHP 程序文件，根据命令进行数据处理（如业务数据处理或进行数据库操作等），并动态生成相应的 HTML 页面。

步骤 4：PHP 解释器将生成的 HTML 页面返回给 Web 服务器。

步骤 5：Web 服务器将 HTML 页面作为响应返回给客户端浏览器。

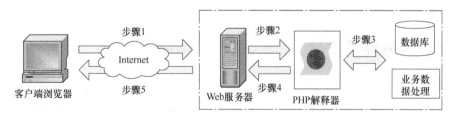

图 1.1　PHP 的工作原理

（2）PHP7 的新特征

PHP7 版本于 2015 年 12 月正式发布，是 PHP 编程语言的重大版本更新。相较于以前的版本，PHP7 在语言语法、底层架构、性能优化等方面都进行了较大改进。其中，在语法改进方面，PHP7 将一些过时的语法和功能进行移除，并增加了一些新的语法元素，改进了函数的调用机制，同时也完善了错误和异常处理机制。PHP7 的新增功能和特性可以概括为 13 个要点。

1) 标量类型声明。

2) 函数返回值类型声明。

3）新增 null 合并运算符。

4）新增组合比较符。

5）支持通过 define( )定义常量数组。

6）新增支持匿名类。

7）支持 Unicode codepoint 转译语法。

8）更好的闭包支持。

9）为 unserialize( )提供过滤。

10）新增加 IntlChar 类。

11）支持 use 语句从同一 namespace 导入类、函数和常量。

12）新增整除函数 intdiv( )。

13）session_start( )支持接收数组参数。

（3）如何学好 PHP 编程

学习每一种编程语言都应该讲究方法、策略，别人的学习经验可以借鉴，但不要生搬硬套。应该学会总结、分析、整理出一套适合自己的学习方法。以下是笔者结合多年的开发和教学总结出来的学习经验，分享给广大 PHP 程序开发者。

> 掌握网站开发基础知识。任何网站都是由网页组成的，因此需要掌握 HTML、CSS、JavaScript 等网页开发基础知识。

> 学会搭建 PHP 开发环境，并选择一种适合自己的开发工具。

> 掌握 PHP 基础语法和函数库，理解动态编程语言的工作原理。

> 学会使用 PHP 与 HTML 结合开发动态网页。一个个简单 PHP 案例的开发，意味着已经一步步迈上 PHP 的编程之路。

> 学会使用 PHP 与 MySQL 数据库结合开发数据库存取操作程序。几乎所有网站都需要用到数据库存取操作，因此需要学会数据库连接、数据查询、添加、修改和删除等知识。

> 多实践、多思考、多请教。学习每一种编程语言，都应该在掌握基本语法的基础上反复实践。大部分新手之所以觉得概念难学，是因为没有通过实际操作来理解概念的意义。边学边做是最有效的方式，对于 PHP 的所有语法知识都要亲自实践，只有熟悉各个程序代码会起到什么效果，才会记忆深刻。

1.2　PHP 开发环境搭建

PHP 开发环境涉及服务器操作系统、Web 服务器软件、数据库软件和 PHP 软件，读者根据自己的计算机软件、硬件环境需求，可以自由选择相应的软件。也可以选择独立安装，即自行配置 Apache 服务器、MySQL 服务器和 PHP；还可以选择集成化安装包。对于新手来说，建议使用集成化安装包（如 AppServ 或 XAMPP），因为集成化安装包操作起来非常方便，会自动安装 Apache、PHP、MySQL 和 phpMyAdmin 软件，不需要用户手动配置环境，安装完以后可以直接使用。

1.2.1　安装 AppServ 集成软件

AppServ 是 PHP 集成化安装包，实现了对 Apache、MySQL、PHP 和 phpMyAdmin 等相关软件的安装和配置集成。读者只要下载并安装 AppServ，即可完成 PHP 开发环境的快速搭建，不必对 PHP、Apache、MySQL 配置文件进行修改及相关烦琐的操作。

（1）下载 AppServ（www. appservnetwork. com）

撰写本书时，AppServ 集成的各个软件的最新版本分别是 Apache 2.4.41、PHP 7.3.10、MySQL 8.0.17、phpMyAdmin 4.9.1，AppServ 下载页面如图 1.2 所示。

图 1.2　AppServ 下载页面

（2）安装 AppServ

打开下载的 AppServ 安装文件 appserv-x64-9.3.0. exe，进入安装向导界面，单击"Next"按钮，进入安装协议界面，单击"I Agree"按钮。此时进入安装路径选择界面，设置 AppServ 的安装路径，默认为 C：\ AppServ，如图 1.3 所示。AppServ 安装完成后，Apache、MySQL、PHP 都将以子目录的形式存储到该目录下。

单击图 1.3 中的"Next"按钮，在打开的界面中选择要安装的程序和组件，默认为全选，表示要安装 Apache、MySQL、PHP 和 phpMyAdmin 软件，如图 1.4 所示。

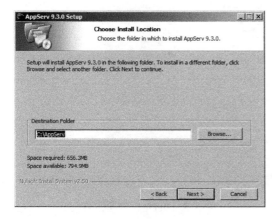

图 1.3　AppServ 安装路径选择界面

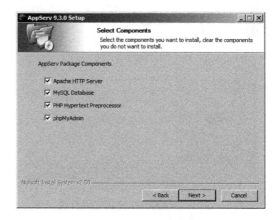

图 1.4　AppServ 安装选项界面

单击图 1.4 中的"Next"按钮，进入 Apache 端口号设置界面，分别输入计算机名称、管理员邮箱地址，设置 Apache 服务器端口号，默认为 80 端口，在此设置为 80，AppServ 端口号设置界面如图 1.5 所示。

💡 **说明**：Apache 端口号的设置，直接关系到 Apache 服务器是否能够正常启动，如果本机中的 80 端口被其他程序占用（如 IIS 等），需要修改 Apache 或其他程序的端口号，才能正常访问 Apache 服务器和其他程序，否则将导致 Apache 服务不能启动。

单击图 1.5 中的"Next"按钮，进入 MySQL 数据库设置界面。在此界面中设置 MySQL 数据库 root 用户的登录密码及字符集。数据库默认用户名为"root"，在此设置密码为"88888888"（后续的 PHP 程序开发中，连接数据库时需要使用用户名和密码）。数据库字符集可以选择 UTF-8、GBK 或者 GB2312，此处将字符集设置为 UTF-8 Unicode，如图 1.6 所示。

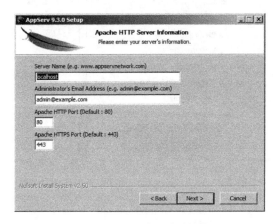

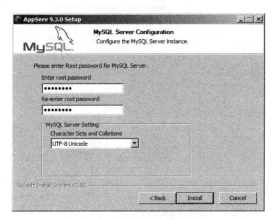

图 1.5　AppServ 端口号设置界面　　　　　图 1.6　MySQL 设置界面

单击图 1.6 中的"Install"按钮开始安装 AppServ，AppServ 安装完成界面如图 1.7 所示。安装完成后可以在"开始"菜单的 AppServ 相关操作列表中启动 Apache 及 MySQL 服务，如图 1.8 所示。

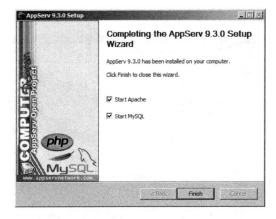

图 1.7　AppServ 安装完成界面　　　　　图 1.8　AppServ 程序列表

AppServ 安装后，可以访问 AppServ 主页和登录 phpMyAdmin 图形化管理界面来测试 PHP 环境是否搭建成功。在浏览器地址栏中输入 http://localhost:8090/或 http://127.0.0.1:8090/，如
果进入图 1.9 所示的 AppServ 默认主页，则说明 AppServ 安装成功。

> 💡**说明**：网址 localhost 或者 127.0.0.1 表示本机的域名及 IP 地址，8090 表示 AppServ 的默认
> 端口号（在安装 AppServ 时设置），通过域名和端口号进行网站访问。

图 1.9　AppServ 默认主页

接着，单击 AppServ 默认主页（见图 1.9）最上方的 phpMyAdmin Database Manager Version
4.9.1 超链接，进入登录界面，如图 1.10 所示。注意，界面中有两个 phpMyAdmin 超链接，是界
面上方的超链接，而不是界面中间的超链接，否则会进入 phpMyAdmin 官方网站。在登录界面中
输入在安装 AppServ 时设置的 MySQL 服务器的用户名和密码（用户名为 "root"，密码为
"88888888"），即可登录到 phpMyAdmin 图形化管理界面，如图 1.11 所示。

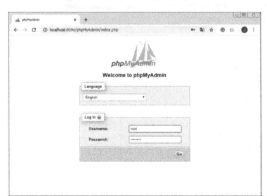

图 1.10　phpMyAdmin 的登录界面

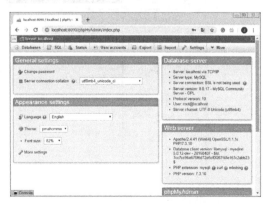

图 1.11　phpMyAdmin 图形化管理界面

（3）AppServ 服务器配置（可选做）

1）修改 Apache 服务器端口号。

AppServ 集成环境安装完成后可以直接使用。如果安装 AppServ 时设置默认 80 端口号，则有
可能与其他应用程序（如 IIS）发生冲突，导致 Apache 无法启动。如果出现这种情况，可以修改

Apache 服务器的端口号。首先打开 AppServ 安装目录中的 Apache 文件夹,在 C:\AppServ\A-pache24\conf 下找到 httpd.conf 文件并使用记事本方式打开,如图 1.12 所示。接着通过查找关键字"80"定位到 Listen 命令,将 80 端口修改为 8090,如图 1.13 所示。

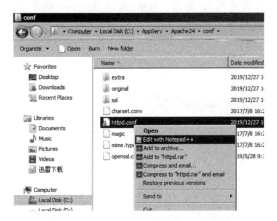
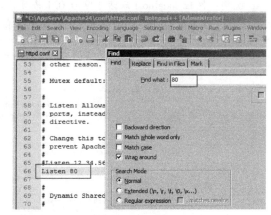

图 1.12 查找 httpd.conf 文件并使用记事本打开   图 1.13 查找 80 端口号

　　然后需要重新启动 Apache 服务,方法为:右击"计算机",在弹出的快捷菜单中选择"管理工具"命令,将弹出"服务管理"窗口。如图 1.14 所示,选择窗口左侧的"Services(服务)"选项,在右侧的服务列表中找到 Apache24,选择"重新启动"命令,即可重新启动 Apache 服务器。最后重新访问 AppServ 主页(http://localhost:8090/),如果访问成功,则说明服务器端口修改成功。

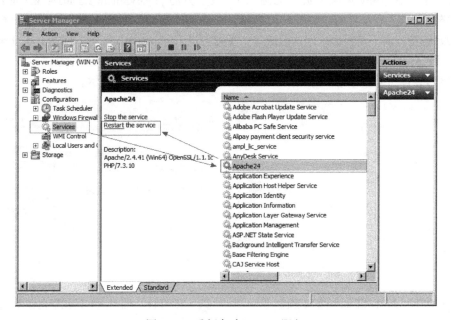

图 1.14 重新启动 Apache 服务

　　2)设置 PHP 的默认时区。

　　由于在 PHP 语言中默认设置的是标准格林尼治时间(即采用的是零时区),因此 PHP 编程中的日期时间函数比操作系统时间少 8h。如果要获取本地当前的时间,则需要修改 PHP 时区设置。进入 "C:\AppServ\php7\" 目录，找到并使用记事本方式打开 php. ini 配置文件，如图 1.15 所示。接着找到［Date］下的 "; date. timezone =" 选项，将其值修改为上海时区 "; date. timezone = Asia/Shanghai"，然后重新启动 Apache 服务器，如图 1.16 所示。

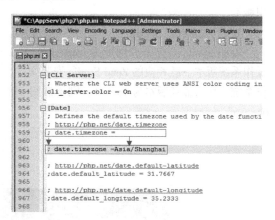

图 1.15　找到 php. ini 配置文件　　　　　图 1.16　设置 PHP 的默认时区

【学习笔记】

1）注意：在使用 AppServ 搭建 PHP 开发环境时，必须确保在系统中没有安装 Apache、PHP 和 MySQL。否则，要先将这些软件卸载，然后应用 AppServ。

2）安装 AppServ 需要特别注意以下几个事项：①设置 AppServ 安装路径；②设置 Apache 端口号；③设置 MySQL 数据库密码和编码格式。

1.2.2　安装 Zend Studio 开发工具

目前常用的 PHP 开发工具包括 Zend Studio、PHPEd、PHP Coder、Maguma Studio、PHP Edit、以及 Dreamweaver。

1）Zend Studio。目前公认的最强大的 PHP 开发工具，包括了用于编辑、调试、配置 PHP 程序所需要的客户端及服务器组件，具有符合工业标准的 PHP 开发环境、PHP 引擎和功能齐全的调试器等。软件下载地址：http://www. zend. com/downloads/zend-studio。

2）PHPEd。通过高效的 PHP 调试和压缩能力，可以在线程级别对正在运行或者开发中的程序进行测试。但对中文支持不太好，汉字都被当作单字节进行处理。软件下载地址：http://www. nusphere. com。

3）PHP Coder。用于快速开发和调试 PHP 应用程序，它很容易扩展和定制，完全能够符合开发者的个性要求。其支持高亮显示 HTML 和 PHP 代码，可以自动完成用户自定义代码片断，进行标准函数提示，支持查找对称的语句标记符，支持运行和断点调试。软件下载地址：http://www. phpide. de/。

4）Maguma Studio。包含了编辑和调试 PHP 程序所必需的工具。无论是经验丰富的开发者还是初学者都适合使用。该工具具有十分完备的断点、分步等调试功能，支持以树形方式显示文件中的函数和类成员。软件下载地址：http://www. maguma. com。

5）PHP Edit。具有 PHP 代码编辑、语法关键词高亮显示、代码提示、PHP 调试等功能，无须架设网站主机就可以测试 PHP 指令码。软件下载地址：http://www. dzsoft. com/dzphp. htm。

6）Dreamweaver。一款专业的网站开发软件，提供了代码自动完成功能，能够快速、高效地创建富有表现力的网页，帮助程序员进行网站开发与维护。软件下载地址：http://www.adobe.com/downloads。

本书选用 Zend Studio 作为 PHP 程序的开发工具（Zend Studio 是一款收费软件，可以下载试用版）。

1. 下载 Zend Studio

Zend Studio 官方下载网址为 https://www.zend.com/downloads/zend-studio，读者可根据计算机操作系统版本下载相应的 Zend Studio 安装文件，下载界面如图 1.17 所示。例如，64 位 Windows 操作系统，目前最新版本为 13.6.1，则下载得到的安装文件为"ZendStudio-13.6.1-win32.win32.x86_64.exe"。

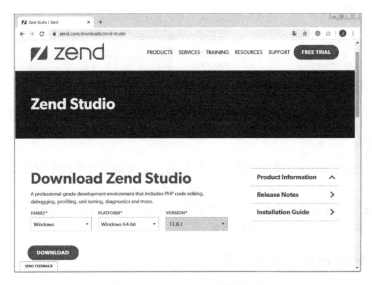

图 1.17　Zend Studio 下载界面

2. 安装 Zend Studio

Zend Studio 的安装过程十分简单，运行安装文件 ZendStudio-13.6.1-win32.win32.x86_64.exe，选择"I agree to the license terms and conditions"复选框，可以直接单击"Install"按钮根据默认配置进行安装，也可以单击"Options"按钮自定义安装选项，如图 1.18 所示。安装过程界面如图 1.19 所示。

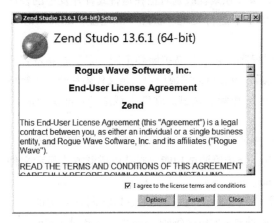

图 1.18　Zend Studio 服务协议界面

图 1.19　Zend Studio 安装过程界面

1.3　使用 Zend Studio 开发 PHP 程序

1. 设置 Zend Studio 的工作空间

在使用 Zend Studio 软件进行 PHP 程序开发之前，需要为 Zend Studio 设置一个工作空间，用于存储 PHP 项目文件。当第一次启动 Zend Studio 软件时，软件会自动弹出设置 Zend Studio 的工作空间（Workspace）对话框，读者可以根据自己的需要指定一个目录作为 Zend Studio 的工作空间。本书设置为"E:\PHPProjects"，如图 1.20 所示。

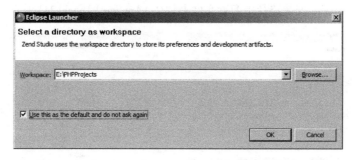

图 1.20　设置 Zend Studio 工作空间

设置完工作空间后，进入 Zend Studio 软件主界面，如图 1.21 所示。如果想要修改工作空间，也可以选择 Zend Studio 的菜单"File（文件）"→"Switch Workspace（切换工作空间）"命令来重新设置。

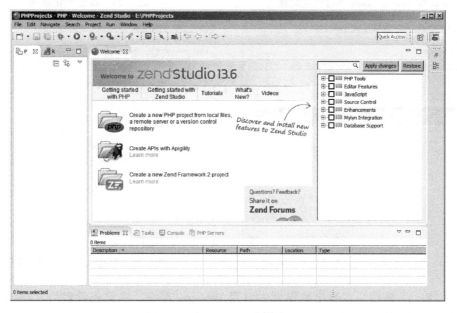

图 1.21　Zend Studio 软件主界面

2. PHP 网站运行环境配置

在开发 PHP 网站程序之前，需要将 Zend Studio 工作空间与 Apache 服务器的默认目录进行关联，使得通过 http://localhost:8090/网址可以访问到 Zend Studio 工作空间中的各个 PHP 网站程序。首先需要在 Zend Studio 软件中配置 Apache 运行环境，选择 Zend Studio 菜单"Run"→
"Run Configurations"命令，在弹出的界面中可进行运行环境配置，如图 1.22 所示。

在图 1.22 中，选中左侧菜单中的"PHP Web Application"选项，然后单击"新建"图标菜
单，此时将在当前窗体右侧出现一个新的环境配置信息"New_configuration"，如图 1.23 所示。

在图 1.23 中，单击窗体右侧的 PHP Server 面板中的"New"按钮，将弹出一个新的对话框，
用于新建一个 PHP 服务，如图 1.24 所示。接着，在图 1.24 的对话框中选择"Local Apache HTTP
Server"选项，此时弹出 Configuration an Apache Server 服务信息编辑对话框，如图 1.25 所示。在
图 1.25 中，为 PHP 服务设置一个名称，例如"ApacheServer"，并且设置"Configuration
Directory"的值为 Apache 安装路径中配置文件夹"C:\AppServ\Apache24\conf"。

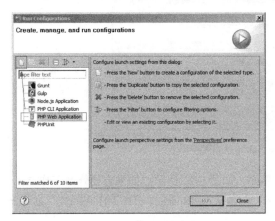

图 1.22　Zend Studio 运行环境配置

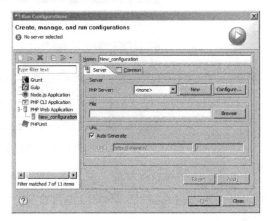

图 1.23　新建 PHP 服务

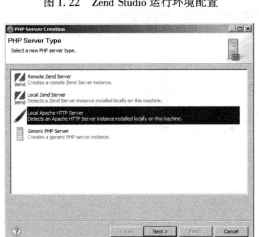

图 1.24　选择"Local Apache HTTP Server"

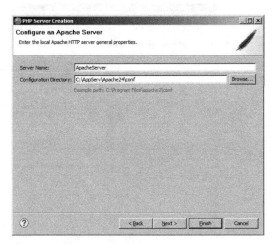

图 1.25　配置 Apache 服务路径

单击"Next"按钮，在弹出的界面中设置 Debugger 服务，在此先设置为"〈none〉"，如
图 1.26 所示。创建完 PHP 服务之后，返回环境配置对话框，此时在 Server 选项卡中将出现刚创
建的名为"ApacheServer"的服务，如图 1.27 所示。

单击"Configure"按钮，继续配置 PHP 服务。在弹出的界面中，设置 ApacheServer 的默认网
址（Base URL）为"http://localhost:8090"、网站根目录（Document Root）为 Zend Studio 工作空
间"E:\PHPProjects"，如图 1.28 所示，设置完成后，保存配置信息。

图 1.26　设置 Debugger 服务

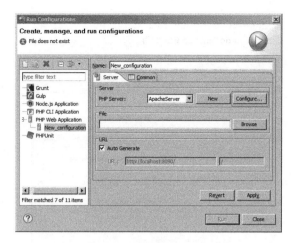

图 1.27　配置 PHP 服务

除了在 Zend Studio 软件中设置运行环境配置信息之外,还需要修改 Apache 的配置文件。进入 Apache 安装目录 C:\AppServ\Apache24\conf,使用记事本方式打开 httpd.conf 文件,找到 "DocumentRoot" 配置项,将默认网站路径由 "C:\AppServ\www" 修改为 "E:\PHPProjects",如图 1.29 所示。详细修改内容如下。

```
DocumentRoot "E:\PHPProjects"
<Directory "E:\PHPProjects">
```

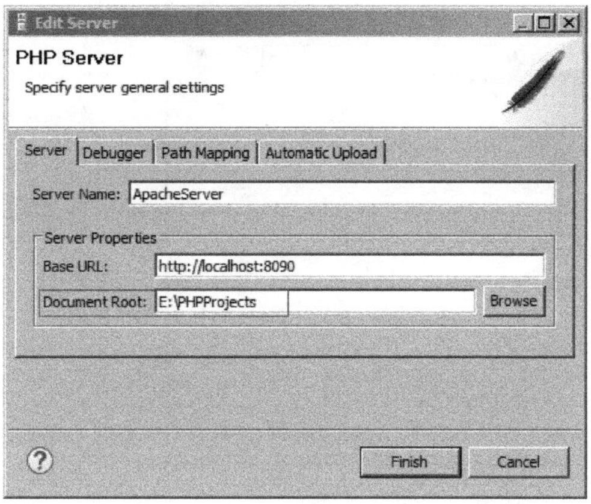

图 1.28　继续配置 PHP 服务

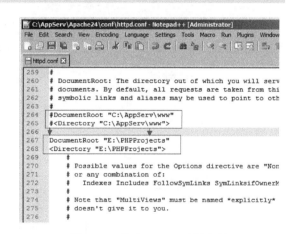

图 1.29　修改 Apache 配置文件

3. 创建 PHP 网站项目

在配置完 PHP 运行环境之后,即可创建 PHP 网站项目并运行网站。在 Zend Studio 软件的菜单中选择 "File" → "New" → "Local PHP Project" 命令,在弹出的新项目创建对话框中,设置项目名称为 PHP01,项目文件存储位置为默认,如图 1.30 所示。

新建一个 PHP 项目时,一般会自动创建一个 index.php 的网页文件,也可以根据实际需要继续创建新的 PHP 网页文件。打开 index.php 文件,可以看到 "<?php" 内容,此为 PHP 程序的开始标记,如图 1.31 所示,PHP 的详细语法将在第 3 章进行讲解。这里只演示简单的 PHP 示例,通过 index.php 文件实现字符串输出功能,PHP 代码如下。

```
<? php
    echo "Hello Word!";
? >
```

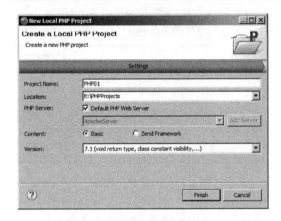

图 1.30 创建 PHP 项目

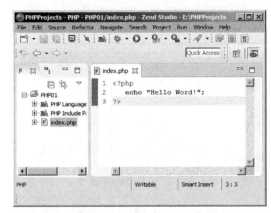

图 1.31 简单的 PHP 示例

代码编写完成，保存文件，单击"运行"按钮（即工具栏中的绿色圆形按钮）运行程序，运行效果如图 1.32 所示。

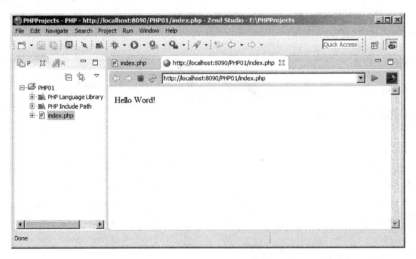

图 1.32 PHP 代码运行效果

1.4 课后习题

一、选择题

1. 以下哪个选项不是 PHP 的特点与优势。（　　）

　（A）免费开源　　　（B）支持跨平台　　　（C）执行效率高　　　（D）不支持面向对象

2. PHP7 的新增功能和特性不包括哪一选项。（　　）

　（A）支持通过 define( ) 定义常量数组　　　（B）不支持匿名类

　（C）新增整除函数 intdiv( )　　　（D）session_start( ) 支持接收数组参数

二、填空题

1. PHP 的应用领域主要有＿＿＿＿＿＿＿、＿＿＿＿＿＿＿和＿＿＿＿＿＿＿。

2. PHP 是基于服务器端运行的编程语言，实现＿＿＿＿＿＿＿和＿＿＿＿＿＿＿之间的数据交互。

三、判断题

1. （　　） PHP 的特点与优势有免费开源、支持跨平台、简单易学、执行效率高、低安全性。

2. （　　） AppServ 软件实现对 Apache、MySQL、PHP 和 phpMyAdmin 等软件的安装和配置集成。

四、简答题

简述 PHP 的工作过程。

第2章 网站开发基础

【本章要点】

☛ HTML 基本标签和表单控件
☛ CSS 知识
☛ JavaScript 知识

2.1 HTML 知识

网站由一系列网页文件通过超链接组成，也包含和网页相关的资源，如图片、动画、音乐等。网站是一系列逻辑上可以视为一个整体的网页及其相关资源的集合。

HTML（Hypertext Markup Language，超文本标记语言）用于描述和绘制网页上的文字、图像、动画、声音、表格和超链接等内容。HTML 不是一种计算机编程语言，而是一种网页描述标志。

2.1.1 HTML 基本标签

网页本质上是一个页面文件，扩展名为 . html 或 . htm。HTML 标签是由 < > 括起来的，HTML文件内容要包含在 < html > 和 </html > 标签内，完整的 HTML 网页文件包括 < head ></head >（头部）和 < body ></body >（主体）两部分，其基本结构如图 2.1 所示。

1. 网页头部标签

网页头部的 HTML 标签是 < head > 和 </head >，用于存放网页描述信息，包括网页标题、设置网页编码方式、网页关键词等。

< title > </title >标签用于设置网页的标题。浏览网页时，标题将显示在浏览器的标题栏上。< meta > </meta >（也可以写成单标签形式：< meta/ >）标签用于设置网页编码方式，包括网页

图 2.1　HTML 网页文件的基本结构

的类别和语言字符集。字符集可以有 ISO-150、UTF-8、GBK，GB2312 等。< meta >标签主要用于解决网页乱码问题，网页的中文编码格式为 GB2312 和 GBK，这两种编码缺乏国际通用性；UTF-8 为国际标准编码，一般网页编码使用该编码方式。各个 Web 服务器使用的编码方式不同或者各种版本的浏览器对字符编码的处理方式不同，都会导致网页字符的显示结果不一样，从而出现网页乱码现象。解决办法是在网页中指定编码方式，即在网页的第一行加入 < meta >标签。

2. 网页主体标签

网页主体的 HTML 标签是 < body > 和 </body >，用于存放整个网页的各种标签控件和内容。< body >标签的主要属性见表 2.1。

表 2.1 ＜body＞标签的主要属性

属 性 代 码	属 性 名 称	示 例
bgcolor	背景颜色	＜body bgcolor = "red"＞
background	背景图像	＜body background = "图像地址"＞
topmargin	上页边距	＜body topmargin = "0"＞
bottommargin	下页边距	＜body bottommargin = "0"＞
leftmargin	左页边距	＜body leftmargin = "0"＞
rightmargin	右页边距	＜body rightmargin = "0"＞
bgsoung	背景音乐	＜bgsoung src = "音乐地址" /＞

默认情况下，网页内容和页面边界有一定的间隙，所以在制作网页时需要将其消除，topmargin、rightmargin、bottommargin 和 leftmargin 属性的值分别是上页边距、右页边距，下页边距和左页边距。

【案例 2.1】

编写一个 HTML 网页，了解 HTML 的基本结构，学习＜head＞＜/head＞标签和＜body＞＜/body＞标签及相应的属性。

【实现步骤】

在 Zend Studio 软件中创建一个 PHP 项目，命名为 PHP02，用于实现本章的所有案例代码。在 PHP02 项目中，创建一个 .html 文件并命名为"0201.html"，编写 HTML 网页的＜head＞和＜body＞标签，并设置相关属性，具体代码如下。

```
<html>
<head>
 <meta http-equiv="Content-Type" content="text/html; charset=GB2312"/>
  <title>这是网页的标题</title>
</head>
<body leftmargin="0" topmargin="20" bgcolor="#FF9966">
  这是网页的内容，注意到网页左边距为0，上边距为20，背景色为#FF9966
</body>
</html>
```

保存 0201.html 页面，在 Zend Studio 软件中运行该页面，或者在浏览器地址栏中输入 http://localhost：8090/PHP02/0201.html，可浏览页面效果如图 2.2 所示。

3. HTML 常用文本标签

＜p＞＜/p＞是 HTML 的段落标签，用于对网页主体内容的组织和分段，标签＜p＞和＜/p＞分别是段落的开始标签和结束标签。可以使用 align 属性对段落中的内容（文字、图片和表格等）进行对齐方式的设置，属性值有 left（左对齐，默认值）、right（右对齐）和 center（居中对齐）。另外，＜br/＞标签是换行符，可在 Web 页面上显示为另起一行。

HTML 常用文本标签见表 2.2。

图 2.2 案例 2.1 效果

17

PHP程序设计案例教程 第2版

表 2.2　HTML 常用文本标签

标　签	标签名称	标签属性	属性名称	属性取值或标签说明
\<p\> \</p\>	段落	align	对齐方式	left（左对齐）、right（右对齐）、center（居中对齐）
\<br/\>	换行			
\<font\> \</font\>	文字样式	face	字体	\<font face = "宋体"\>
		color	颜色	文字颜色，取 RGB 值或预设颜色常量
		size	大小	取值范围是 1~7 和 +（-）1~6（表示相对于原字体大小的增量或减量），默认是 3
\<h1\> \</h1\> … \<h6\> \</h6\>	标题文本			6 种不同标题，标签中 h 后面的数字越大，标题文本越小
\<b\> \</b\>	粗体			对文本进行加粗修饰
\<i\> \</i\>	斜体			对文本进行斜体修饰
\<u\> \</u\>	下画线			对文本进行下画线修饰
\<em\> \</em\>	强调			强调字体，即加粗并斜体
\<sup\> \</sup\>	上标			多用于数学指数的表示，如某个数的二次方或三次方
\<sub\> \</sub\>	下标			多用于注释，以表示数学公式中的底数
\<strike\> \</strike\>	删除线			在文本上显示删除线

【案例 2.2】
HTML 文本标签的使用和显示效果。
【实现步骤】
在 PHP02 项目中创建一个 .html 文件并命名为"0202.html"，编写各种文本标签，并且设置相关的属性，观察不同标签和属性的显示效果。参考代码如下。

```
<html>
<head>
  <meta http - equiv = "Content-Type" content = "text/html; charset = GB2312" />
  <title>HTML 文本标签</title>
</head>
<body>
<center>
  <h1>一级标题</h1>
  <h2>二级标题</h2>
  <h6>六级标题</h6>
  <p>段落开始了,<b>这是加粗文字</b></p>
  <p><i>这是斜体文字</i></p>
  <p><u>这是下画线文字</u></p>
  <p><tt>这是打字机风格文字</tt></p>
  <p><font size = "+1" color = "red">这是字体大小 +1 的红色文字</font></p>
  <p><font size = "5" color = "orange">这是字体大小为 5 的橙色文字</font></p>
  <p>数学公式1：X<sup>2</sup>+2XY+Y<sup>2</sup>=20</p>
  <p>数学公式2：A<sub>1</sub>+A<sub>2</sub>+…+A<sub>n</sub>=100</p>
</center>
</body>
</html>
```

HTML 文本标签的运行效果如图 2.3 所示。

图 2.3　HTML 文本标签的运行效果

4. 网页特殊字符

在网页制作过程中，有一些特殊的符号无法直接在页面中显示，需要使用代码进行替换。HTML 规定了一些特殊字符的编码规则，网页特殊字符见表 2.3。

表 2.3　网页特殊字符

特 殊 字 符	HTML 代码	特 殊 字 符	HTML 代码
（空格）		§	&sect;
<	&lt;	™	&trade;
>	&gt;	®	&reg;
&	&amp;	¥	&yen;
±	&plusmn;	£	&pound;
" "	&quot;	©	&copy;

【案例 2.3】

本案例介绍 HTML 的特殊字符标记。

【实现步骤】

在 PHP02 项目中创建一个 .html 文件并命名为 "0203.html"，编写表 2.3 中的各种特殊字符，具体代码如下。

```
<html >
<head >
   <meta http-equiv="Content-Type" content="text/html; charset=gb2312" />
   <title>HTML 特殊字符标签</title>
</head>
<body>
  <br/> HTML 标签显示: &lt; Table &gt;
```

```
<br/>英文双引号显示：&quot;新年快乐！&quot;
<br/>商标符号显示：&trade;
<br/>注册符号显示：&reg;
<br/>版权符号显示：&copy;
<br/>特殊符号显示：&sect;
<br/>时间符号显示：&times;
<br/>空格符号显示：这中间     有 3 个空格，每个空格占一个英文字符的位置。
</body>
</html>
```

HTML 特殊字符标签的运行效果如图 2.4 所示。

5. 列表标签

HTML 的列表分为无序列表 < ul > </ul > 和有序列表 < ol > </ol >，包含的列表项由 < li > </li >组成。

（1）无序列表　无序列表是指列表项之间没有先后顺序，列表标签为 < ul > </ul >，编码格式如下。

图 2.4　HTML 特殊字符标签的运行效果

```
<ul type ="符号类型">
  <li >列表项一</li >
  <li >列表项二</li >
  <li >列表项三</li >
</ul >
```

说明：type 属性用于设置无序列表的项目符号，取值是 disc（实心原点，默认）、circle（空心原点）和 square（实心方块）。

（2）有序列表　有序列表是指列表项之间有先后顺序，序列编号有 5 种，分别是 1、2、3，a、b、c，A、B、C，i、ii、iii、iv，I、II、III、IV。编码格式如下。

```
<ol type ="1">
  <li >列表项一</li >
  <li >列表项二</li >
  <li >列表项三</li >
</ol >
```

【案例 2.4】

本案例通过展示企业网站菜单结构来介绍 HTML 的列表标签。

【实现步骤】

在 PHP02 项目中创建一个 .html 文件并命名为 "0204.html"，在网页中分别编写无序列表标签和有序列表标签，编写 HTML 代码如下。

```
<html >
<head > <title >HTML 列表标签</title > </head >
<body >
  <ul >
    <li type ="square">新闻中心
      <ol type ="1">
```

```
            <li>企业新闻</li>
            <li>行业动态</li>
            <li>通知公告</li>
         </ol>
      </li>
      <li type="disc">商品中心
       <ol type="i">
            <li>前沿科技</li>
            <li>软件实验室</li>
            <li>硬件实验室</li>
       </ol>
      </li>
      <li type="circle">客服中心
        <ol type="A">
            <li>买家帮助</li>
            <li>卖家服务</li>
            <li>交易知识</li>
        </ol>
      </li>
    </ul>
</body>
</html>
```

HTML 列表标签的运行效果如图 2.5 所示。

6. 表格标签

表格标签是 HTML 网页开发中的重要元素，在网页中可以用于组织和显示数据，还可以用于网页的布局和设计。每一个表格都由行和列组成，每一对 < table > </table > 标签代表一个表格，< tr > </tr > 标签代表一行，< td > 和 </td > 标签代表一列。表格的结构和编码格式如下。

图 2.5　HTML 列表标签的运行效果

```
<table>表格
  <tr>   <! --表行 第一行—>
    <td>单元格第一行第一列</td>
    <td>第一行第二列      </td>
    ...
  </tr>
  ...
</table>
```

（1）**表格的整体控制**　表格的整体控制是指对 < table > </table > 标签进行属性设置，包括表格宽度和高度、表格对齐方式、表格边框、单元格边距、表格背景颜色和表格背景图片等，具体属性及说明见表2.4。

表2.4 <table>标签的属性

属 性 名 称	属 性 值	说 明
width		宽度
height		高度
align	left、right、center	对齐方式
border		边框
cellpadding		单元格内边距，即单元格与单元格内容的距离
cellspacing		单元格间距，即单元格与单元格之间的距离
bgcolor	颜色值	背景颜色
background	图片路径	背景图片

（2）单元格的控制 单元格的控制是指对 <td> </td> 标签进行属性设置，包括单元格宽度和高度、单元格对齐方式、单元格边框样式、单元格背景颜色和图片等，属性取值与 <table> 标签的相应属性相同。但单元格有两个重要属性就是 colspan（列合并）和 rowspan（行合并），具体属性及说明见表2.5。

表2.5 <td>标签的特有属性

属 性 名 称	属 性 值	说 明	示 例
colspan	要合并的列数	用于水平合并单元格（列合并）	<td colspan = "2">
rowspan	要合并的行数	用于垂直合并单元格（行合并）	<td rowspan = "2">

【案例2.5】

本案例通过制作一个课程表来学习 HTML 表格标签的使用、表格属性的设置、单元格的水平合并和垂直合并等知识。

【实现步骤】

在 PHP02 项目中创建一个 . html 文件并命名为 "0205. html"，在网页中首先创建一个 4 行 7 列的表格，接着对照图 2.6 的显示效果对相关的单元格进行列合并或者行合并，最后分别为各个单元格设置不同的背景颜色编写，具体代码如下。

```
<html>
<head> <title>HTML 表格标签</title> </head>
<body>
<table border = "1">
    <tr>
        <td colspan = "7" align = "center" bgcolor = "red">
        ** 大学课程表
        </td>
    </tr>
    <tr>
        <td colspan = "2">时间</td>
        <td bgcolor = "#FF0000">星期一</td>
        <td bgcolor = "#FF3300">星期二</td>
        <td bgcolor = "#FF9933">星期三</td>
        <td bgcolor = "#FF9966">星期四</td>
```

```
      <td bgcolor ="#FF99FF">星期五</td>
    </tr>
    <tr>
      <td rowspan ="2">上午</td>
      <td>1 - 2 节</td>
      <td>语文</td>
      <td>数学</td>
      <td>英语</td>
      <td>语文</td>
      <td>英语</td>
    </tr>
    <tr>
      <td>3 - 4 节</td>
      <td>数学</td>
      <td>英语</td>
      <td>语文</td>
      <td>数学</td>
      <td>语文</td>
    </tr>
</table>
</body>
</html>
```

HTML 表格标签的运行效果如图 2.6 所示。

图 2.6 HTML 表格标签的运行效果

7. 图片标签

< img /> 是单标签,用于在网页中显示图像,通过设置属性来控制图像的显示效果,编码方法如下。

```
< img src ="cc. jpg" width ="20px" height ="20px" border ="0" title ="新闻1" align ="center" alt ="新闻1" />
```

图片标签属性说明如下。

➤ src:图像路径。

➤ width:图像宽度,默认单位是像素(px)。

➤ height:图像高度,默认单位是像素(px)。

➤ border:图像边框样式。

> title：提示文字（当鼠标指针移到图片上方时）。
> align：图像和文字的对齐方式，取值范围有 left、right、middle、top、bottom。
> alt：替代文字（当 src 属性的路径找不到图片时）。

【案例 2.6】

本案例介绍 HTML 图像标签。

【实现步骤】

在 PHP 项目中创建一个文件夹并命名为 "images"，在文件夹中存放一张图像，用于在页面中显示。接着创建一个 . html 文件并命名为 "0206. html"，在页面中编写两个图像标签，一个指向存在的图像，一个指向不存在的图像，观察其不同显示效果，具体代码如下。

```html
<html>
<head> <title>HTML图像标签</title> </head>
<body>
   <img src="images/img1.jpg" alt="PHP图像" width="120px" height="67px"/>  <br/>
   <img src="images/img2.jpg" alt="PHP图像2" width="120px" height="67px"/>
</body>
</html>
```

　　HTML 图像标签的运行效果如图 2.7 所示。从图中可以看出，案例中由于没有文件名为 "img2. jpg" 的图像，因此页面显示该图像标签中 alt 的属性值，即根据 img 的 src 属性路径找不到图像时用于显示的替代文字。

图 2.7　HTML 图像标签的运行效果

8. 多媒体标签

　　HTML 的多媒体播放功能包括使用 <bgsound/> 标签添加网页背景音乐，以及在网页中添加 <embed> </embed> 标签以用于播放音乐、动画和视频等多媒体。

　　（1）添加网页背景音乐

　　 标签用于为网页添加背景音乐，编码格式如下。

```
<bgsound src="音乐文件路径" loop="-1|循环播放次数" />
```

属性说明如下。

> src：用于指定所链接的音乐文件路径。
> loop：指定背景音乐的循环播放次数，如果设置为 -1，则表示无限循环。

　　（2）添加音乐、动画、视频播放器

　　<embed> </embed> 标签用于为网页添加音乐、动画和视频播放器，编码格式如下。

```
<embed src="资源文件路径" width="宽度" height="高度" autostart="true|false"> </embed>
```

属性说明如下。

> src：用于指定所链接的音乐文件路径。
> width：播放器宽度。
> height：播放器高度。
> autostart：设置是否自动播放，取值 true 或 false。

【案例 2.7】

本案例介绍在网页中添加视频、音频和 Flash 动画播放器以实现多媒体播放效果。

【实现步骤】

分别复制一个视频文件、音频文件和 Flash 文件到 PHP02 项目中的 images 文件夹，接着创建一个 . html 文件并命名为"0207. html"，在页面中编写三个 < embed > </embed > 标签，分别用于播放视频、音频和 Flash 动画文件，具体代码如下。

```html
<html >
<head > <title>HTML 多媒体标签</title > </head >
<body >
<bgsound src =" images/02.mp3"  loop ="-1 |" / >
视频文件播放界面：<br/ >
< embed src ="images/01. wmv" width ="200px" height ="200px" > </embed >
<br/ >音频文件播放界面：<br/ >
< embed src ="images/02. mp3" width ="200px" height ="50px" > </embed >
<br/ >Flash 动画文件播放界面：<br/ >
< embed src ="images/03. swf" width ="500px" height ="100px" > </embed >
</body >
</html >
```

HTML 多媒体标签的运行效果如图 2.8 所示。

图 2.8　HTML 多媒体标签的运行效果

9. 超链接标签

超链接完成了页面之间的跳转，网站的各种页面可以通过超链接关联成一个逻辑整体。超链接的标签是 < a > </a >，编码格式如下。

```html
< a href ="index2. html" target ="_blank">进入新页面 </a >
```

属性说明如下。

➢ href：负责指定新页面的地址。

➢ target：负责指定新页面的弹出位置，有_self（自我覆盖，默认）、_blank（创建新窗口以打开新页面）、_parent（在上一级窗口打开）、_top（在顶级窗口打开，将会忽略所有的框架结构）等。

"_self" 一般用于打开新页面时需要覆盖原页面的情景，例如，邮箱登录过程中，在用户登录成功后系统将跳转到邮箱主页面，登录页面将被覆盖。"_blank" 一般用于新闻网站中浏览新闻信息的情景，例如，打开新闻列表页面后，想浏览某条新闻信息，单击该新闻超链接后，系统将该新闻信息显示在新窗口中，这时，新闻列表页面依然在原窗口中显示，这样用户就可以方便地在新闻列表页面中继续选择要浏览的新闻列表。

【案例 2.8】

本案例介绍超链接标签的使用，特别要注意 target 属性不同取值时的运行效果，以及邮箱超链接和外部网站超链接的使用方法。

【实现步骤】

在 PHP02 项目中创建一个 .html 文件并命名为 "0208.html"，首先在页面中编写 4 个超链接标签，分别指向不同的页面，并且设置不同的 target 属性，观察各个超链接页面的显示位置。然后编写邮箱超链接，观察单击该超链接的效果，具体代码如下。

```
<html>
<head><title>HTML 超链接标签</title></head>
<body>
  <a href="0201.html" target="_self">案例 2-1 HTML 网页的基本构成    </a> <br/>
  <a href="0202.html" target="_blank">案例 2-2 HTML 网页的body属性   </a> <br/>
  <a href="0203.html" target="_parent">案例 2-3 HTML 网页段落标签        </a> <br/>
  <a href="0204.html" target="_top">案例 2-4 HTML 网页的文本标签      </a> <br/>
  联系作者：<a href="mailto:cccjianguo@163.com">cccjianguo@163.com</a>      <br/>
  <a href="http://www.baidu.com" target="_blank">百度</a>                  <br/>
</body>
</html>
```

HTML 超链接标签的运行效果如图 2.9 所示。

图 2.9　HTML 超链接标签的运行效果

10. iframe 框架标签

iframe 框架可以嵌入到 HTML 页面中，作为 HTML 元素存在，编码格式如下。

```
<iframe name="框架名称" src="默认显示页面路径" frameborder="0 |1 " width="100px" height="100px" scrolling="no |auto"></iframe>
```

属性说明如下。

➢ name：设置 iframe 框架的名称，为了使单击超链接后的页面显示在框架中，<a>标签的 target 属性值将填写该框架名称。

➢ src：设置框架中默认显示的页面路径。

➢ frameborder：设置框架的边框，取值为 0 或 1。

➢ width：设置框架宽度。

➢ height：设置框架高度。

➢ scrolling：设置框架滚动条是否显示，取值为 no、auto。

【案例 2.9】

本案例制作一个简单的网站主页，介绍 iframe 框架和超链接的配合使用。

【实现步骤】

在 PHP02 项目中创建一个 .html 文件并命名为"0209.html"文件，在页面中先创建一个 3 行 1 列的表格，在表格第 2 行中编写一个 iframe 框架标签控件，并设置控件名称为"mainframe"，同时设置该框架的高度和宽度。接着在表格第 1 行中分别编写三个超链接标签，分别指向不同的 .html 页面，这三个超链接标签的 target 属性值都设置为"mainframe"，即这三个页面都将显示在第 2 行的 iframe 框架中，具体代码如下。

```
<html >
<head > <title >iframe 框架运用</title > </head >
<body >
<table border = "1">
  <tr > <! --第一行 菜单 -->
    <td >
      <a href = "0201.html" target = "mainframe">案例介绍一</a>
      <a href = "0202.html" target = "mainframe">案例介绍二</a>
      <a href = "0203.html" target = "mainframe">案例介绍三</a>
    </td >
  </tr >
  <tr >  <! ---第二行 放置 iframe 框架 -->
    <td >
      <iframe name = "mainframe" src = "" width = "400px" height = "200px"> </iframe >
    </td >
  </tr >
  <tr >  <! --第三行 显示网站版权所有 -->
    <td >
      本网站版权归属 **** 所有
    </td >
  </tr >
</table >
</body >
</html >
```

iframe 框架标签的运行效果如图 2.10 所示，当单击表格第 1 行中的三个超链接"案例介绍一""案例介绍二""案例介绍三"时，分别打开 0201.html、0202.html 和 0203.html，并且显示在表格第 2 行的 iframe 框架中。

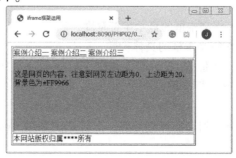

图 2.10　iframe 框架标签的运行效果

2.1.2 HTML 表单控件

1. 表单标签

表单为用户填写信息和程序采集数据提供平台，表单结构由表单标签和表单控件组成。表单标签由 < form > </form > 组成，定义了表单提交的目标处理程序和数据提交方式。编码格式如下。

```
< form name ="表单名称" action ="目标处理程序路径" method ="POST |GET" >
   …
</form >
```

属性说明如下。

- ➢ name：表单名称。
- ➢ action：设置当前表单数据提交的目标处理程序路径。
- ➢ method：设置当前表单数据的提交方式，可为 GET 或 POST。

2. 常用控件

表单控件标签为 < input >，编写在表单标签 < form > 和 </form > 之间。常见的表单控件包括文本框、密码框、普通按钮、隐藏域、文件域、提交按钮、重置按钮、单选按钮、复选框、多行文本框和下拉列表框。它们是使用 < input > 标签并通过 type 的不同取值来区分的，编码格式如下。

```
< input type ="text |password |button |" name ="控件名称" value ="默认值" />
```

< input > 控件标签及相关属性见表 2.6。

表 2.6 < input > 控件标签及相关属性

控 件	标 签	控 件 说 明
文本框	type = "text"	
密码框	type = "password"	
普通按钮	type = "button"	默认不产生任何操作，一般与 JavaScript 结合编程
提交按钮	type = "submit"	用于将所属表单数据提交到后台程序
重置按钮	type = "reset"	用于重置表单，清除所属表单数据
单选按钮	type = "radio"	同组单选按钮控件的 name 属性值相同，同组单选按钮中只能选定一个
复选框	type = " checkbox"	同组复选框控件的 name 属性值相同，同组复选框中可以选中多个

3. 多行文本框控件

< textarea > </textarea > 为多行文本框控件标签，用于输入大量的文本信息，编码格式如下。

```
< textarea cols ="列数" rows ="行数" wrap ="off |virtual |phisical">文本框内容 </textarea >
```

属性说明如下。

- ➢ cols：列数，即设定多行文本框的显示字符宽度。
- ➢ rows：行数，即设定多行文本框的具体行数。
- ➢ wrap：设置换行方式，取值有 off（不自动换行）、virtual（自动换行，没有换行符号）、phisical（自动换行，有换行符号）。

4. 下拉列表框控件

< select > </select > 为下拉列表框控件标签，下拉选项采用 < option > </option > 标签，编码格式如下。

```
< select name ="select1" size ="2" multiple ="multiple" >
    < option value ="选项 1" >选项 1 </option >
    < option value ="选项 2" selected >选项 2 </option >
    < option value ="选项 3" >选项 3 </option >
</select >
```

属性说明如下。

➢ size：设置所显示数据项的数量，当值为 1 时是下拉列表框，当值大于 1 时是列表框。

➢ mulitple：设置下拉列表框一次可以选中多项。

➢ selected：用于设置默认选中项。

【案例 2.10】

本案例制作一个会员注册页面，展示各种表单控件的使用方法。

【实现步骤】

在 PHP02 项目中创建一个 .html 文件并命名为 "0210.html" 文件，分别创建一个文本框用于输入用户名、一个密码框用于输入用户密码、两个单选按钮用于选择性别、三个复选框用于选择爱好、一个带有三个选项的下拉列表框用于选择年级、一个文件选择框和一个普通按钮控件用于选择和上传照片（上传功能暂不实现）、一个多行文本框用于输入个人简介，最后分别给出一个提交按钮和一个重置按钮，具体代码如下。

```
< html >
< head > < title >HTML 表单控件 </title > </head >
< body >
< form name ="form1" action ="" method ="POST" >
用户注册 <br/ >
<br/ >用户名：< input type ="text" name ="txt_username" value ="请输入用户名" / >
<br/ >密码：< input type ="password" name ="txt_pwd" / >
<br/ >性别：< input type ="radio" name ="sex" value ="男" checked/ > 男
           < input type ="radio" name ="sex" value ="女"/ > 女
<br/ >爱好：< input type ="checkbox" name ="interest" value ="唱歌"/ > 唱歌
           < input type ="checkbox" name ="interest" value ="跳舞"/ > 跳舞
           < input type ="checkbox" name ="interest" value ="足球"/ > 足球
<br/ >年级：< select name ="nation" >
               < option value ="han" >一年级 </option >
               < option value ="man" >二年级 </option >
               < option value ="hui" >三年级 </option >
           </select >
<br/ >照片：< input type ="file" name ="file_image"/ >
           < input type ="button" name ="btn_image" value ="上传" / >
<br/ >简介：< textarea cols ="40" rows ="8" name ="txt_intro" >
                        请输入您的个人简介，让朋友们了解您!
           </textarea >
<br/ > < input type ="submit" name ="btn_submit" value ="注册"/ >
        < input type ="reset" name ="btn_reset" value ="重填"/ >
</form >
</body >
</html >
```

HTML 表单控件的运行效果如图 2.11 所示。

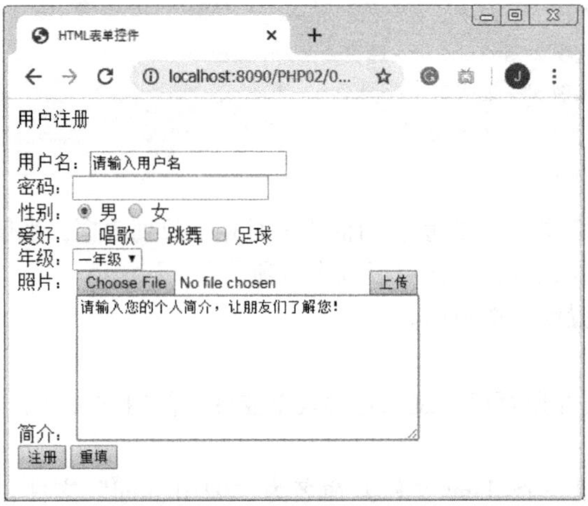

图 2.11　HTML 表单控件的运行效果

2.2　CSS 知识

CSS（Cascading Style Sheets，层叠样式表单）简称为"样式表"，它用于设置和管理网页各个标签控件的外观和样式，使得网页更为美观。

2.2.1　CSS 编码位置

根据 CSS 的声明位置不同，有 3 种编写方式，分别是行内样式表、内部样式表和外部样式表。

1. 行内样式表

行内样式表是将样式写在 HTML 标签的 style 属性中，实现单个标签样式设置，编码格式如下。

```
<标签名 style ="属性名 1：属性值 1；属性名 2：属性值 2；…" …
```

如：

```
<p style ="width:300px; background - color:red">段落文字 <p >
```

这种编写方式使页面内容与样式外观不分离，当同一页面中有多处标签需要使用相同的样式时，编写重复样式代码会造成代码冗余和维护困难。

【案例 2.11】
本案例实现行内样式表的使用。
【实现步骤】
在 PHP02 项目中创建一个 . html 文件并命名为"0211. html"文件，在页面中编写两段文本内容，接着使用行内样式表的方式分别为这两段文本内容设置不同的样式，具体代码如下。

```
<html >
<head > <title >行内样式表的运用 </title > </head >
<body >
```

```
<p style ="background-color:red; font-size:12px; border-width:2px; border-style:dotted">这
是段落一的样式,设置的样式有:背景色为红色,字体大小为12像素,边框宽度为2像素,边框样式为点线</p><p
style ="font-size:20px; font-weight:bold; border-width:12px; border-style:solid; line-height:
40px">这是段落二的样式,设置的样式有:字体大小为20像素,加粗,边框宽度为12像素,边框样式为实线,行间
距为40像素</p>
</body>
</html>
```

CSS 行内样本表的运行效果如图 2.12 所示。

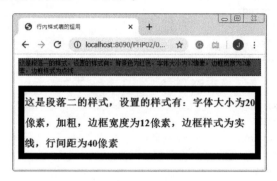

图 2.12　CSS 行内样式表的运行效果

2. 内部样式表

内部样式表是把样式代码编写在 < head > 头部信息的 < style > < /style > 标签内,实现内容与样式分离。当同一页面中的多个标签需要使用相同的样式时,只需要定义一次样式,可以重复调用,编码格式如下。

```
<html >
<head >
< style type ="text/css">
   .p1                /* 定义样式 p1* /
    {
        width:300px;
        background - color:red
    }
</style >
</head >
<body >
  <p class ="p1">这是第一段,调用了样式 p1。</p>
  <p class ="p1">这是第二段,也调用了样式 p1。</p>
  <p>这是第三段,没有调用样式 p1。</p>
</body>
</html >
```

如果一个网站中的多个网页需要使用相同的样式,并且一个网页中的内部样式表无法被其他网页调用,那么每个网页中编写重复的内部样式表也会产生代码冗余,因此引入外部样式表的概念。

【案例 2.12】

本案例实现内部样式表的使用,内部样式表实现了样式与内容的分离,特别适用于同一页面

内有多个标签使用相同样式的情况。

【实现步骤】

为了与行内样式表进行对比,本案例在"0211.html"文件中继续编写两段文本内容,接着使用内部样式表分别为这两段文本内容设置不同的样式,具体代码如下。

```html
<html>
<head> <title>内部样式表的运用</title>
<style>
.p1 {
    background-color:red;
    font-size:12px;
    border-width:2px;
    border-style:dotted;
    }
.p2 {
    font-size:20px;
    font-weight:bold;
    border-width:12px;
    border-style:solid;
    line-height:40px;
    }
</style>
</head>
<body>
<p class="p1">这是段落一的样式,设置的样式有:背景色为红色,字体大小为12像素,边框宽度为2像素,边框样式为点线</p>
<p class="p2">这是段落二的样式,设置的样式有:字体大小为20像素,加粗,边框宽度为12像素,边框样式为实线,行间距为40像素</p>
<p class="p1">这是段落三,使用与段落一相同的样式</p>
<p class="p2">这是段落四,使用与段落二相同的样式</p>
<p class="p1">这是段落五,使用与段落一、三相同的样式</p>
</body>
</html>
```

CSS 内部样式表的运行效果如图2.13所示。从上面代码可以看到,定义在一个.html 页面中的内部样式表可以在当前页面内被多次调用,在当前页面内实现了样式代码的重用。

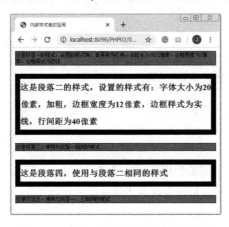

图 2.13　CSS 内部样式表的运行结果

3. 外部样式表

外部样式表是指将样式代码编写在单独的样式文件（扩展名为 .css）中，通过网页进行调用。这样多个网页就可以调用同一个 CSS 样式文件，提高了代码的重用性。编码格式如下。

```
//style.css样式文件
.p1
{
    width:300px;
    background-color:red
}
```

如果网页文件中需要使用 style. css 样式文件，就要在网页文件的 < head > </head > 标签中加入 link 标签，然后在所需要调用样式的标签中编写 class 属性进行样式调用，编码格式如下。

```
<link href = "style. css" rel = "stylesheet" type = "text/css"/>
```

【案例 2. 13】

本案例实现外部样式表的使用，在同一网站中不同页面的标签内使用相同的样式。

【实现步骤】

复制两张图片到 PHP02 项目中的 images 文件夹，这两张图片将用于页面的样式使用。接着在 PHP02 项目中创建两个 . html 文件，分别命名为 "0213_1. html" 和 "0213_2. html"。

0213_1. html 页面代码：

```
<html >
<head > <title >外部样式表的运用1 </title > </head >
<body >
  <p > </p >
  <p >读书是最廉价的投资，最简单的修行，最低门槛的高贵. </p >
</body >
</html >
```

0213_ 2. html 页面代码：

```
<html >
<head > <title >外部样式表的运用1 </title > </head >
<body >
表格也可以使用这 p2 的样式，所以同一样式可以用在不同类型的标签
<table border = "1" >
  <tr >
      <td >你的幸福，常常在别人眼里。</td >
      <td > </td >
  </tr >
  <tr >
    <td > </td >
    <td >幸福总是在不经意间降临，你需要静静地以一颗平常心去感受。</td >
  </tr >
</table >
</body >
</html >
```

接着，在 PHP02 项目中创建一个 .css 文件并命名为 "0213_style.css" 文件，编写样式内容如下。

```
.p1 {
    background - image:url(images/bg1.jpg) ;
    background - repeat:no - repeat;
    border - width:0px;
    width:176px;
    height:208px;
    }
.p2 {
    font - size:20px;
    font - weight:bold;
    border - width:4px;
    border - style:solid;
    line - height:40px;
    background - image:url(images/bg2.jpg) ;
    border - width:1px;
    border - style:double;
    width:601px;
    height:155px;
    }
```

然后返回 0213_1.html 和 0213_2.html 页面，引用 0213_style.css 样式文件，并且分别在不同的段落标签、表格标签和单元格标签中调用 p1 和 p2 样式，对比样式显示效果。

0213_1.html 页面的样式调用代码如下。

```
<html >
<head >
    <title >外部样式表的运用 1 </title >
    < link href = "0213_stype. css" rel = "stylesheet" type = "text/css" / >
</head >
<body >
    <p class = "p1" > </p >
    <p class = "p2" >读书是最廉价的投资，最简单的修行，最低门槛的高贵. </p >
</body >
</html >
```

0213_ 2.html 页面的样式调用代码如下。

```
<html >
<head >
    <title >外部样式表的运用 1 </title >
    < link href = "0213_stype. css" rel = "stylesheet" type = "text/css" / >
</head >
<body >
    表格也可以使用这 p2 的样式，所以同一样式可以用在不同类型的标签
    < table border = "1"class = "p2" >
        < tr >
```

```
        <td>你的幸福,常常在别人眼里。</td>
        <td class = "p1" > </td>
    </tr>
    <tr>
        <td class = "p1" > </td>
        <td>幸福总是在不经意间降临,你需要静静地以一颗平常心去感受。</td>
    </tr>
  </table>
</body>
</html>
```

两个网页分别调用 0213_stype. css 的运行效果如图 2. 14 所示。

a) 0213_1.html运行效果

b) 0214_2.html运行效果

图 2. 14　CSS 外部样式表的运行效果

2. 2. 2　CSS 编码格式

CSS 由选择符、样式属性和属性值组成,编码格式如下。

```
选择符
{
    属性1:值1;
    属性2:值2;
    ...
}
```

选择符有 5 种,分别是标签选择符、id 选择符、class 选择符、伪类及伪对象选择符和通配选择符。

1. 标签选择符

标签选择符即使用 HTML 中的标签名称作为选择符,页面中的所有同类标签都会应用该样式,编码格式如下。

样式定义:

```
p {background - color:orange; line - height:25px}
```

样式调用：

```
<p>直接写标签名称就可以调用该标签对应的样式了</p>
```

2. id 选择符

id 选择符可为 HTML 标签添加 id 属性，CSS 样式中以 "#" 加上 id 名称作为选择符名称，那么页面中 id 值相同的所有标签都会应用该样式，编码格式如下。

样式定义：

```
#text1 { color:red; }
```

样式调用：

```
<input type="text" id="text1" />
```

3. class 选择符

class 选择符可为 HTML 标签添加 class 属性，CSS 样式中以 "." 加上样式名称作为选择符名称，则页面中的标签可以使用 class 属性来调用该样式，编码格式如下。

样式定义：

```
.cc { background-color:blue; }
```

样式调用：

```
<input type="text" class="cc" />
<input type="password" class="cc" />
```

4. 伪类及伪对象选择符

该选择符主要用于超链接标签的样式设置，即在原有选择符的基础上添加样式，编码格式如下。

样式定义：

```
.a_css1 { text-decoration:none; color:orange;}
.a_css1:hover{ text-decoration:none; color:red;}
.a_css1: visited { text-decoration:none:orange;}
```

样式调用：

```
<a class="a_css1" href="index.html">连接文字</a>
```

伪类及伪对象选择符一般用于超链接标签的样式修饰，常用的伪类及伪对象选择符说明见表 2.7。

表 2.7　常用的伪类及伪对象选择符说明

伪　　类	说　　明
:link	超链接未被访问时
:hover	超链接在鼠标指针滑过时
:active	超链接在用户单击时
:visited	超链接被访问后
:focus	对象成为输入焦点时

伪类样式一般用于超链接标签的修饰，例如：

```
a { text - decoration:none; color:orange;}
a:hover{ text - decoration:none; color:red;}
a: visited { text - decoration:none;color:orange;}
```

5. 通配选择符

CSS 中用"＊"作为通配选择符，代表所有对象，即页面上的所有对象都会应用该样式。通配选择符一般用于网页字体、字体大小、字体颜色、网页背景颜色等公共属性的设置。通配选择符的编码格式如下。

```
* {样式内容}
```

【案例 2.14】

本案例实现各种 CSS 样式的使用。

【实现步骤】

在 PHP02 项目中创建一个 .css 文件并命名为"0214_style.css"文件，编写样式内容如下。

```
/* 1. 标签选择符 --应用于与选择符相同名称的标签* /
p { text-indent:2em; width:100px; height:150px; background-color:#FC6; color:red;}

/* 2.id 选择符   --使用 id 属性调用该样式 * /
#DIV1 {font-size:20px; font-weight:bold; border-width:4px; background-color:#9FF; width:
200px; height:50px; }

/* 3.class 选择符 --使用 class 属性调用该样式 * /
.td_css1 { background-color:#993; text-decoration:underline; }

/* 4. 伪类及伪对象选择符   --应用于超链接标签* /
.a_css1 { text-decoration:none; color:orange;}
.a_css1:hover{ text-decoration:none; color:red;}
.a_css1: visited { text-decoration:none;color:orange;}

/* 5. 通配选择符 --应用于所有标签* /
* { margin:0px 0px 0px 0px; font-size:12px; color:#333; line-height:25px;}
```

创建一个 .html 文件并命名为"0214.html"，在页面中编写 3 个段落标签，并调用 0214_style.css 中的样式，具体代码如下。

```
<html >
<head >
  <title >样式表的综合运用</title >
  <link href ="0214_style.css" rel ="stylesheet" type ="text/css" />
</head >
<body >
<p >1. 标签选择符的应用,调用以标签名作为选择符的样式</p >
<DIV id ="DIV1">2.id 选择符的应用,使用 id 属性调用样式</DIV >
<table border ="1">
```

```
    <tr>
        <td class ="td_css1">3. class 选择符的应用 1 使用 class 属性调用样式 </td>
        <td>本单元格没有使用样式 </td>
    </tr>
</table>
<a href ="#" class ="a_css1">4. 伪类及伪对象选择符的应用, 应用于超链接标签 </a>
<br/> 5. 通配选择符 --应用于所有标签。本次案例通配符样式内容为:
<br/>*{ margin:0px 0px 0px 0px; font-size:12px; color:#333; line-height:25px;}
<br/>即: 边距为 0; 字体大小为 12 像素, 颜色为#333; 行间距为 25 像素。
</body >
</html >
```

CSS 样式表不同编码格式的修饰效果如图 2.15 所示。

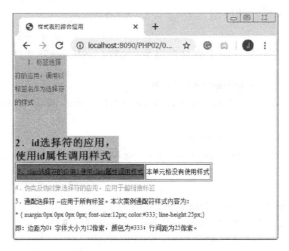

图 2.15　CSS 样式表不同编码格式的修饰效果

2.2.3　CSS 属性

1. 背景样式设置

CSS 样式可以对整个网页设置背景颜色或者图片, 也可以对任意标签或者控件进行背景样式设置, 具体的背景样式的属性值及说明见表 2.8。

表 2.8　具体的背景样式的属性值及说明

属　　性	名　　称	属性值及说明
backgournd-color	背景颜色	十六进制颜色值 l 设定颜色名称, 如 backgournd-color:#ffee39;
background-image	背景图片	url (图片路径)
background-repeat	背景图片平铺方式	repeat (默认, 平铺背景图片)、no-repeat (不平铺, 只显示一张背景图片)、repeat-x (水平方向平铺)、repeat-y (垂直方向平铺)
background-postion	背景图片位置	左右位置或上下位置, 如 background-postion:50%　50%左右位置取值为 left、right 和 center; 上下位置的取值为 top、bottom 和 middle

以上 4 个属性也可以作为一个整体, 合成一个 background 属性, 编码格式如下:

background:背景色　背景图片路径　图片截取位置　背景平铺方式　背景是否固定　背景定位

例：

```
background: transparent url(../images/bg.gif) 0px 10px repeat-y;
```

2. 段落及文本样式设置

CSS 样式可以对段落及文本的外观进行定义，改变文本的字体、字体大小、字体粗细、字体颜色、文本方向和行间距等。CSS 样式中用于设置段落及文本的属性值及说明见表 2.9。

表 2.9　CSS 样式中用于设置段落及文本的属性值及说明

属　　性	名　　称	属性值及说明
font-family	文本字体	宋体等
font-size	字体大小	像素，如 12px
font-weight	字体粗细	bold｜normal｜具体数字值
color	字体颜色	#十六进制颜色值｜设定颜色名称
direction	文本方向	ltr｜rtl｜inherit
line-height	行间距	像素，如 20px
letter-spacing	字符间距	normal｜inherit
text-align	水平对齐方式	left｜right｜center
vertical-align	垂直对齐方式	top｜middle｜bottom
text-decoration	文本下画线	underline｜none
text-indent	段落首行缩进	2em
overflow	内容溢出时显示或隐藏	hidden｜visible
margin	外边距，标签与外界之间的距离	上边距　右边距　下边距　左边距
padding	内边距，标签与标签内容的距离	上边距　右边距　下边距　左边距
border	标签 4 个边缘的边框样式	样式　宽度　颜色
border-style	边框线条样式	solid｜dotted｜double 等
border-width	边框宽度	像素值
border-color	边框颜色	#十六进制颜色值｜设定颜色名称

3. 列表样式设置

CSS 样式可以对有序列表和无序列表的外观进行定义，包括是否显示列表图标、设置列表位置等。CSS 样式中用于设置列表的属性值及说明见表 2.10。

表 2.10　CSS 样式中用于设置列表的属性值及说明

属　　性	属　性　值	说　　明
list-style	none｜具体值	列表项的项目符号特征，包括图像、位置、样式
list-style-image	图像路径	列表项的项目符号图像
list-style-position	inside｜inherit｜outside	列表项的项目符号位置
list-style-type	disc｜circle 等	列表项的项目符号样式

2.2.4　DIV + CSS

DIV 标签以 < div > </div > 的形式存在，是一个容器，可以放置任何内容，包括文字、图片、表格、多媒体以及其他 DIV 标签。编码格式如下。

```
< div >
    内容
</div >
```

【案例 2.15】

本案例通过制作一个简单的网页来介绍 DIV + CSS 的应用。

【实现步骤】

在 PHP02 项目中创建一个 . css 文件并命名为 "0215_style. css" 文件，编写样式内容如下。

```
*  { margin:0px; padding:0px;}
   #top,#menu,#mid,#footer { width:500px; margin::0px auto;}
   #top { height:60px; background-color:#dd33aa;}
   #menu { height:30px; background-color:#F60;}
   #mid { height:300px;}
   #left { width:98px; height:300px; border:solid 1px #999; background-color:#ddd; float:left }
   #right { height::300px; background-color:#ccc}
   .content_css { width:98px;border: solid 1px #999; height:148px; background-color:#c00;
border:solid 1x #999; float:left}
   #footer{ height:60px; background-color:#fc0}
```

创建一个 . html 文件并命名为 "0215. html"，在页面中编写多个 DIV 标签，并调用 0215_style. css 中的样式，具体代码如下。

```
< html >
< head >
   < title >DIV + CSS </title >
   < link href ="0215_style. css" rel ="stylesheet" type ="text/css" />
</head >
< body >
< DIV id ="top">网站 LOGO </DIV >
< DIV id ="menu">网站导航区 </DIV >
< DIV id ="mid" >
    < DIV id ="left">左侧纵向导航区 </DIV >
    < DIV id ="right">
        < DIV class ="content_css">内容 A </DIV >
        < DIV class ="content_css">内容 B </DIV >
        < DIV class ="content_css">内容 C </DIV >
        < DIV class ="content_css">内容 D </DIV >
        < DIV class ="content_css">内容 E </DIV >
        < DIV class ="content_css">内容 F </DIV >
        < DIV class ="content_css">内容 G </DIV >
        < DIV class ="content_css">内容 H </DIV >
```

```
    </DIV >
  </DIV >
<DIV id ="footer">网站版权区</DIV>
</body >
</html >
```

DIV + CSS 的运行效果如图 2.16 所示。

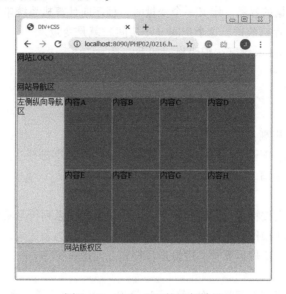

图 2.16　DIV + CSS 的运行效果

2.3　JavaScript 知识

　　网页程序可以分为基于服务器端的程序和基于客户端（浏览器端）的程序，服务器端程序运行在网站服务器中，如 ASP. NET、Java、PHP 等。客户端（浏览器端）程序是将程序代码通过网页加载到客户端的浏览器后才开始解释执行。JavaScript 是一种基于对象且事件驱动的客户端程序，嵌套在 HTML 网页文件中。

　　JavaScript 程序可以检测网页中的各种事件并做出反应，也可以动态改变网页的 CSS 样式以及结构，与页面中的各种元素交互等。

　　JavaScript 代码编写在 < head > 头部信息的 < script > </script >标签中，编码格式如下。

```
<html >
<head >
  < scriptlanguage ="javascript" >
    JavaScript 语句
  </script >
</head >
<body >
  …
</body >
</html >
```

2.3.1　JavaScript 基础语法

1. 数据类型

JavaScript 程序能够处理的数据类型可以分为基本数据类型和复合数据类型。基本数据类型包括数值型（整数和浮点数）、字符串型和布尔型，复合数据类型包括对象和数组等。

2. 变量

变量是用于存储数据的容器。定义一个变量时，程序向计算机系统申请在内存中开辟一定大小的空间（小房间）来存储数据，这个空间（小房间）就是变量。

定义变量需要使用 var 关键字，编码格式如下。

```
var 变量名；
var 变量名1，变量名2，变量名3；  //可以一次声明多个变量
var 变量名 = 变量值；            //可以声明变量时同时赋值
```

JavaScript 变量命名规则：

➢ 变量名称由字母、下画线或数字组成，必须以下画线或字母开头。
➢ 变量名称区分大小写。

3. 运算符

运算符是用于将数据按特定规则进行运算并产生结果的一系列符号集合。运算符所操作的数据称为操作数，运算符和操作数连接并可运算出结果的式子称为表达式。JavaScrip 运算符包括算术运算符、赋值运算符、比较运算符、逻辑运算符和三元运算符等。

（1）算术运算符

算术运算符主要用于算术运算，分为一元运算符（单目运算符）和二元运算符（双目运算符），使用方法和优先级与数学运算相同。

一元运算符包括自增"++"和自减"--"。

二元运算符包括加"+"、减"-"、乘"*"、除"/"和取余"%"。

（2）赋值运算符

赋值运算符"="用于将运算符右边操作数的值赋给左边的操作数（变量），而不是"等于"的含义。

（3）比较运算符

比较运算符用于比较两个操作数的值，返回值为布尔类型。比较运算符包括小于"<"、大于">"、小于或等于"<="、大于或等于">="、相等"=="和不等于"!="。

（4）逻辑运算符

逻辑运算符用于处理逻辑运算操作，返回值为布尔类型。逻辑运算符包括逻辑与"&&"、逻辑或"‖"和逻辑非"!"。

&&（逻辑与）：当两个操作数都为 true 时，返回 true，否则返回 false。

‖（逻辑或）：当两个操作数至少有一个为 true 时，返回 true，否则返回 false。

!（逻辑非）：当操作数为 true 时，返回 false；当操作数为 false 时，返回 true。

（5）三元运算符

三元运算符可以提供简单的逻辑判断和赋值，语法格式如下。

```
表达式1？表达式2：表达式3
```

如果表达式 1 的值为 true，则执行表达式 2，否则执行表达式 3。

【案例 2. 16】

本案例编写简单的 JavaScript 程序，介绍 JavaScript 基础语法的应用。

【实现步骤】

在 PHP02 项目中创建一个 . html 文件并命名为"0216. html"文件，编写 HTML 代码和 JavaScript代码，实现简单的算术运算功能，具体代码如下。

```html
<html>
<head> <title>JavaScript 基础语法应用</title>
<script type ="text/javascript">
  var a =100;        //a =100
  a ++;              //a = 101
  var b =a ---1;     //b = 100, a = 100
  var str = a == b  ?"a与b相等":"a与b不相等"; //三元运算符

  alert("b的值:"+ b + ",a的值:" + a +"," + str); //弹出对话框
</script>
</head>
<body>
</body>
</html>
```

JavaScript 运行效果如图 2. 17 所示。

图 2. 17   JavaScript 运行效果

2. 3. 2　JavaScript 控制语句

程序执行时默认是按照程序中语句的书写顺序执行的。但有时会根据需要跳转到相应语句块去执行，条件分支语句用于根据获取的不同条件判断并执行不同的语句块，循环条件则根据条件重复执行相同的语句块。

1. 条件控制语句

（1）if 条件控制语句

if 条件控制语句是根据获取的不同条件判断并执行不同的语句块，语法格式如下。

```
if(条件) {
    //JavaScript 代码1;
}else{
    //JavaScript 代码2;
}
```

说明：当 if 条件为真时，程序执行 JavaScript 代码 1，否则执行 JavaScript 代码 2。

（2）switch 多分支语句

switch 多分支语句本质上也是一种条件控制语句，它实现将同一个表达式与多个不同的值比较，然后执行相对应的语句块，语法格式如下。

```
switch (表达式) {
  case 常量 1 :
      JavaScript 语句 1;
      break;
  case 常量 2 :
      JavaScript 语句 2;
      break;
  ...
  default :
      JavaScript 语句 n;
}
```

switch 程序执行流程如下。

步骤 1：将变量的值与各个 case 指定的常量值相比较，当两者相等时，则执行相应的语句块。

步骤 2：当遇到 break 语句时，程序跳出 switch 语句，继续执行 switch 语句后面的程序。

步骤 3：如果执行了某步骤的语句组后没有遇到 break 语句，则程序会继续执行该 case 语句后面的所有 case 语句块，直到遇到 break 语句时跳出 switch 结构。

步骤 4：当变量的值与所有 case 指定的常量值相比较时，如果没有出现两者相等的情况，将执行 default 语句块。

2. 循环控制语句

循环控制语句是指在条件成立的情况下反复地执行某一语句集。JavaScript 提供 3 种循环语句，分别是 for 循环、while 循环和 do – while 循环。

（1）for 循环语句

for 循环语句由初始化部分、条件部分、增量部分和循环语句块组成，语法格式如下。

```
for (初始化部分；条件部分；增量部分) {
    循环语句块;
}
```

参数说明如下。

初始化部分：循环的初始条件，必须为变量赋予初始值。

条件部分：判断循环条件是否成立，条件成立继续执行循环语句块，否则跳出循环结构。

增量部分：设置循环控制变量在每次循环体执行后如何变化。

for 语句的执行过程是：先执行初始化部分，然后判断条件部分，如果为 true，则执行循环语句块，否则结束循环，跳出 for 循环语句；最后执行增量部分，对循环增量进行计算后，返回条件部分去执行，继续下一轮循环判断。

（2）while 循环语句

while 循环语句的特点是先判断循环条件，再执行循环语句块，语法格式如下。

```
while(循环条件) {
    循环语句块;
}
```

（3）do-while 循环语句

do-while 循环语句的特点是先执行循环语句块，然后判断循环条件。该语句的操作流程是：先执行一次循环语句块，然后判断循环条件，当循环条件为 true 时，返回重复执行循环语句块，如此反复，直到循环条件为 false。语法格式如下。

```
do{
    循环语句块
} while (循环条件)
```

JavaScript 控制语句的语法与 C 语言和 PHP 语言的语法相似，此处不使用案例演示。有兴趣的读者可以自行编写程序进行实验。

2.3.3 JavaScript 函数和事件处理机制

1. 函数的定义和调用

函数是可以完成某种特定功能的一系列代码的集合，定义函数的语法格式如下。

```
function 函数名([参数1,参数2,…])
{
    函数体
}
```

说明：

➤ 函数名的命名规则与变量名称的命名规则相同。

➤ 函数可以没有参数，但仍然需要在函数名之后指定圆括号。

➤ 函数不一定需要返回结果，如果需要返回结果，则使用 return 语句。

调用函数的语法格式如下。

```
函数名([参数值1,参数值2,…]) ;  //函数调用
```

2. 事件处理机制

事件处理机制是指用户在操作页面元素时触发某个事件后执行一定的程序。触发事件的代码写在标签中，编码格式如下。

```
<HTML 标签  on事件名称="函数名称( )"/ >
```

大部分 HTML 标签和 form 表单控件都有事件处理机制，而且浏览器本身的一些动作也可以产生事件。JavaScript 中常见的事件及说明见表 2.11。

表 2.11 JavaScript 中常见的事件及说明

事 件 名 称	说　　明
onfocus	对象获得焦点，指针移入或按 Tab 键移入
onblur	对象失去焦点，指针移出或按 Tab 键移出
onchange	对象中的内容发生变化
onclick	鼠标单击对象

(续)

事 件 名 称	说　　明
ondblclick	鼠标双击对象
onkeypress	在用户按下并放开任何字母或数字键时发生
onkeydown	在用户按下任何键（包括系统按钮，如箭头键和功能键）时发生
onkeyup	键盘的按键被释放时
onload	浏览器窗口中加载网页内容时
onunload	关闭浏览器中的网页时
onmousedown	在对象处按下鼠标按键时
onmousemove	鼠标指针在对象表面移动
onmouseover	鼠标指针在对象表面时
onmouseout	鼠标指针离开对象表面时
onmouseup	鼠标按键被释放时
onmove	窗口被移动
onresize	窗口大小改变时
onsubmit	表单内容提交
onselect	文本框中的文本被选中时

【案例 2.17】

本案例实现 JavaScript 的事件处理机制。首先编写一个 HTML 表单和一个普通按钮，然后使用 JavaScrip 程序定义一个函数，接着编写按钮的 click 事件，调用 JavaScrit 函数。

【实现步骤】

在 PHP02 项目中创建一个 . html 文件并命名为 "0217. html" 文件，编写 HTML 代码和 Java Script代码，具体代码如下。

```html
<html>
<head><title>JavaScript 的事件处理机制</title>
<script type="text/javascript">
    function ShowHello()   //定义函数
    {
      alert("Hello,你点了一下!");
    }
</script>
</head>
<body>
<form name="form1" action="" method="POST">
   <input type="button" value="单击" onclick="ShowHello()"/>
</form>
</body>
</html>
```

运行结果如图 2. 18 所示，当单击按钮时，会调用 JavaScript 函数，弹出对话框。

3. 访问网页元素

JavaScript 可以利用浏览器内部提供的对象进行各种操作。HTML 文档的对象模型在此不做详细解说。在此仅简单讲解如何在 JavaScript 中访问网页各个元素，对各个元素进行取值和赋值。

访问方式 1：访问控件的 id 属性。

JavaScript 中访问网页各个元素的步骤很简单，首先为 HTML 网页中需要在 JavaScript 访问的任何标签或表单控件设置 id 属性，然后在 JavaScript 中通过该 id 属性值进行定位和访问，编码格式如下。

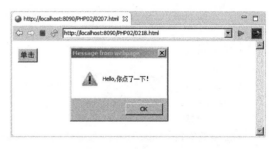

图 2.18　JavaScript 的事件处理机制运行结果

表单控件：

```
< input type = "..." id = "元素 ID 值" / >
```

JavaScript 的访问代码：

```
var 变量名 = document. getElementById("元素 ID 值"). value;
```

访问方式 2：访问控件的 name 属性。

首先为表单控件设置 name 属性，然后在 JavaScript 中通过表单名称和控件名称进行访问，编码格式如下。

表单控件：

```
< form name = "form1" action = "..." >
  < input type = "..." name = "元素名称 1" / >
</ form >
```

JavaScript 的访问代码：

```
var 变量名 = document. form1. 元素名称 1. value;
```

【案例 2.18】

本案例实现 JavaScript 的网页元素访问。首先编写一个 HTML 表单、3 个文本框控件和一个普通按钮控件，然后使用 JavaScrip 程序定义一个函数，接着编写按钮的 click 事件，调用 JavaScrit 函数，实现一个简单的计算器。

【实现步骤】

在 PHP02 项目中创建一个 . html 文件并命名为"0218. html"文件，先编写 3 个文本框控件和一个按钮控件，分别为它们定义控件的名称。接着编写 JavaScript 代码，读取前两个文本框的输入值（此时为字符串格式），转换为实数格式后相加，并且赋值给第 3 个文本框，具体代码如下。

```
<html >
<head > <title >加法计算器</title >
<script >
   function Add( )
   {
      var num1 =parseFloat( document. getElementById("number1"). value ) ; //获取数值 1 文本框的值
      var num2 =parseFloat( document. getElementById("number2"). value ) ; //获取数值 2 文本框的值

      var num3 = num1 + num2;
```

```
        document.getElementById("number3").value = num3 ; //将结果赋值给数值3文本框
    }
</script>
</head>
<body>
<form method="POST" action="">
    计算器
<br/>数值1:<input type="text" id="number1" />
<br/>数值2:<input type="text" id="number2" />
<br/> <input type="button" value=" +" onClick="Add() " />
<br/>结果<input type="text" id="number3" />
</form>
</body>
</html>
```

JavaScript 的网页元素访问的运行结果如图 2.19 所示。

图 2.19　JavaScript 的网页元素访问的运行结果

2.4　课后习题

一、选择题

1. 在 Web 页中插入图片使用的标记是（　　）。

（A）＜src＞　　　　　　（B）＜img＞　　　　　　（C）＜bgground＞　　　（D）＜url＞

2. 在网页中，必须使用（　　）标记来完成超链接。

（A）＜a＞＜/a＞　　　（B）＜p＞＜/p＞　　　（C）＜link＞＜/link＞（D）＜li＞＜/li＞

3. 单击某个链接时，在新窗口中打开新的页面，应设置该链接的（　　）。

（A）target = "_blank"　　　　　　　　（B）target = "_parent"

（C）target = "_self"　　　　　　　　　（D）target = "_top"

4. 以下 JavaScript 脚本在浏览器中输出（　　）。

＜? php echo "＜script＞alert('hello. php! ') ; ＜/script＞"; ? ＞

（A）输出文字："hello. php";　　　　　　（B）跳转到"hello. php"页面

（C）弹出对话框，显示"hello. php"　　　（D）什么都不显示

5. 以下 JavaScript 脚本在浏览器中输出（　　）。

＜? php echo "＜script＞window. location = 'hello. php'; ＜/script＞"; ? ＞

（A）输出文字："hello. php";　　　　　　（B）跳转到"hello. php" 页面

（C）弹出对话框，显示"hello. php"　　　　　（D）什么都不显示

二、填空题

1. 设置网页段落水平对齐方式的属性是＿＿＿＿＿＿＿＿，其属性值分别有＿＿＿＿＿＿＿＿、
＿＿＿＿＿＿＿＿、＿＿＿＿＿＿＿＿。

2. 在表格中，使用＿＿＿＿＿＿属性对左右相邻的两个单元格进行合并，使用＿＿＿＿＿＿属
性对上下相邻的两个单元格进行合并。

3. HTML 的列表分为＿＿＿＿＿＿＿＿和＿＿＿＿＿＿＿＿。

4. 在网页中添加多媒体控件的标签名称是＿＿＿＿＿＿＿＿＿＿＿＿＿＿。

5. 根据 CSS 样式的声明位置不同，可以将 CSS 分为 3 种方法，分别是＿＿＿＿＿＿、＿＿＿＿＿＿、
＿＿＿＿＿＿。

6. PHP 页面中，用于调用样式文件的代码是＿＿＿＿＿＿＿＿＿＿＿＿＿＿＿＿＿＿＿＿＿。

7. 插入表单元素的复选框时，HTML 代码为 ＜ input　type ＝ ＿＿＿＿＿＿＿ ／＞。

8. 为了要在网页上显示一张图片，我们可以使用＿＿＿＿＿＿＿元素，并指定其图片路径属性
＿＿＿＿＿＿＿。

9. JavaScript 脚本 "window. location ＝ 'hello. php';" 在浏览器中的显示效果是＿＿＿＿＿＿＿＿＿
＿＿＿＿。

10. JavaScript 脚本 "alert（'hello. php!'）;" 在浏览器中的显示效果是＿＿＿＿＿＿＿＿＿＿
＿＿＿＿。

三、判断题

1. （　　）网页调用样式文件的代码是 ＜ link href ＝ "style. css" type ＝ "text/css"/ ＞。

2. （　　）如果网页出现乱码问题，可以通过设置网页的语言字符集进行解决，具体代码
为 ＜ meta http-equiv ＝ "content-type" content ＝ "text/html；charset ＝ gb2312"/ ＞。

3. （　　）JavaScript 中的变量必须先声明后使用。

4. （　　）＜ a href ＝ "http：//www. sina. com" ＞新浪网 ＜/a ＞ 的意思在文字"新浪网"上加
上超链接。

5. （　　）在 HTML 标签中，＜ P ＞表示换行，＜ br/ ＞表示分段。

6. （　　）CSS 中的 id 选择符，应将#作为名称前缀。

第3章 PHP 语法基础

【本章要点】

- ☞ PHP 数据类型
- ☞ PHP 常量与变量
- ☞ PHP 运算符和表达式
- ☞ PHP 函数

3.1 PHP 的标记与注释

3.1.1 PHP 的标记

PHP 代码可以嵌入在 HTML 代码中使用，需要使用 PHP 标记将 PHP 代码与 HTML 内容进行区分，当服务器读取该段代码时，就会调用 PHP 编译程序进行编译处理。PHP7 版本支持两种标记风格，分别是标准 PHP 标记风格和简短 PHP 标记风格，已经不再支持 Script 脚本标记风格和 ASP 标记风格。

1. 标准 PHP 标记风格

```
<? php
  echo "hello word!";
? >
```

这是标准 PHP 标记风格，也是最为普通的嵌入方式。使用该标记风格可以增加程序在跨平台使用时的通用度，因此建议使用该嵌入方式编写 PHP 代码。

2. 简短 PHP 标记风格

```
<?
  echo "hello word!";
? >
```

这是简短 PHP 标记风格，必须在 php. ini 文件中将 short_open_tag 设置为 on。

3.1.2 PHP 的注释

为提高代码的可读性，减少程序后期的维护难度，应养成注释的好习惯。注释可以理解为代码中的解释和说明。注释不会影响程序的执行，因为在执行时，注释部分的内容不会被解析器执行。在 PHP 程序中添加注释的方法有 3 种，可以混合使用，具体方法如下。

1）"//"：C++语言风格的单行注释。

2）"/ * ...... * /"：C 语言风格的多行注释。

3）"#"：UNIX 的 Shell 语言风格的单行注释。

【案例 3.1】

本案例学习 PHP 的标记风格和注释，分别使用标准 PHP 标记风格、简短标记风格编写 PHP

程序，并使用"//""/ * ...... * /""#" 3 种风格的注释。

【实现步骤】

在 Zend Studio 软件中创建一个 PHP 项目，命名为 PHP03，用于实现本章的所有案例代码。在 PHP03 项目中创建一个 PHP 文件并命名为"0301. php"，编写 PHP 代码如下。

```html
<html >
<head > <title >PHP 的标记和注释</title > </head >
<body >
<? php
  echo "这是标准 PHP 标记风格 <br/ >";
? >
<?
  echo "这是简短标记风格 <br/ >";
? >
<? php
  echo "使用//注释单行 <br/ >";   //  1. 这是 C ++ 语言风格的单行注释
  echo "使用/*   * /注释多行 <br/ >";
         /* 注释开始了…
       2. 这是 C 语言风格的多行注释
                  注释到此结束了…  * /
  echo "使用#注释单行";            #  3. 这是 Shell 风格的注释
? >
</body >
</html >
```

PHP 不同标记和注释风格的运行结果如图 3.1 所示。

使用注释的注意事项：

1）注释不会影响程序的执行效率，因为注释在编译代码时会被忽略，因此不会被执行。

2）使用注释能够提高程序可读性，也有利于后期的维护工作。注释的语言描述必须准确、简洁。

3）实际项目开发中，程序代码与注释的比重一般为 5：1。

图 3.1 PHP 不同标记和注释风格的运行结果

3.2 PHP 的数据类型

数据是计算机程序的核心，计算机程序运行时需要操作各种数据，这些数据在程序运行时临时存储在计算机内存中。定义变量时，系统在计算机内存中开辟了一个空间以用于存放这些数据，空间名就是变量，空间大小则取决于所定义的数据类型。用户应当根据程序的不同需要使用各种类型的数据，以避免浪费内存空间。PHP 支持的数据类型分为三类，分别是标量数据类型、复合数据类型和特殊数据类型，见表 3.1。

表 3.1 PHP 的数据类型

分　类	数 据 类 型	说　明
标量数据类型	integer（整型）	取值范围为整数：正整数、负整数和0
标量数据类型	float（浮点型）	来存储数字，与整型不同的是它有小数位
	string（字符串型）	连续的字符序列，可以是计算机所能表示的一切字符的集合
	boolean（布尔型）	取值为真（true）或假（false）
复合数据类型	array（数组）	数组是一组数据的集合
	object（对象）	
特殊数据类型	resource（资源）	资源是由专门的函数来建立和使用的
	null（空值）	null|NULL（不区分大小写）

3.2.1　标量数据类型

标量数据类型是数据结构中最基本的类型，只能存储一种数据。PHP 支持 4 种标量数据类型。

1. 整型（integer）

整型数据类型的取值只能是整数，包括正整数、负整数和0。整型数据可以用十进制、八进制和十六进制表示。八进制整数前面必须加0；十六进制整数前面必须加0x。字长与操作系统有关，在 32 位操作系统中的有效范围是 –2147483648 ~ 2147483647。例如：

```
$a = 666;//十进制
$b = -666;//负整数
$c = 0666;//八进制
$d = 0x666;//十六进制
```

PHP 各种进制的表示及其转换函数见表 3.2。

表 3.2 PHP 各种进制的表示及其转换函数

PHP 进制	英 文 名 称	进制之间的转换函数
二进制	binary(bin)	转八进制 binoct()、转十进制 bindec()、转十六进制 binhex()
八进制	octal(oct)	转二进制 octbin()、转十进制 octdec()、转十六进制 octhex()
十进制	decimal(dec)	转二进制 decbin()、转八进制 decoct()、转十六进制 dechex()
十六进制	hexadecimal(hex)	转二进制 hexbin()、转八进制 hexoct()、转十进制 hexdec()

各种进制之间的转换也可以使用 base_convert() 函数完成，其语法格式及示例如下。

```
string base_convert(string number,int frombase,int tobase)
$a = 0x666
$b = base_convert($a,16,8)#将十六进制数 $a 转换为二进制数
```

2. 浮点型（float | double）

浮点型数据类型可以存储整数和小数。字长与操作系统有关，在 32 位操作系统中的有效范围是 1.7E–308 ~ 1.7E+308。浮点型数据有两种书写格式，分别是标准格式和科学计数法格式。例如：

```
5.1286   0.88   -18.9      //标准格式
8.31E2  32.64E-2      //科学计数法格式
```

3. 布尔型（boolean）

布尔型也称逻辑型。取值范围为真（true）或假（false）。例如：

```
$a = true;
$b = false;
```

4. 字符串型（string）

字符串是连续的字符序列，由数字、字母和符号组成。字符串中的每个字符只占用一个字节。另外，PHP 中也提供一些转义字符，用于表示被程序语法结构占用了的特殊字符，例如 \n（换行符）、\r（回车符）、\t（Tab 字符）等。

在 PHP 中，可以使用单引号（'）或双引号（"）定义字符串。例如：

```
$a = '字符串'
$a = "字符串"
```

两者的不同之处是：双引号中所包含的变量会自动被替换成实际变量值，而单引号中包含的变量名称或者任何其他的文本都会不经修改地按普通字符串输出。

【案例 3.2】

本案例分别输出整型、浮点型、布尔型数据。

【实现步骤】

在 PHP03 项目中创建一个 PHP 文件并命名为"0302. php"，在网页中的 < body > </body > 标签内编写如下 PHP 代码。

除非特殊说明，本书后续案例中的 PHP 代码将默认编写在网页中的 < body > </body > 标签内，不再重复展示 < html >、< head > 等简单 HTML 标签，由读者自行编写。

```
<? php
$a1 = 666;   //十进制
$a2 = 0666;   //八进制
$a3 = 0x666;   //十六进制

echo "<br/>十进制数'666'的输出结果(十进制)是：".$a1;
echo "<br/>八进制数'0666'的输出结果(十进制)是：".$a2;
echo "<br/>十六进制'0x666'的输出结果(十进制)是：".$a3;

echo "<br/>八进制数'0666'转为二进制：".decbin($a2);
echo "<br/>八进制数'0666'转为十进制：".decoct($a2);
echo "<br/>八进制数'0666'转为十六进制：".dechex($a2);

echo "<br/>十六进制'0x666'转为二进制：".base_convert($a3,16,2);
echo "<br/>十六进制'0x666'转为八进制：".base_convert($a3,16,8);
echo "<br/>十六进制'0x666'转为十进制：".base_convert($a3,16,10);

$b1 = -18.9;
$b2 = 32.64E-5;
echo "<br/> <br/>下面是浮点数的输出";
echo "<br/> -18.9：的输出：".$b1;
echo "<br/>32.64E-5 的输出：".$b2;
```

```
$c1 = true;
$c2 = false;
echo "<br/> <br/>下面是布尔型的输出";
echo "<br/>true 的输出: ".$c1;
echo "<br/> false 的输出: ".$c2;
? >
```

PHP 标量数据类型的运行结果如图 3.2 所示。PHP 的更多进制之间的转换请进一步查阅 PHP 官方网站及教程。

图 3.2 PHP 标量数据类型的运行结果

3.2.2 复合数据类型

1. 数组（array）

数组是一组数据的集合，由一组有序变量组成，形成一个可操作的整体。每个变量称为数组元素，每个元素都有一个唯一的键名，称为索引。元素由键（索引）和值构成。元素的索引只能由数据或字符串组成。元素的值可以是各种数据类型。定义数组的语法格式如下。

```
$array1[key] = "value";                          //方法 1
$array1 = array(key1 = >value1,key2 = >value2,…);//方法 2
```

参数说明如下。
> key：是数组元素的索引，可以是整型数据，也可以是字符串。
> value：是数组元素的值，可以是任何数据类型，但同一数组中各元素值的数据类型必须相同。

有关数组的知识在本书第 5 章将进行详细讲解。

2. 对象（object）

对象是类的实例化，有关对象的知识在本书第 11 章将进行详细讲解。

【**案例 3.3**】

本案例实现简单的数组应用，分别定义两个数组，然后读取数组元素值。

【**实现步骤**】

在 PHP03 项目中创建一个 PHP 文件并命名为 "0303. php"，编写 PHP 代码如下。

```
<? php
$array[0] ="PHP 语言";
$array[1] ="Java 语言";
$array[2] ="C#语言";
$number = array(0 = >"小学",1 = >"初中",2 = >"高中");
echo $array[0].",  ".$array[1].",  ".$array[2]."<br/>";
echo $number[0].",  ".$number[1].",  ".$number[2];
? >
```

PHP 数组的定义及访问操作的运行结果如图 3.3 所示。

图 3.3　PHP 数组的定义及访问操作的运行结果

3.2.3　特殊数据类型

1. 资源（resource）

资源是一种特殊的数据类型，用于表示一个 PHP 的外部资源，由特定的函数来建立和使用。任何资源在不需要使用时应及时释放。如果程序员忘记了释放资源，PHP 垃圾回收机制将自动回收资源。

2. 空值（null）

空值表示没有为该变量设置任何值。NULL 不区分大小写，null 和 NULL 是等效的。下列三种情况都表示空值：

➤ 尚未赋值；

➤ 被赋值为 null；

➤ 被 unset( )函数销毁的变量。

【案例 3.4】

本案例分别介绍空值的三种情况。

【实现步骤】

在 PHP03 项目中创建一个 PHP 文件并命名为 "0304. php"，编写 PHP 代码如下。

```
<? php
    $a;           //没有赋值的变量
    $b =null;    //被赋空值的变量
    $c =3;
    unset( $c);  //被释放的变量

    echo $a;      //输出变量 a
    echo $b;      //输出变量 b
    echo $c;      //输出变量 c
? >
```

运行该页面，显示空白页面，说明变量 a、b、c 均不存在。

3.2.4　数据类型检测函数

PHP 中为变量或常量提供了很多检测数据类型的函数，可以对不同类型的数据进行检测。数据类型检测函数见表 3.3。

表 3.3　数据类型检测函数

函　数　名	功　能　说　明	示　　例
is_bool( )	检测变量或常量是否为布尔型	bool is_bool($a);
is_string( )	检测变量或常量是否为字符串型	bool is_string($a);
is_float( ) /is_double( )	检测变量或常量是否为浮点型	bool is_float($a); is_double($a);
is_integer( ) /is_int( )	检测变量或常量是否为整型	bool is_integer($a); is_int($a);
is_numeric( )	检测变量或常量是否为数字或数字字符串	bool is_numeric($a);
is_null( )	检测变量或常量是否为空值	bool is_null($a);
is_array( )	检测变量是否为数组类型	bool is_array($a);
is_object( )	检测变量是否为对象类型	bool is_object($a);

【案例 3.5】

本案例介绍数据类型检测函数的使用。

【实现步骤】

在 PHP03 项目中创建一个 PHP 文件并命名为 "0305. php"，编写 PHP 代码如下。

```php
<? php
$a =12345;
 $b = false;
 $c ="PHP 程序设计案例教程";
 $d;
 echo "<br/>变量 a 是否为整型:".is_int( $a);
 echo "<br/>变量 a 是否为布尔型:".is_bool( $a);
 echo "<br/>变量 b 是否为布尔型:".is_bool( $b);
 echo "<br/>变量 c 是否为字符串型:".is_string( $c);
 echo "<br/>变量 d 是否为整型:".is_int( $d);
? >
```

变量的数据类型检测函数的运行结果如图 3.4 所示。从图中可以看出，变量 a 的值是整型数据，而不是布尔型；变量 b 是布尔型数据；变量 c 是字符串型数据；变量 d 为空值，因此不是整型数据。

图 3.4　变量的数据类型检测函数的运行结果

3.2.5　数据类型转换函数

PHP 变量属于松散的数据类型，在定义 PHP 变量时不需要指定数据类型，数据类型是由赋给变量或常量的值自动确定的。当不同数据类型的变量或常量之间进行运算时，需要先将变量或常量转换成相同的数据类型，再进行运算。PHP 数据类型转换分为自动类型转换和强制类型转换。

自动类型转换是指 PHP 预处理器根据运算需要自动将变量转换成合适的数据类型，再进行运算。例如，浮点数与整数进行算术运算时，PHP 预处理器会先将整数转换成浮点数，然后进行算术运算。

强制类型转换是指程序员通过编程强制将某变量或常量的数据类型转换成指定的数据类型。PHP 提供了 3 种强制类型转换的方法。

1）在变量前面加上一个小括号，然后把目标数据类型写在小括号中。

2）使用通用类型转换函数 settype( )。

3）使用类型转换函数 intval( )、strval( )、floatval( )。

第 1 种数据类型转换函数及说明见表 3.4。

表 3.4　第 1 种数据类型转换函数及说明

函 数 名	功 能 说 明	示　　　例
(bool)	强制转换成布尔型	$b = (bool) $a;
(string)	强制转换成字符串型	$b = (string) $a;
(int)	强制转换成整型	$b = (int) $a;
(float)	强制转换成浮点型	$b = (float) $a;
(array)	强制转换成数组	$b = (array) $a;
(object)	强制转换成对象	$b = (object) $a;

第 2 种数据类型转换函数 settype( ) 的语法格式如下。

```
bool settype(变量名,"数据类型");
```

例如：

```
settype( $c,"int");
```

参数说明如下。

➢ bool：函数执行成功则返回 true，否则返回 false。

➢ 变量名：要转换数据类型的变量。

➢ 数据类型：要转换的目标数据类型，取值为 int、float、string、array、bool、null 等。

第 3 种数据类型转换函数及说明见表 3.5。

表 3.5　第 3 种数据类型转换函数及说明

函 数 名	功 能 说 明	示　　　例
intval( )	强制转换成整型	$b = intval($a);
floatval( )	强制转换成浮点型	$b = floatval($a);
strval( )	强制转换成字符串型	$b = strval($a);

数据类型转换注意事项如下。

1）转换为布尔型：空值 null、整数 0、浮点数 0.0、字符串 "0"、未赋值的变量或数组都会被转换成 false，其他为 true。

2）转换为整型：布尔型的 false 转换为 0，true 转换为 1；浮点数的小数部分被舍去；以数字开关的字符串截取到非数字位，否则为 0。

3）字符串型转数值型：当字符串型转换为整型或浮点型时；如果字符是以数字开头的，就会先把数字部分转换为整型，再舍去后面的字符串；如果数字中含有小数点，则会取到小数点前一位。

3.3　PHP 的常量与变量

3.3.1　PHP 的常量

常量是指在程序运行过程中始终保持不变的数据。常量的值被定义后，在程序的整个执行期间，这个值都有效，不需要也不可以再次对该常量进行赋值。PHP 提供两种常量，分别是系统预定义常量和自定义常量。

1. 预定义常量

PHP 中提供了大量预定义常量，用于获取 PHP 中的相关系统参数信息。有些常量是由扩展库所定义的，只有加载了相关扩展库才能使用。常用 PHP 预定义常量及功能见表 3.6。

表 3.6　常用 PHP 预定义常量及功能

常量名称	功　　能
__FILE__	返回当前文件所在的完整路径和文件名
__LINE__	返回代码当前所在行数
PHP_VERSION	指当前 PHP 程序的版本
PHP_OS	指 PHP 解析器所在的操作系统名称
TRUE	真值 true
FALSE	假值 false
NULL	空值 null
E_ERROR	指到最近的错误处
E_WARNING	指到最近的警告处
E_PARSE	指到解析语法有潜在问题处
E_NOTICR	提示发生不寻常，但不一定是错误，例如使用一个不存在的变量

注意：常量__FILE__和__LINE__中字母前后分别是两个下画线符号 "__"。

【案例 3.6】
本案例使用系统预定义常量输出 PHP 相关系统参数信息。
【实现步骤】
在 PHP03 项目中创建一个 PHP 文件并命名为 "0306.php"，编写 PHP 代码如下。

```
<? php
echo "当前操作系统为：".PHP_OS;
echo "<br/>当前 PHP 版本为：".PHP_VERSION;
echo "<br/>当前文件路径为：".__FILE__;
echo "<br/>当前行数为：".__LINE__;
echo "<br/>当前行数为：".__LINE__;
? >
```

PHP 预定义常量的运行结果如图 3.5 所示。从图中可以看出,当前的操作系统为 Windows 系列操作系统,当前的 PHP 版本为 7.3.10,以及当前的网页所存储的路径和程序运行的代码行数等信息。

2. 常量的声明与使用

程序员在编程开发中不仅可以使用 PHP 预定义常量,也可以自己定义和使用常量。

图 3.5 PHP 预定义常量的运行结果

使用 define( )函数可定义常量,语法格式如下。

```
define("常量名称","常量值", 大小写是否敏感);
```

💡 **说明**:参数"大小写是否敏感"为可选参数,指定是否大小写敏感,设定为 true 表示不敏感,默认大小写敏感,即默认为 false。

使用 defined( )函数可判断常量是否已经被定义,其语法格式如下。

```
bool defined(常量名称);
```

💡 **说明**:如果成功则返回 true,失败则返回 false。

【案例 3.7】

本案例使用 define( )函数分别定义名为 MESSAGE、ACCOUNT 的常量,然后输出常量值。

【实现步骤】

在 PHP03 项目中创建一个 PHP 文件并命名为"0307.php",编写 PHP 代码如下。

```php
<?php
define("MESSAGE","MESSAGE 区分大小写");//默认区分大小写
echo MESSAGE."<br/>";
echo Message."<br/>";

define("ACCOUNT","ACCOUNT 不区分大小写",true);//不区分大小写
echo ACCOUNT."<br/>";
echo account."<br/>";
echo defined("Account")."<br/>";//使用 defined()函数判断常量是否被定义
?>
```

PHP 常量的声明和使用的运行结果如图 3.6 所示。

图 3.6 PHP 常量的声明和使用的运行结果

3.3.2 PHP 的变量

PHP 的变量用于存储临时数据信息,变量通过变量名实现内存数据的存取操作。定义变量

时，系统会自动为该变量分配一个存储空间来存放变量的值。

1. 变量的声明

声明变量的语法格式如下。

```
$变量名 = 变量值
```

PHP 中的变量命名应遵循以下规则：

➤ 变量的命名必须是美元符号（$）开始，并且区分大小写。

➤ 变量名以字母或下画线开头，由字母、下画线和数字组成。

➤ PHP 变量属于松散数据类型，变量不需要预先定义，在使用时动态进行识别类型。

正确的变量命名：

```
$name          $_pwd          $_123number
```

错误的变量命名：

```
$123_name      $~%$_var       abc
```

2. 变量的赋值

变量的赋值就是为变量赋予具体的数据值。变量赋值有 3 种方式，分别是直接赋值、传值赋值和引用赋值。

（1）直接赋值

直接赋值就是使用赋值运算符 "=" 直接将数据值赋给某变量。

【案例 3.8】

本案例分别定义多个变量，并使用直接赋值的方法为各变量分别赋予各种数据类型的值。

【实现步骤】

在 PHP03 项目中创建一个 PHP 文件并命名为 "0308. php"，编写 PHP 代码如下。

```php
<? php
$a = 100;          //整型
$b = 100.01;       //浮点型
$c = "hello word"; //字符串型
$d = true;         //布尔型
$e = null;         //空值

echo "<br/>整数: ".$a;
echo "<br/>浮点数: ".$b;
echo "<br/>字符串: ".$c;
echo "<br/>布尔值: ".$d;
echo "<br/>空值: ".$e;
? >
```

PHP 的变量直接赋值的运行结果如图 3.7 所示。

（2）传值赋值

传值赋值就是使用赋值运算符 "=" 将一个变量的值赋给另一个变量。需要注意的是，此时修改一个变量的值不会影响另一个变量。

图 3.7　PHP 的变量直接赋值的运行结果

【案例 3.9】

本案例实现变量的传值赋值，首先定义一个变量 a 并赋值 100，接着定义一个变量 b，然后将变量 a 的值赋给变量 b，此时变量 b 的值也为 100。修改变量 a 的值为 200，那么变量 b 的值不会随之改变。

【实现步骤】

在 PHP03 项目中创建一个 PHP 文件并命名为 "0309. php"。首先定义一个变量 a 并赋值 100，此时内存为 a 分配一个空间，存储 100。接着定义一个变量 b，然后将变量 a 的值 100 赋给变量 b，此时内存为 b 分配一个空间，存储值 100。最后修改变量 a 的值为 200，此时内存找到 a 的空间，将值修改为 200，变量 b 的值不会随之改变。具体 PHP 代码如下。

```php
<? php
$a = 100;
$b = $a;
echo "变量 a 的值：".$a;
echo "<br/>变量 b 的值：".$b;
$a = 200;
echo "<br/>修改变量 a 之后 <br/>";
echo "变量 a 的值：".$a;
echo "<br/>变量 b 的值：".$b;
? >
```

该段程序的运行结果如图 3.8 所示。

（3）引用赋值

引用赋值也称传地址赋值，就是使用赋值运算符 " = " 将一个变量的地址传递给另一个变量，即两个变量共同指向同一个内存地址，使用的是同一个值。

【案例 3.10】

本案例实现变量的引用赋值，首先定义一个变量 a 并赋值 100，接着定义一个变量 b，然后将变量 a 的地址传递给变量 b，此时变量 a 与变量 b 指向的是同一个地址，修改变量 a 的值就是修改变量 b 的值。

图 3.8　PHP 的变量传值赋值的运行结果

【实现步骤】

在 PHP03 项目中创建一个 PHP 文件并命名为 "0310. php"。首先定义一个变量 a 并赋值 100，此时内存为 a 分配一个空间，存储值 100。接着定义一个变量 b，然后将变量 a 的地址赋给变量 b，此时内存使变量 b 指向变量 a 的地址，即变量 a 与变量 b 指向的是同一个地址。最后修改变量 a 或变量 b 的值为 200，此时内存中修改同一地址的值。具体 PHP 代码如下。

```php
<? php
$a = 100;
$b = & $a;//引用赋值,传递的是变量的地址
echo "变量 a 的值：".$a;
echo "<br/>变量 b 的值：".$b;
$a = 200;
echo "<br/>修改变量 a 之后 <br/>";
echo "变量 a 的值：".$a;
echo "<br/>变量 b 的值：".$b;
? >
```

该段程序的运行结果如图 3.9 所示。

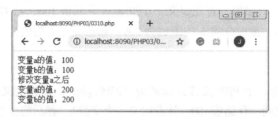

图 3.9　PHP 的变量引用赋值的运行结果

3. 可变变量

可变变量是一种特殊的变量，这种变量的名称由另一个变量的值来确定，也就是用一个变量的"值"作为另一个变量的"名"。声明可变变量的方法是在变量名称前加两个"$"符号。语法格式如下。

```
$ $可变变量名称 = 可变变量的值
```

【案例 3.11】

本案例实现可变变量的应用。

【实现步骤】

在 PHP03 项目中创建一个 PHP 文件并命名为"0311.php"，首先定义一个变量 a，设置变量值为"php"，接着使用可变变量符号"$ $"将变量 a 的值（php）作为另一个变量，并且赋值为"bbb"，这样，变量 a 的值"php"也是独立的一个变量。具体 PHP 代码如下。

```php
<? php
$a = "php";
$ $a = "bbb";
echo '变量 $a 的值'.$a;
echo '<br/>变量 $ $a 的值'.$ $a;
echo '<br/>变量 $php 的值'.$php;
? >
```

该段程序的运行结果如图 3.10 所示。

图 3.10　PHP 的可变变量的运行结果

3.4　PHP 的运算符和表达式

3.4.1　PHP 的运算符

运算符是一些用于将数据按一定规则进行运算的特定符号的集合。运算符所操作的数据称为操作数，运算符和操作数连接并可运算出结果的式子称为表达式。PHP 的运算符分为 7 类，包括算术运算符、字符串运算符、赋值运算符、位运算符、逻辑运算符、比较运算符和三元运算符，见表 3.7。

表 3.7　PHP 的运算符

运算符名称	运　算　符
算术运算符	+、-、*、/、%、++、--
字符串运算符	.
赋值运算符	=、+=、-=、*=、/=、%=、.=
位运算符	&、｜、^、<<、>>、~
逻辑运算符	&&（and）、‖（or）、xor、!（not）
比较运算符	<、>、<=、>=、==、===、!=
三元运算符	?:

1. 算术运算符

算术运算符用于处理算术运算操作。

1）常用算术运算符。

PHP 中常用的算术运算符及说明见表 3.8。

表 3.8　常用的算术运算符及说明

运　算　符	功　能　说　明	示　　例
+	加法运算	$a + $b
-	减法运算 也可以用作一元操作符，表示负数	$a - $b - $b
*	乘法运算	$a * $b
/	除法运算	$a/ $b
%	求余运算	$a% $b

【案例 3.12】

本案例实现常用算术运算符的应用，首先定义两个变量并分别赋值，然后将这两个变量分别进行加、减、乘、除和求余运算。

【实现步骤】

在 PHP03 项目中创建一个 PHP 文件并命名为"0312.php"，编写 PHP 代码如下。

```
<? php
$a =80;　//定义变量 a 并赋值
$b =8;　　//定义变量 b 并赋值
echo "a =". $a;
echo "<br/>b =". $b;
echo "<br/>加法运算:a + b =". ( $a + $b);
echo "<br/>减法运算:a - b =". ( $a - $b);
echo "<br/>乘法运算:a* b =". $a* $b;
echo "<br/>除法运算:a/b =". $a/ $b;
echo "<br/>求余运算:a% b =". $a% $b;
? >
```

PHP 的常用算术运算符的运行结果如图 3.11 所示。

2）特殊的算术运算符。

自增运算符"++"和自减运算符"−−"属于特殊的算术运算符，它们可对数值型数据进行操作。不过自增和自减运算符的运算对象是单操作数，使用"++"或"−−"运算符，根据书写位置的不同，又分为前置自增（减）运算符和后置自增（减）运算符。

图 3.11　PHP 的常用算术运算符的运行结果

前置自增（减）运算符：

```
$b = ++ $a;//a先自增，再使用值（赋值给b）
```

后置自增（减）运算符：

```
$b = $a ++;//a先使用值（赋值给b），a再自增
```

【案例 3.13】

本案例实现自增和自减运算符的应用，并且注意对比前置自增（减）和后置自增（减）的区别。

【实现步骤】

在 PHP03 项目中创建一个 PHP 文件并命名为"0313. php"，编写 PHP 代码如下。

```
<? php
$a = 10;                    //定义整型变量a，赋值10
$b = 20;                    //定义整型变量b，赋值20
echo "a =". $a;
echo "<br/>b =". $b;
echo "<br/>a ++ =". $a ++;   //先使用值，再自增
echo "<br/> ++b =". ++ $b;   //先自增，再使用值
$c = 30;
$d = $c ++;                 //先使用值，再自增
echo "<br/> c =". $c;
echo "<br/>d =". $d;
? >
```

PHP 的自增/自减运算符的运行结果如图 3.12 所示。

2. 字符串运算符

PHP 字符串运算符只有一个，就是英文句号"."，用于将两个字符串连接起来，结合成一个新的字符串，语法格式如下。

图 3.12　PHP 的自增/自减运算符的运行结果

```
$c = $a.$b;
```

3. 赋值运算符

赋值运算符主要用于处理表达式的赋值操作，主要将右边的表达式经过运算，再将结果值赋给左边的变量。赋值运算符分为简单赋值运算符和复合赋值运算符，简单赋值运算符为"="，复合赋值运算符包括 + =、− =、* =、/ =、. =、% =、< < =、> > =等，说明见表 3.9。

表 3.9 PHP 的赋值运算符及说明

名　称	运算符	功能说明	示　例	完整形式
简单赋值	=	将右边的值赋给左边	$a = 8;	$a = 8;
加法赋值	+ =	将右边的值加到左边	$a + = 8;	$a = $a + 8;
减法赋值	- =	将右边的值减到左边	$a - = 8;	$a = $a - 8;
乘法赋值	* =	将右边的值乘以左边	$a * = $b;	$a = $a * $b;
除法赋值	/ =	将右边的值除以左边	$a / = $b;	$a = $a / $b;
连接字符	. =	将右边的字符加到左边	$a. = $b;	$a = $a. $b;
取余赋值	% =	将左边的值对右边取余数	$a% = $b;	$a = $a% $b;

【案例 3.14】

本案例实现简单的赋值运算，定义变量 a 并赋初值，然后进行各种赋值运算，分别输出运算过程中变量 a 的值。

【实现步骤】

在 PHP03 项目中创建一个 PHP 文件并命名为"0314. php"，编写 PHP 代码如下。

```
<? php
$a =10;
echo "<br/>a 的值:".$a;
$a + =3;
echo "<br/>a 的值:".$a;
$a * =5;
echo "<br/>a 的值:".$a;
$a / =2;
echo "<br/>a 的值:".$a;
? >
```

PHP 的赋值运算符的运行结果如图 3.13 所示。

4. 位运算符

PHP 中的位运算符主要用于整数的运算，运算时先将整数转换为相应的二进制数，再对二进制数进行运算。PHP 的位运算符及说明见表 3.10。

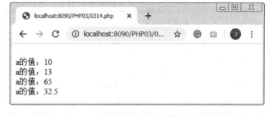

图 3.13 PHP 的赋值运算符的运行结果

表 3.10 PHP 的位运算符及说明

运算符	功能说明	示例	示例说明
&	与运算，按位与	$a& $b	0&0 = 0、0&1 = 0、1&0 = 0、1&1 = 1
|	或运算，按位或	$a | $b	0 | 0 = 0、0 | 1 = 1、1 | 0 = 1、1 | 1 = 1
^	异或运算，按位异或	$a^$b	0^0 = 0、0^1 = 1、1^0 = 1、1^1 = 0
~	非运算，按位取反	~$a	~0 = 1、~1 = 0
>>	向右移位	$a>>$b	
<<	向左移位	$a<<$b	

65

【案例 3.15】

本案例使用位运算符对变量中的值进行位运算操作。

【实现步骤】

在 PHP03 项目中创建一个 PHP 文件并命名为 "0315.php"，编写 PHP 代码如下。

```php
<? php
$a =2;                          //定义整型变量 a，赋值 2，运算时将被转换为二进制数 0010
$b =3;                          //定义整型变量 b，赋值 3，运算时将被转换为二进制数 0011
echo "变量 a 的值："  .$a;
echo "<br/>变量 b 的值："  .$b;
$ab = $a & $b;                  //将 0010 和 0011 进行与操作后为 0010，再转换为十进制数 2
echo "<br/>变量 a&b 的值：".$ab;
$ab = $a | $b;                  //将 0010 和 0011 进行或操作后为 0011，再转换为十进制数 3
echo "<br/>变量 a|b 的值：".$ab;
$ab = $a ^ $b;                  //将 0010 和 0011 进行异或操作后为 0001，再转换为十进制数 1
echo "<br/>变量 a^b 的值：".$ab;
$ab = ~ $a;                     //将 0010 进行非操作后为 1101，再转换为十进制数 -3
echo "<br/>变量 ~a 的值：".$ab;
? >
```

PHP 的位运算符的运行结果如图 3.14 所示。

5. 逻辑运算符

逻辑运算符用于进行逻辑运算操作，可对布尔型数据或表达式进行操作，并返回布尔型结果。PHP 的逻辑运算符及说明见表 3.11。

图 3.14　PHP 的位运算符的运行结果

表 3.11　PHP 的逻辑运算符及说明

运　算　符		案　　例	意　　义
逻辑与	&&	$m&& $n	当 $m 和 $n 都为 true 时，返回 true，否则返回 false
	and	$m and $n	
逻辑或	||	$m || $n	当 $m 和 $n 中有一个及以上为 true 时，返回 true，否则返回 false
	or	$m or $n	
逻辑异或	xor	$m xor $n	当 $m 与 $n 中只有一个值为 true 时，返回 true，否则返回 false
逻辑非	!	! $m	当 $m 为 true 时，返回 false；当 $m 为 false 时，返回 true

【案例 3.16】

本案例使用逻辑运算符判断变量的值。

【实现步骤】

在 PHP03 项目中创建一个 PHP 文件并命名为 "0316.php"，编写 PHP 代码如下。

```php
<? php
$a =true;
$b =true;
$c =false;
if( $a && $b)
{   echo "变量 a 和变量 b 都为 true";}
else
```

```
{   echo "变量 a 和变量 b 不全为 true";}

if( $a || $c)
{   echo "<br/>变量 a 或变量 c 为 true";}
else
{   echo "<br/>变量 a 或变量 c 都不为 true";}

if( $a xor $c)
{   echo "<br/>变量 d 异或变量 c 为 true";}
else
{   echo "<br/>变量 d 异或变量 c 为 false";}

if( $a xor $b)
{   echo "<br/>变量 a 异或变量 b 为 true";}
else
{   echo "<br/>变量 a 异或变量 b 为 false";}
? >
```

PHP 的逻辑运算符的运行结果如图 3.15 所示。

6. 比较运算符

比较运算符用于对两个数据或表达式的值进行比较，比较结果是一个布尔型值。PHP 的比较运算符及说明见表 3.12。

图 3.15　PHP 的逻辑运算符的运行结果

表 3.12　PHP 的比较运算符及说明

运 算 符	名　称	案　例	说　明
<	小于	$m < $n	如果 $m 的值小于 $n 的值，返回 true，否则返回 false
>	大于	$m > $n	如果 $m 的值大于 $n 的值，返回 true，否则返回 false
< =	小于或等于	$m < = $n	如果 $m 的值小于或等于 $n 的值，返回 true，否则返回 false
> =	大于或等于	$m > = $n	如果 $m 的值大于或等于 $n 的值，返回 true，否则返回 false
==	相等	$m == $n	如果 $m 与 $n 的值相等，返回 true，否则返回 false
! =	不等	$m ! = $n	如果 $m 与 $n 的值不相等，返回 true，否则返回 false
===	全等	$m === $n	当 $m 和 $n 的值相等且数据类型相同时，返回 true，否则返回 false
! ==	不全等	$m ! == $n	当 $m 和 $n 的值不相等或数据类型不相同，返回 true，否则返回 false

注意：如果比较对象是数值，则按数值大小进行比较；如果是字符串，则按每个字符所对应的 ASCII 值比较。

【案例 3.17】

本案例重点介绍相等（==）、不等（! =）、全等（===）、不全等（! ==）运算符的应用。

【实现步骤】

在 PHP03 项目中创建一个 PHP 文件并命名为"0317. php"，编写 PHP 代码如下。

```
<? php
$a=200;
$b=100;
$c=200;
$d="200";
echo "整数 a=".$a;
echo ",整数 b=".$b;
echo ",整数 c=".$c;
echo ",字符串 d=".$d;
echo "<br/>a==b 的值";echo var_dump( $a == $b);
echo "<br/>a==c 的值";echo var_dump( $a == $c);
echo "<br/>a==d 的值";echo var_dump( $a == $d);
echo "<br/>a===b 的值";echo var_dump( $a === $b);
echo "<br/>a===c 的值";echo var_dump( $a === $c);
echo "<br/>a===d 的值";echo var_dump( $a === $d);
echo "<br/>a!=b 的值";echo var_dump( $a != $b);
echo "<br/>a!=c 的值";echo var_dump( $a != $c);
echo "<br/>a!=d 的值";echo var_dump( $a != $d);
echo "<br/>a!==b 的值";echo var_dump( $a !== $b);
echo "<br/>a!==c 的值";echo var_dump( $a !== $c);
echo "<br/>a!==d 的值";echo var_dump( $a !== $d);
? >
```

PHP 的比较运算符的运行结果如图 3.16 所示。

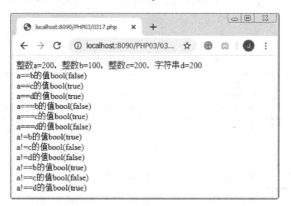

图 3.16　PHP 的比较运算符的运行结果

7. 三元运算符

三元运算符也称为条件运算符，可提供简单的逻辑判断，语法格式如下。

表达式1？表达式2：表达式3

执行过程说明：如果表达式 1 的值为 true，则执行表达式 2，否则执行表达式 3。

【案例 3.18】

本案例介绍三元运算符的应用方法。

【实现步骤】

在 PHP03 项目中创建一个 PHP 文件并命名为 "0318.php"，编写 PHP 代码如下。

```
<? php
function GetMax( $a,$b)//自定义函数，比较两个数，并返回最大值
```

```
{
  $c = ($a > $b)? $a : $b;//判断 a 是否大于 b, 如果为 true, 将 a 值赋给 c, 否则将 b 值赋给 c
  return $c;
}

echo "10,11 的最大值为: ".GetMax(10,11);//调用函数
?>
```

PHP 的三元运算符的运行结果如图 3.17 所示。

图 3.17 PHP 的三元运算符的运行结果

3.4.2 PHP 的表达式

表达式就是由操作数、操作符以及括号等所组成的合法序列，是将相同数据类型或不同数据类型的数据（如变量、常量、函数等），用运算符号按一定的规则连接起来的、有意义的语句。例如：

```
$a = 100;
```

根据表达式中运算符类型的不同，可以将表达式分为算术表达式、字符串表达式、赋值表达式、位运算表达式、逻辑表达式、比较表达式等。

PHP 的程序由语句构成，每条语句以英文分号 ";" 结束。每条语句一般单独占用一行。

3.5 PHP 的函数

在 PHP 项目开发过程中，经常要重复某些操作或处理。如果每次都要重复编写代码，不仅造成工作量加大，还会使程序代码产生冗余、可读性差，项目后期的维护及运行效果也会受影响，因此引入函数的概念。函数负责将一些重复使用的功能写在一个独立的代码块中，在需要时单独调用。

3.5.1 函数的定义和调用

1. 函数的定义

PHP 的函数分为系统内置函数和用户自定义函数两种。定义函数的语法格式如下。

```
function 函数名($str1,$str2,…){
  函数体;
  return 返回值;
}
```

参数说明如下。

function：声明自定义函数的关键字，大小写不敏感。

$str1, $str2, …：函数的形式参数列表。

PHP 的函数命名应遵循以下规则：

➤ 不能与内部函数名、PHP 关键字重名。

➢ 函数名不区别大小写，但建议按照大小写规范进行命名和调用。
➢ 函数名只能以字母开头，不能以下画线和数字开头，不能使用点号和中文字符。

2. 函数的调用

函数的调用可以在函数定义之前或之后，调用函数的语法格式如下。

```
函数名(实际参数列表);
```

【案例 3.19】

本案例定义函数 GetSum( )，计算传入的两个参数的和并输出结果。

【实现步骤】

在 PHP03 项目中创建一个 PHP 文件并命名为 "0319.php"，编写 PHP 代码如下。

```
<? php
  function GetSum( $a, $b)//定义函数
  {
    return $a + $b;   //计算并返回结果
  }

 $c =  GetSum(80,8);  //调用函数
 echo $c;
? >
```

PHP 的函数定义和简单调用的运行结果如图 3.18 所示。

图 3.18　PHP 的函数定义和简单调用的运行结果

3.5.2　在函数间传递参数

函数的使用经常需要用到参数，参数可以将数据传递给函数。在调用函数时需要填写与函数形式参数个数和类型相同的实际参数，实现数据从实际参数（实参）到形式参数（形参）的传递。参数传递方式有值传递、引用传递和可选参数 3 种。

1. 值传递

值传递是指将实参的值复制到对应的形参中，然后使用形参在被调用函数内部进行运行，运算的结果不会影响实参，即函数调用结束后，实参的值不会发生改变。

【案例 3.20】

本案例实现函数参数的值传递调用，比较函数调用是否对实参造成影响。

【实现步骤】

在 PHP03 项目中创建一个 PHP 文件并命名为 "0320.php"，编写 PHP 代码如下。

```
<? php
 function example( $a)//定义函数
 {
   $a = $a* $a;
   echo "<br/>自定义函数内 a 的值:". $a;//输出形参的值
 }
```

```
$a =20;
echo "<br/>函数外 a 的值:".$a;//函数调用前
example($a);                        //调用函数,此处传递的是值
echo "<br/>函数外 a 的值:".$a;//函数调用后,实参值不变,$a =20
? >
```

PHP 的函数值传递的运行结果如图 3.19 所示。

2. 引用传递

引用传递也称为按地址传递,就是将实参的内存地址传递到形参中。此时被调用函数内形式参数的值发生改变时,实际参数也发生相应改变。定义函数时,在形式参数前面加上 "&" 符号。引用传递的语法格式为:

图 3.19　PHP 的函数值传递的运行结果

```
//定义函数,其中,str1 是引用传递参数,str2 是值传递参数
function 函数名(& $str1,$str2,…){…}
//调用函数
函数名($str1,$str2,…);
```

注意,PHP7 之前的版本支持两种引用传递参数的写法:

1) 在定义函数时,在预使用引用传递的形式参数前加 "&" 符号,在调用时不需要加该符号。

2) 在定义函数时,在形式参数前面不需要加 "&" 符号,但在调用函数时需要在预使用引用传递的实际参数前加 "&" 符号。

但是,PHP7 只支持第一种写法。

【案例 3.21】

本案例实现函数参数的引用传递调用,与案例 3.20 相似,仅在定义函数时在预使用引用传递的形式参数加一个 "&" 符号。注意比较函数调用是否对实际参数造成影响。

【实现步骤】

在 PHP03 项目中创建一个 PHP 文件并命名为 "0321.php",编写 PHP 代码如下。

```
<? php
//定义函数,a 为引用传递,b 为值传递
function example(& $a,$b)
{
    $a = $a*$a;
    $b = $a*$b;
    echo "<br/>自定义函数内 a 的值: ".$a;//输出形参的值
    echo "<br/>自定义函数内 b 的值: ".$b;//输出形参的值
}

$a =20;
$b =20;
echo "<br/>调用函数前,函数外 a 的值: ".$a;//函数调用前
echo "<br/>调用函数前,函数外 b 的值: ".$b;//函数调用前
example($a,$b);//调用函数,a 传递的是变量的内存地址,b 传递的是变量的值
echo "<br/>调用函数后,函数外 a 的值: ".$a;//函数调用后,实参值发生改变
echo "<br/>调用函数后,函数外 b 的值: ".$b;//函数调用后,实参值没有发生改变
? >
```

PHP 的函数引用传递的运行结果如图 3.20
所示。从结果可以看出，调用函数之前，变量 a
和 b 的值都为 20，在自定义函数内，a 和 b 作为
形式参数都参与了运算，并且值分别更新为 400
和 8000。但是由于变量 a 采用引用传递的方式，
向自定义函数传递的是变量 a 的内存地址，因此
自定义函数内部的运算结果也就存储到了变量 a
的地址中，调用函数之后，原来的变量 a 的值也
就跟着改变。而变量 b 采用值传递的方式，也就

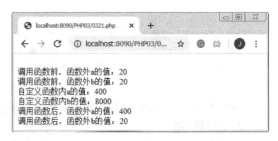

图 3.20　PHP 的函数引用传递的运行结果

是说，向自定义函数传递的是变量 b 的值 20，并没有将自身变量的内存地址告诉自定义函数，
因此自定义函数内部的运算并不影响变量 b。

3. 可选参数

可选参数也称默认参数。在定义函数时可以指定某个参数为可选参数，将可选参数放在参数
列表末尾，并且指定其默认值。

【案例 3.22】

本案例使用可选参数实现工资扣税功能，设置自定义函数 GetBalance( ) 的参数 $rice 为可选
参数，默认值为 0.02，分别调用函数，输出税后工资。

【实现步骤】

在 PHP03 项目中创建一个 PHP 文件并命名为 "0322. php"，编写 PHP 代码如下。

```php
<? php
function GetBalance( $balance, $rice = 0.02)
{
    $balance = $balance - ( $balance * $rice);
    echo "税后工资:$balance <br >";
}
echo "未使用 rice 参数的默认值, 而是传递 0.05:";
GetBalance(6000,0.05);
echo "没有传递值给 rice 参数, 而是使用 rice 参数的默认值:";
GetBalance(6000);
? >
```

PHP 的函数可选参数的运行结果如图 3.21 所示。

图 3.21　PHP 的函数可选参数的运行结果

3.5.3　函数返回值

函数将返回值传递给调用者的方式是使用关键字 return。如果在全局作用域内使用 return 关
键字，那么将终止程序的执行。

【案例 3.23】

本案例使用 return 语句返回函数运算结果。先定义函数 GetSum( )，用于计算两个数的和，然后调用该函数并获取返回值，最后输入返回值。

【实现步骤】

在 PHP03 项目中创建一个 PHP 文件并命名为 "0323.php"，编写 PHP 代码如下。

```php
<? php
    function GetSum( $a, $b)   //定义函数,不需要声明返回值及类型
    {
        return $a + $b;
    }
 $c = GetSum(800,88);//调用函数,获取返回值
  "函数返回值: ". $c;
? >
```

PHP 的函数返回值的运行结果如图 3.22 所示。

图 3.22　PHP 的函数返回值的运行结果

3.5.4　变量作用域

PHP 的变量是有作用范围的，也称作用域。变量的作用域就是指在哪些地方可以使用变量，在哪些地方不能使用变量。一般情况下，变量的作用范围是包含变量的 PHP 程序块。PHP 的变量按其作用域的不同主要分为 3 种，分别为局部变量、全局变量和静态变量。

1. 局部变量

局部变量是指在函数内部定义的变量，其作用域是所在函数，即从定义变量的语句开始到函数末尾，在函数之外无效，在函数调用结束后被系统自动回收。

【案例 3.24】

本案例实现局部变量的访问，先定义函数 GetNum( )，在函数内定义局部变量 a，接着在主程序中调用该函数，并在主程序中访问函数内部的局部变量 a，执行时发现在主程序中无法访问局部变量 a 的值，只能访问主程序中定义的全局变量 a。

【实现步骤】

在 PHP03 项目中创建一个 PHP 文件并命名为 "0324.php"，编写 PHP 代码如下。

```php
<? php
function GetNum()   //自定义函数
{
    $a =100;//声明局部变量 a
    echo "函数内部变量 a: ". $a;
}
GetNum();//调用函数
echo "<br/>访问函数内部变量 a: ". $a;
```

```
$a = "800";
echo "<br/>访问全局变量a:".$a;
? >
```

PHP 的局部变量的运行结果如图 3.23 所示。

2. 全局变量

全局变量是指在所有函数之外定义的变量，其作用域是整个 PHP 文件，即从定义变量的语句开始到文件末尾，但在函数内无效。如果要在函数内部访问全局变量，要使用 global 关键词声明，语法格式如下。

图 3.23 PHP 的局部变量的运行结果

```
global $变量名;
```

【案例 3.25】

本案例分别在主程序和函数内部声明一个全局变量，然后在函数内部和主程序中分别访问全局变量。

【实现步骤】

在 PHP03 项目中创建一个 PHP 文件并命名为 "0325.php"，编写 PHP 代码如下。

```
<? php
$a = "我是变量a";
$c = "我是变量c";
echo "函数外:".$a;
echo "<br/>函数外:".$c;

function example()                    //自定义函数
{
    $a = "我是example()函数的变量a!";      //声明局部变量a
    echo "<br/>我在函数内,你是哪个a:".$a;
    global $c;                        //函数内部声明全局变量b
    $c = "我是example()函数的全局变量c!";  //赋值全局变量b,注意应先声明再赋值,否则无效
    echo "<br/>我在函数内,你是哪个c:".$c;
}
example();//调用函数

echo "<br/>我在函数外,你是哪个a:".$a;
echo "<br/>我在函数外,你是哪个b:".$c;
? >
```

PHP 的全局变量声明和使用的运行结果如图 3.24 所示。从程序中可以看出，在调用 example() 函数之前，变量 a 和 c 都是初始值。在 example() 函数内，变量 a 相当于该函数内部的变量，作用域只限于 example() 函数。因此在调用 example() 函数之后，函数外面的变量 a 的值依然是初始值。可以看出，该程序存在两个变量 a，各自具有不同的作用域。但是对于变量 b，在 example() 函数内被声明为全局变量，因此其作用域是当前整个程序，包括 example() 函数和主程序。

图 3.24　PHP 的全局变量声明和使用的运行结果

本案例包含 3 个知识点：

➢ 在主程序中定义全局变量 a，然后在函数内部也定义同名局部变量 a，那么在函数内部访问 a 时只能访问局部变量 a。

➢ 当函数内部声明 a 为全局变量后，可以访问到函数外部的全局变量 a。

➢ 在函数内部定义全局变量 b，然后声明为全局变量，可以在主程序中访问。

3. 静态变量

不论是全局变量还是局部变量，在调用结束后，该变量值都会失效。但有时仍然需要该变量，此时就需要将该变量声明为静态变量，声明静态变量只需在变量前加 "static" 关键字即可。语法格式如下。

```
static $变量名 = 变量值；
```

【案例 3.26】

本案例定义两个函数，分别在函数中声明静态变量和普通局部变量。反复调用各函数，观察变量值的变化。

【实现步骤】

在 PHP03 项目中创建一个 PHP 文件并命名为 "0326. php"，编写 PHP 代码如下。

```php
<? php
function example1()   //自定义函数 1
{
  static $a = 100;   //定义静态变量 a
  $a ++;
  echo "<br/>静态变量 a：". $a;
}

function example2()   //自定义函数 2
{
  $b = 100；   //定义局部变量 b
  $b ++;
  echo "<br/>局部变量 b：". $b;
}
example1();//第 1 次调用函数 1
example1();//第 2 次调用函数 1
example1();//第 3 次调用函数 1
example2();//第 1 次调用函数 2
example2();//第 2 次调用函数 2
example2();//第 3 次调用函数 2
? >
```

PHP 静态变量的运行结果如图 3.25 所示。

从本案例可以看出静态变量和普通变量的区别。在函数 example1() 中，静态变量 a 只被初始化赋值一次（值为 100），在函数调用结束后 a 的值不会丢失。第二次调用 example1() 函数时，a 的值会累加。在函数 example2() 中，局部变量 b 被初始化赋值为 100，在函数调用结束后 b 的值会丢失。第二次调用 example2() 函数时，变量 b 的值将重新初始化为 100。

图 3.25　静态变量的运行结果

3.5.5　PHP 的函数库

PHP 的内置函数由 PHP 开发者编写并嵌入到 PHP 中，用户在编写程序时可以直接使用。PHP 的内置函数分为标准函数库和扩展函数库。标准函数库中的函数存放在 PHP 内核中，可以在程序中直接使用。扩展函数库中的函数被封装在相应的 DLL 文件中，使用时需要在 PHP 配置文件中将相应的 DLL 文件包含进来。接下来介绍 PHP 的常用标准函数库。

1. PHP 的变量函数库

PHP 的变量函数库提供了一系列用于变量处理的函数，PHP 的常用变量函数见表 3.13。

表 3.13　PHP 的常用变量函数

函　　数	说　　明
empty()	检测变量是否为空
gettype()	获取变量类型
is_int()	检测变量是否为整数
isset()	检测变量是否被赋值
unset()	销毁变量

【案例 3.27】

本案例使用 isset() 函数检测变量是否被赋值。

【实现步骤】

在 PHP03 项目中创建一个 PHP 文件并命名为 "0327. php"，编写 PHP 代码如下。

```
<? php
  $a = "";//声明变量, 并赋空字符串
  if(isset($a))
  { echo "a 已被设置或赋值 1 <br/ >";}
  else
  { echo "a 为空值 1 <br/ >";}

  unset($a);//$a = null;//释放变量 a
  if(isset($a))
  { echo "a 已被设置或赋值 2 <br/ >";}
  else
  { echo "a 为空值 <br/ >";}
? >
```

PHP 的变量函数调用的运行结果如图 3.26 所示。

2. PHP 的字符串函数库

字符串是在程序开发过程中使用最为频繁的数据类型之一。PHP 提供了大量的字符串处理函数，可以帮助用户完成许多复杂的字符串处理工作。PHP 的常用字符串函数见表 3.14。

图 3.26　PHP 的变量函数调用的运行结果

表 3.14　PHP 的常用字符串函数

函　数	说　明
explode( )	使用一个字符串分割另一个字符串
implode( )	合并数组元素到一个字符串
ltrim( )	删除字符串左侧的连续空白
rtrim( )	删除字符串右侧的连续空白
trim( )	删除字符串左右侧的连续空白
str_replace( )	字符串替换
md5( )	用 MD5 算法对字符串进行加密
strlen( )	获取指定字符串的长度（所占字节数）
substr( )	在字符串中从指定位置开始截取一定长度的子字符串
strtolower( )	将字符串中的字符全部变为小写
strtoupper( )	将字符串中的字符全部变为大写

【案例 3.28】

本案例应用 md5( ) 函数对字符串"123"进行加密。

【实现步骤】

在 PHP03 项目中创建一个 PHP 文件并命名为"0328. php"，编写 PHP 代码如下。

```php
<? php
    $a ="123";            //声明变量并赋值
    echo "源字符串:".$a;  //输出源字符串
    echo "<br/>加密字符串:".md5( $a,false);//对字符串变量进行 MD5 加密，然后输出
? >
```

该段程序的运行结果如图 3.27 所示。

3. PHP 的日期时间函数库

PHP 提供了实用的日期时间处理函数，可以帮助用户完成对日期和时间的各种处理工作。PHP 的常用日期时间函数见表 3.15。

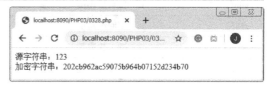

图 3.27　使用 md5( ) 函数为字符串加密的运行结果

表 3.15　PHP 的常用日期时间函数

函　数	说　明
checkdate( )	验证日期的有效性
date( )	格式化一个本地时间/日期
time( )	返回当前的 UNIX 时间戳

【案例3.29】

本案例应用 checkdate( ) 函数判断日期格式是否正确。

【实现步骤】

在 PHP03 项目中创建一个 PHP 文件并命名为 "0329. php"，编写 PHP 代码如下。

```php
<? php
if(checkdate(10,38,2012))
  { echo "日期格式正确!";}
  else
  { echo "日期格式错误!";}
? >
```

PHP 使用 checkdate( ) 函数判断日期格式是否正确的运行结果如图3.28 所示。

图3.28　判断日期格式是否正确的运行结果

【学习笔记】

checkdate( ) 函数用于验证日期格式的正确性，正确则返回 true，否则返回 false。语法格式如下。

```
bool checkdate(int 月,int 日,int 年)
```

4. PHP 的数学函数库

PHP 提供了实用的数学处理函数，可以帮助用户完成数学运算的各种操作。PHP 的常用数学函数见表3.16。

表3.16　PHP 的常用数学函数

函　　数	说　　明
rand( )	产生一个随机数
max( )	比较最大值
min( )	比较最小值
abs( )	返回绝对值
ceil( )	进一法取整
floor( )	舍去法取整

【案例3.30】

随机数验证码在各网站程序中的应用非常广泛，本案例使用 rand( ) 函数生成随机数验证码。

【实现步骤】

在 PHP03 项目中创建一个 PHP 文件并命名为 "0330. php"，编写 PHP 代码如下。

```php
<? php
$num="";                 //定义变量,用于存放随机数验证码
for( $i=0;$i<4;$i++)     //循环读取随机数,将循环4次,生成4位随机数
```

```
    {
      $j = rand(0,9);      //每次生成一个 0~9 之间的随机数字
      $num = $num. $j;     //将生成的随机数字拼接到变量 $num 中
    }
    echo $num;            //打印生成的随机数验证码
? >
```

PHP 生成随机数验证码的运行结果如图 3.29
所示。

5. PHP 的文件目录函数库

PHP 提供了大量的文件及目录处理函数，可
以帮助用户完成对文件和目录的各种处理操作。
PHP 的常用文件目录函数见表 3.17。

图 3.29　PHP 生成随机数验证码的运行结果

表 3.17　PHP 的常用文件目录函数

函　　数	说　　明
copy( )	复制文件到其他目录
file_exists( )	判断指定的目录或文件是否存在
basename( )	返回路径中的文件名部分
file_put_contents( )	将字符串写入指定的文件中
file( )	把整个文件读入数组中，数组中各元素值对应文件的各行
fopen( )	打开本地或远程的某文件，返回该文件的标识指针
fread( )	从文件指针所指的文件中读取指定长度的数据
fclose( )	关闭一个已打开的文件指针
is_dir( )	如果参数为目录路径且该目录存在，则返回 true，否则返回 false
mkdir( )	新建一个目录
move_uploaded_file( )	应用 POST 方法上传文件
readfile( )	读取一个文件，将读取的内容写入输出缓冲
rmdir( )	删除指定目录，成功返回 true，否则返回 false
unlink( )	删除指定文件，成功返回 true，否则返回 false
disk_free_space( )	返回指定目录的可用空间
filetype( )	获取文件类型
filesize( )	获取文件大小

【案例 3.31】

本案例实现文件、目录的打开、读取和输出功能。

【实现步骤】

在 PHP03 项目中创建一个 PHP 文件并命名为 "0331.php"，编写 PHP 代码如下。

```
<html >
<head >
<title >PHP 与 HTML 列表结合 </title >
</head >
<body >
```

```
<ol>
<? php
    $dirname ="C:\\AppServ\\www\\03";    //定义目录名称
    $dir =opendir( $dirname);            //打开目录

while( $file = readdir( $dir))           //读取目录下的文件名
{
    echo "<li> $file </li>";             //输出文件名
}
closedir( $dir);                         //关闭目录
? >
  </ol>
</body>
</html>
```

该段程序的运行结果如图 3.30 所示。从程序中可以看出，PHP 使用 opendir( ) 函数定位到指定的目录，接着使用 readdir( ) 函数读取该目录下的所有文件的文件名，然后使用 while 语句遍历输出各个文件名，并且显示在 HTML 的列表中。

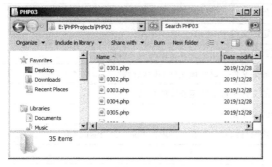

a) 文件目录窗口   b) 读取目录下的文件名称

图 3.30　使用文件目录函数读取文件及目录的运行结果

3.6　PHP 的编码规范

书写 PHP 代码时需要遵循一些基本的编程原则，这些原则称为编码规范。养成良好的编程习惯，不但可以提高代码的质量，还可以提高程序的可维护性、开发速度和效率；不良的编程习惯会造成代码缺陷，使其难以维护。

3.6.1　PHP 的书写规范

1. 缩进及空格
➤ 语句缩进单位为一个 Tab（制表符），同一个程序块中的所有语句上下对齐。
➤ 运算符与操作数之间空一格。
➤ 函数与函数之间、程序块与程序块之间空一行。
➤ 程序块根据逻辑结构、功能结构来进行划分。

2. 括号

➤ 大括号{}应单独写一行，并与对应关键词（如 if、else、for、while、switch 等）上下
对齐。

➤ 小括号与左右字符之间空一格。

3.6.2 PHP 的命名规范

进行良好的命名也是重要的编码习惯，描述性强的名称可让代码更加容易阅读、理解和维
护。命名遵循的基本原则是：以标准计算机英文为蓝本，杜绝一切拼音或拼音英文混杂的命名方
式，建议使用语义化的方式命名。

1. 变量

变量名的第一个单词首字母小写，其余单词首字母大写，遵循"驼峰式"命名约定，如
$userID、$userName。

变量的命名也可以为单词的所有字母小写，单词间用下画线分隔，如 $user_id、$user_
name。

2. 函数和方法

函数的命名规范和变量名的命名规范相同，第一个单词首字母小写，其余单词首字母大写，
遵循"驼峰式"命名约定。函数都是执行一个动作的，因此函数命名时，一般函数名中会包含动
词，如 getName、setName 等。

3. 类

类名的每一个单词首字母大写，如类名 StudentCourse。下面是符合该规范的示例程序。

PHP 类文件命名通常以 .class.php 为扩展名，文件名和类名相同，如 student.class.php。

下画线只允许作为路径分隔符，例如，Zend/Db/Table.php 文件中对应的类名称是 Zend_Db_
Table。

如果类名包含多个单词，每个单词的第一个字母必须大写，连续的大写是不允许的，例如，
"Zend_PDF"是不允许的，而"Zend_Pdf"是可接受的。

4. 数据库表和字段

数据库表和字段的命名规范与变量名的命名规范相同，如字段名 user_id、student_name。

存储多项内容的字段，或代表数量的字段，也应当以复数方式命名，如 hits（查看次数）、
items（内容数量）。

当几个表间的字段有关联时，要注意表与表之间关联字段命名的统一，例如，forum_articles
表中的 articleid 与 forum_restores 表中的 articleid。

3.7 综合案例

【案例 3.32】 预定义常量和自定义常量应用

【案例剖析】

本案例通过调用并输出系统预定义常量，定义并使用自定义常量，来说明预定义常量和自定
义常量的应用方法。

【实现步骤】

在 PHP03 项目中创建一个 PHP 文件并命名为"0332.php"，编写 PHP 代码如下。

```
<? php
echo "输出系统预定义常量: ";
echo "<br/>当前操作系统为: ". PHP_OS;
echo "<br/>当前 PHP 版本为: ". PHP_VERSION;
echo "<br/>当前文件路径为: ". __FILE__;

echo "<br/> <br/>输出自定义常量: ";
define("PI",3.14159);        //定义常量 PI
$r =20;                      //定义变量 r
$c =PI* $r* 2;               //计算圆的周长
echo "<br/>圆的半径 =". $r;
echo "<br/>圆的周长 =". $c;
? >
```

PHP 的预定义常量和自定义常量的运行结果如图 3.31 所示。

【案例 3.33】　自增/自减运算符的应用

【案例剖析】

自增/自减运算符根据编写位置分为前置运算符和后置运算符，前置运算符是将运算符写在变量前面，先将变量增加/减少 1，再将值赋给原变量；后置运算符是将运算符写在变量后面，先返回变量的当前值，然后变量自身值再增加/减少 1。本案例讲解 PHP 中前置运算符与后置运算符的应用。

图 3.31　PHP 的预定义常量和自定义常量的运行结果

【实现步骤】

在 PHP03 项目中创建一个 PHP 文件并命名为 "0333. php"，编写 PHP 代码如下。

```
<? php
    echo "前置自增运算: 先自增, 再赋值. <br/>";
    $a =10;                 //声明变量并赋值
    echo "运算前的 a 值:". $a;
    $b = ++ $a;
    echo ";运算后的 a 值:". $a;
    echo ";运算后的 b 值:". $b;

    echo "<br/>后置自增运算: 先赋值, 再自增. <br/>";
    $a =10;                 //声明变量并赋值
    echo "运算前的 a 值:". $a;
    $b = $a ++;
    echo ";运算后的 a 值:". $a;
    echo ";运算后的 b 值:". $b;

    echo "<br/>前置自减运算: 先自减, 再赋值. <br/>";
    $a =10;                 //声明变量并赋值
    echo "运算前的 a 值:". $a;
```

```
    $b = -- $a;
    echo ";运算后的 a 值:". $a;
    echo ";运算后的 b 值:". $b;

    echo "<br/>后置自减运算：先赋值，再自减. <br/>";
    $a = 10;                    //声明变量并赋值
    echo "运算前的 a 值:". $a;
    $b = $a --;
    echo ";运算后的 a 值:". $a;
    echo ";运算后的 b 值:". $b;
? >
```

PHP 的自增/自减运算符的运行结果如图 3.32 所示。

【案例 3.34】 数字与字符串的运算

【案例剖析】

类型转换可以分为自动转换和强制转换，PHP 在运算过程中会根据需要自动进行类型转换，本案例介绍 PHP 在数字与字符串运算过程中的自动类型转换应用。

【实现步骤】

在 PHP03 项目中创建一个 PHP 文件并命名为 "0334. php"，编写 PHP 代码如下。

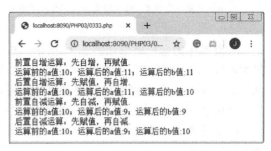

图 3.32 PHP 的自增/自减运算符的运行结果

```
< ? php
    $a = 3 + "abc10";
    $b = 3 + "10abc";
    $c = "abc10" + 3;
    $d = "10abc" + 3;
    echo "<br/>3 +'abc10'的值是". $a;
    echo "<br/>3 +'10abc'的值是". $b;
    echo "<br/>'abc10' +3 的值是". $c;
    echo "<br/>'10abc' +3 的值是". $d;

    $e = 3 + true;
    echo "<br/>3 + true 的值是". $e;
    $f = false +"10abc";
    echo "<br/>false + '10abc'的值是". $f;
? >
```

PHP 的数字与字符串运算的运行结果如图 3.33 所示。

图 3.33 PHP 的数字与字符串运算的运行结果

【案例 3.35】 单引号和双引号修饰字符串

【案例剖析】

本案例通过字符串应用来说明如何区分单引号和双引号的应用。单引号和双引号都可以用于修饰字符串，两者的不同之处是，双引号所包含的变量或转义字符会自动被替换成实际变量值，而单引号包含的变量名称或者任何其他的文本都会不经修改地按普通字符串输出。

【实现步骤】

在 PHP03 项目中创建一个 PHP 文件并命名为"0335.php"，编写 PHP 代码如下。

```
<? php
    $a = 100;          //声明变量并赋值
    echo "输出变量 $a,输出转义 \t 字符";//双引号
    echo "<br/>";
    echo '输出变量 $a,输出转义 \t 字符';//单引号
?>
```

该段程序的运行结果如图 3.34 所示。从结果中可以看出，使用双引号修饰，则变量 a 的值和转义字符"\ t"分别输出其变量值和分隔效果。相比之下，使用单引号修饰，则字符串中所包含的变量名 a 或者转义字符"\ t"被当成普通字符串输出。

图 3.34 单引号和双引号修饰字符串的运行结果

【案例 3.36】 时间的比较

【案例剖析】

本案例通过 date()、strtotime()和 ceil()函数实现时间的比较。

【实现步骤】

在 PHP03 项目中创建一个 PHP 文件并命名为"0336.php"，编写 PHP 代码如下。

```
<? php
    date_default_timezone_set ("Asia/ShangHai");       //设置时区为上海
    $date1 = strtotime ("now");                        //获取当前时间
    $date2 = strtotime ("07 Jun 2020");                //获取 2020 年 6 月 07 号的时间戳

    echo "高考日期:".date ("Y-m-d", $date2);            //获取 $date2 的时间值
    echo "<br/>今天日期:".date ("Y-m-d", $date1);       //获取 $date1 的时间值
    $num = ceil (($date2 - $date1) / (60* 60* 24));    //计算相差天数 (1 天 =60s* 60min* 24h)
    echo "<br/>距高考还剩".$num." 天";
?>
```

PHP 的时间比较的运行结果如图 3.35 所示。

【案例 3.37】 三元运算符的应用

【案例剖析】

本案例通过三元运算符判断数字的奇偶性，并且输出各数字值。

【实现步骤】

在 PHP03 项目中创建一个 PHP 文件并命名为"0337.php"，编写 PHP 代码如下。

图 3.35 PHP 的时间大小比较的运行效果

```
<? php
 for( $i =0; $i < =8; $i ++)
 {
   echo $i% 2 ==0 ? $i."是偶数 <br/ >": $i."是奇数 <br/ >";
 }
? >
```

PHP 的三元运算符的运行结果如图 3.36 所示。

【案例 3.38】 位运算实现数字加密和解密

【案例剖析】

本案例通过位运算对数字进行加密和解密。首先编辑表单及表单控件，添加两个文本框和两个按钮，分别用于加密和解密的输入。接着分别自定义加密函数和解密函数，编写加密运算和解密运算。然后编写获取表单数据的代码，获取表单提交的数据，根据提交按钮的类型选择加密或解密操作，调用对应的加密或解密函数并将提交的数据以形参的方式传递。最后经过加密或解密算法运算，输出加密或解密后的数字。

图 3.36　PHP 的三元运算符的运行结果

【实现步骤】

在 PHP03 项目中创建一个 PHP 文件并命名为 "0338. php"，编写 PHP 代码如下。

```
<html >
<body >
< form action ="" method ="POST" >

 密钥: < input type ="text" name ="txt0"/ >
 <br/ >
   数字加密: < input type ="text" name ="txt1"/ >
 < input type ="submit" name ="sub1" value ="加密"/ >
 <br/ >
   数字解密: < input type ="text" name ="txt2"/ >
 < input type ="submit" name ="sub2" value ="解密"/ >
</form >

<? php
   function Encrypt( $a, $key)         //自定义加密函数
    {
      return $a = $a > > $key;         //向左移位, 移位方法和密钥 (888999) 是自己设定的
    }
   function Descrypt( $a, $key)        //自定义解密函数
    {
      return $a = $a << $key;
    }

   if( $_POST ['sub1'])                //判断提交的是加密还是解密操作
```

```
  {
    echo "源数字：".$_POST ['txt1'];                        //获取提交的文本框 txt1 中的值
    echo " <br/>加密结果:".Encrypt ( $_POST ['txt1'], $_POST ['txt0']);   //调用加密函数
  }
  else if ( $_POST ['sub2'])
  {
    echo " <br/>源数字:".$_POST ['txt2'];                   //获取提交的文本框 txt2 中的值
    echo " <br/>解密结果:".Descrypt ( $_POST ['txt2'], $_POST ['txt0']); //调用解密函数
  }
? >
</body >
</html >
```

PHP 的位运算实现数字加密和解密的运行结果如图 3.37 所示。

a）数字加密

b）数字解密

图 3.37　PHP 的位运算实现数字加密和解密的运行结果

【案例 3.39】　自定义函数截取中文字符串

【案例剖析】

substr( )函数用于在一个字符串中从指定位置起截取一定长度的子字符串，并返回子字符串。语法格式如下。

```
string substr(string 原字符串,int 起始位置 [,int 截取长度])
```

如果起始位置为正数，将得到从起点开始，截取指定长度的子字符串；如果起始位置为负数，将得到原字符串尾部的一个子串，截取长度为给定负数的绝对值。

【实现步骤】

在 PHP03 项目中创建一个 PHP 文件并命名为 "0339. php"，编写 PHP 代码如下。

```
< ? php
  $a ="ABCDEFGHIJKLMN";  //定义字符串
  $b1 = substr( $a,2);   //指定起始位置
  $b2 = substr( $a,2,4); //指定起始位置和长度
  $b3 = substr( $a, -4); //起始位置是负数，负号（ - ）表示从右向左，4 表示第 4 位。即表示从右向左第
                         4 位开始截取字符串
  $b4 = substr( $a, -4,8);//起始位置是负数，本身的绝对值就是长度，不能再设置截取长度
  echo "完整字符串:".$a;
  echo "<br/>字符串截取(从 2 开始):".$b1;
  echo "<br/>字符串截取(从 2 开始,截取长度为 4):".$b2;
```

```
echo "<br/>字符串截取（从 - 4 开始，即截取倒数 4 位）:".$b3;
echo "<br/>字符串截取（从 - 4 开始，再设置截取长度为 8 也没用）:".$b4;
?>
```

PHP 的自定义函数实现截取中文字符串的运行结果如图 3.38 所示。

【案例 3.40】 网站过滤敏感词语

【案例剖析】

为了规范文明用语和维护良好的网站文化氛围，很多网站采用字符串过滤的方法自动过滤敏感词语。本案例模拟实现网站检测和过滤敏感词语，首先定义数组来存储敏感词语，然后利用 str_replace( ) 函数对提交的字符串进行检测和替换敏感词语，并输出替换后的字符串。

图 3.38 PHP 的自定义函数实现截取中文字符串的运行结果

【实现步骤】

在 PHP03 项目中创建一个 PHP 文件并命名为"0340.php"，编写 PHP 代码如下。

```
<html>
<body>
<form action=""method="POST">
    留言内容:<br/>
    <textarea cols="30"rows="10"name="txt1"></textarea><br/>
    <input type="submit"name="sub1"value="提交">
</form>
<?php
    function Match_Str ( $str) //自定义函数
    {
        $arr=array ('苏丹红', '瘦肉精', '地沟油'); //保存敏感词语
        for ( $i=0; $i<count ( $arr); $i++)
        {
        $str=str_replace ( $arr [$i]," 不安全食品", $str);
        }
        echo $str;
    }
    if ( $_POST ['sub1']) //判断提交按钮
    {
        Match_Str ( $_POST ['txt1']); //调用过滤函数
    }
?>
</body>
</html>
```

PHP 使用字符串过滤功能实现网站过滤敏感词语的运行结果如图 3.39 所示。

图 3.39　网站过滤敏感词语的运行结果

3.8　课后习题

一、选择题

1. 以下（　　）变量不符合 PHP 语法。

（A）$_10　　　　　（B）& $something　　（C）$aVaR　　　　　（D）$10_somethings

2. 以下（　　）标签不是 PHP 起始符与结束符。

（A）<? ?>　　　　（B）<!-- -->　　　（C）<? php? >　　　（D）以上都不是

3. 已知 $g = 14，则 PHP 表达式 $h = $g += 10 运算后的结果是（　　）。

（A）$h = $g = 24　　　　　　　　　　（B）$h = 10，$g = 24

（C）$h = 10，$g = 14　　　　　　　　（D）$h = 24，$g = 10

4. 有 PHP 表达式 $foo = 1 + "bob3"，则 $foo 的值是（　　）。

（A）1　　　　　　　（B）1bob3　　　　　（C）1b　　　　　　　（D）92

5. 假设 $a = 88，执行语句 $a += 2; 之后，$a 的值为（　　）。

（A）88　　　　　　　（B）2　　　　　　　（C）90　　　　　　　（D）86

6. PHP 中属于比较运算符的是（　　）。

（A）==　　　　　　　（B）=　　　　　　　（C）!　　　　　　　（D）&

7. PHP 中属于逻辑运算符的是（　　）。

（A）==　　　　　　　（B）! =　　　　　　（C）&　　　　　　　（D）&&

8. 全等运算符 === 如何比较两个值？（　　）

（A）把它们转换成相同的数据类型再比较转换后的值

（B）只在两者的数据类型和值都相同时才返回 true

（C）如果两个值是字符串，则进行词汇比较

（D）把两个值都转换成字符串再比较

9. PHP 中，如果用 + 操作符把一个字符串和一个整型数字相加，结果将怎样？（　　）

（A）解释器输出类型错误

（B）字符串将被转换成数字，再与整型数字相加

（C）字符串将被丢弃，只保留整型数字

（D）字符串和整型数字将连接成一个新字符串

10. 在 str_replace(1,2,3) 函数中，1、2、3 所代表的名称是（　　）。

（A）取代字符串，被取代字符串，来源字符串

（B）被取代字符串，取代字符串，来源字符串

（C）来源字符串，取代字符串，被取代字符串

（D）来源字符串，被取代字符串，取代字符串

11. PHP 中"."有什么作用？（　　　）

（A）连接字符串　　　（B）匹配符　　　　（C）赋值　　　　（D）换行

12. 关于 PHP 变量的说法正确的是（　　　）。

（A）PHP 是一种强类型语言

（B）PHP 变量声明时需要指定其变量的类型

（C）PHP 变量声明时，在变量名前面使用的字符是"&"

（D）PHP 变量使用时，上下文会自动确定其变量的类型

二、填空题

1. PHP 标记风格包括标准 PHP 标记风格和简短标记风格，分别使用_____ 和_____ 表示。

2. PHP 的代码注释有 3 种写法，分别是_____ 、_____ 、_____ 。

3. PHP 支持的数据类型分为 3 类，分别是_____ 、_____ 和_____ 。

4. PHP 常量"__FILE__"的用途是_____ _____ 。

5. PHP 的运算符分为 7 类，包括算术运算符、字符串运算符、_____ 、_____ 、_____ 、比较运算符和三元运算符。

6. PHP 中的变量按其作用域的不同主要分为 3 种，分别为_____ 、_____ 和_____ 。

三、判断题

1. （　　　）PHP7 版本支持 4 种标记风格，分别是标准 PHP 标记风格、简短标记风格、Script 脚本标记风格、ASP 标记风格。

2. （　　　）PHP 注释能够提高程序可读性，也有利于后期维护，但是会影响程序的执行效率。

3. （　　　）PHP 常量"__LINE__"的用途是返回代码当前所在行数。

4. （　　　）PHP 对字符串使用单引号和双引号的不同之处是：双引号所包含的变量会自动被替换成实际变量值，而单引号包含的变量名称或者任何其他的文本都会不经修改地按普通字符串输出。

5. （　　　）PHP 程序由语句构成，每条语句以英文分号";"结束。每条语句一般单独占用一行。

6. （　　　）PHP 函数分为系统内置函数和用户自定义函数两种。

7. （　　　）全局变量是指在函数内部定义的变量，其作用域是所在函数，即从定义变量的语句开始到函数末尾。

四、简答题

简述 PHP 中的变量命名应遵循的规则。

第 4 章　PHP 的流程控制结构

【本章要点】

- ☞ 条件控制语句
- ☞ 循环控制语句
- ☞ 跳转语句
- ☞ 包含函数

PHP 程序的默认执行顺序是从第一条 PHP 语句到最后一条 PHP 语句逐条按顺序执行的。流程控制语句用于改变程序的执行次序。PHP 流程控制结构分为 3 种，分别是顺序结构、条件结构和循环结构。实际项目开发过程中，可以灵活运用各种结构或者将 3 种结构结合使用。

（1）顺序结构

顺序结构是最基本的程序结构，程序由若干条语句组成，执行顺序为从上到下依次逐句执行。

（2）条件结构

条件结构用于实现分支程序设计，就是对给定条件进行判断，条件为真时执行一个程序分支，条件为假时执行另一个程序分支。PHP 提供的条件控制语句包括 if 条件控制语句和 switch 多分支语句。

（3）循环结构

循环结构是指在给定条件成立的情况下重复执行一个程序块。PHP 提供的循环控制语句包括 while 循环语句、do-while 循环语句、for 循环语句和 foreach 循环语句。

4.1　条件控制语句

4.1.1　if 条件控制语句

if 条件控制语句通过判断条件表达式的不同取值执行相应程序块，有 3 种编写方式，语法格式分别如下。

```
if(条件表达式){程序块}                 //如果条件成立，执行程序块
if(条件表达式){程序块1} else {程序块2}    //如果条件成立，执行程序块1，否则执行程序块2
if(条件表达式1){程序块1}else if(条件表达式2){程序块2}  else{程序块3}//可以判断多个条件
```

if 条件控制语句的流程如图 4.1 所示。

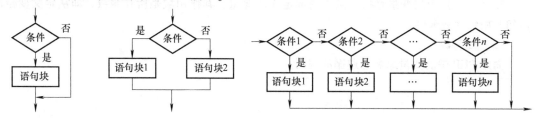

a) if条件控制语句流程图　　b) if-else条件控制语句流程图　　　　c) if-else if条件控制语句流程图

图 4.1　if 条件控制语句的流程图

【案例 4.1】

本案例通过 if 条件控制语句来判断用户提交的登录信息是否为空。

【实现步骤】

在 Zend Studio 软件中创建一个 PHP 项目，命名为 PHP04，用于实现本章的所有案例代码。在 PHP04 项目中创建一个 PHP 文件并命名为 "0401. php"，作为登录页面，编写代码如下。

```
<html >
<body >
< form action = "0401. php" method = "POST" >
会员登录
   <br/ >用户名: < input type = "text"name = "txt_username"/ >
   <br/ >密码: < input type = "password"name = "txt_pwd"/ >
   <br/ > < input type = "submit"name = "btn_save"value = "登录"/ >
</form >
<? php
   if( $_POST['txt_username']! = ""&& $_POST['txt_pwd']! = "")//判断表单提交的数据是否为空
   {
   echo "< script >alert('登录成功! ');</ script >";//使用 JavaScript 脚本弹出对话框
   }
   else
   {
     echo "< script >alert('用户名和密码不能为空! ');</ script >";
   }
? >
</body >
</html >
```

登录页面浏览效果如图 4.2 所示。

当在"用户名"文本框和"密码"文本框中输入信息后，单击"登录"按钮，页面将弹出"登录成功!"提示框，运行效果如图 4.3a 所示。当在"用户名"文本框和"密码"文本框中不输入任何信息，直接单击"登录"按钮，页面将弹出"用户名和密码不能为空!"提示框，运行效果如图 4.3b 所示。

图 4.2　登录页面预览效果

a)"登录成功!"提示框

b)"用户名和密码不能为空!"提示框

图 4.3　登录页面运行效果

【学习笔记】

1）程序代码中的 $ _POST［'txt_username'］和 $ _POST［'txt_pwd'］分别是 form 表单中的"用户名"文本框的值和"密码"文本框的值，相应知识将在第 6 章学习。

2）读者在理解该案例的基础上可进行扩展，可实现分别判断用户名和密码不能为空的功能。

4.1.2　switch 多分支语句

switch 多分支语句的功能是将条件表达式的值与 case 子句的值逐一进行比较，如果匹配，则执行该 case 子句对应的程序块，直到遇到 break 跳转语句时才跳出 switch 语句；如果没有 break 语句，switch 将执行这个 case 以下所有 case 中的代码，直到遇到 break 语句，语法格式如下。

```
switch(条件表达式){
  case 值1：
          程序块1；
          break；
  case 值2：
          程序块2；
          break；
  …
  default：
          程序块 n；
          break；
}
```

💡 **说明**：在 default 和所有 case 都不匹配的情况下，执行 default 里面的语句块。

switch 多分支语句的流程控制如图 4.4 所示。

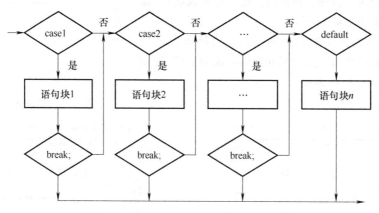

图 4.4　switch 多分支语句的流程控制图

【案例 4.2】

本案例使用 switch 多分支语句判断成绩的等级情况。

【实现步骤】

在 PHP04 项目中创建一个 PHP 文件并命名为"0402.php"，编写 PHP 代码如下。

```php
<? php
  $a ="A";    //设置变量 a,并赋值字符串"A"
  switch( $a){
    case "A":
      echo "优秀";
      break;
    case "B":
      echo "良好";
      break;
    case "C":
      echo "及格";
      break;
    default :
      echo "不及格";
      break;
  }
? >
```

该段程序的运行结果如图 4.5 所示。

【案例 4.3】

本案例在案例 4.2 的基础上进一步提高，应
用 switch 多分支语句判断成绩等级。switch 多
分支语句中的 case 子句不仅可以判断是否等于指定
值，而且还可以像 if 条件控制语句一样判断其他
条件。

图 4.5　使用 switch 多分支语句判断成绩等级的
运行结果（1）

【实现步骤】

在 PHP04 项目中创建一个 PHP 文件并命名为 "0403. php"，编写 PHP 代码如下。

```php
<? php
  $a =85;    //设置变量 a, 并赋值 85
  switch( $a){
    case $a ==100:
      echo "满分";
      break;
    case $a > =90:
      echo "优秀";
      break;
    case $a > =80:
      echo "良好";
      break;
    case $a > =60:
      echo "及格";
      break;
    default :
      echo "不及格";
      break;
  }
? >
```

使用 switch 多分支语句判断成绩等级的运行结果如图 4.6 所示。

【学习笔记】

在条件控制语句中，if 条件控制语句和 switch 多分支语句实现相同的功能，两种语句可以相互替换。一般情况下，判断条件较少时使用 if 条件控制语句，判断条件较多时使用 switch 多分支语句。

图 4.6　使用 switch 多分支语句判断成绩等级的运行结果（2）

4.2　循环控制语句

4.2.1　while 循环语句

while 循环语句属于前测试型循环语句，即先判断后执行。执行顺序是先判断表达式，当条件表达式为真时反复执行循环程序块；当条件表达式为假时跳出循环，继续执行循环后面的语句。

while 循环语句的流程图如图 4.7 所示，语法格式如下。

```
while(条件表达式){        //先判断条件，当条件满足时执行语句块，否则不执行
    程序块；
}
```

【案例 4.4】

本案例使用 while 循环语句输出数据比较信息。

【实现步骤】

在 PHP04 项目中创建一个 PHP 文件并命名为 "0404.php"，编写 PHP 代码如下。

```
<? php
$a =1;
$b =10;
while( $a < = $b)
{
  echo "<br/ > $a < = $b";
   $a ++;
}
? >
```

使用 while 循环语句对比数据的运行结果如图 4.8 所示。

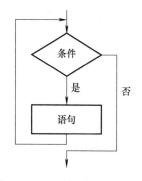

图 4.7　while 循环语句的流程图

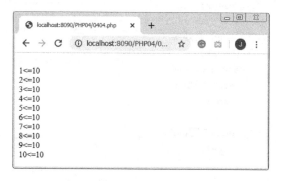

图 4.8　使用 while 循环语句对比数据的运行结果

4.2.2　do-while 循环语句

do-while 循环语句属于后测试型循环语句，即先执行后判断。执行顺序是执行一次循环程序块，再判断条件表达式，当条件表达式为真时反复执行循环程序块；当条件表达式为假时跳出循环，继续执行循环后面的语句。

do-while 循环语句的流程图如图 4.9 所示，语法格式如下。

```
do {
    程序块;
}while(条件表达式)
```

注意：while 循环语句和 do-while 循环语句对于条件表达式一开始就为真的情况，两种循环语句是没有区别的。如果条件表达式一开始就为假，则 while 循环语句不执行任何语句就跳出循环，do-while 循环语句则执行一次循环之后才跳出循环。

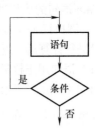

图 4.9　do-while 循环语句的流程图

【案例 4.5】

本案例的条件与案例 4.4 相似，用 do-while 循环语句输出数据比较信息。由此理解 while 循环语句和 do-while 循环语句的区别。

【实现步骤】

在 PHP04 项目中创建一个 PHP 文件并命名为 "0405. php"，编写 PHP 代码如下。

```php
<? php
$a =11;
$b =10;
do{
  echo "<br/ > $a < = $b";
   $a ++;
}while( $a < = $b)
? >
```

使用 do-while 循环语句对比数据的运行结果如图 4.10 所示。将变量 a 的值设置为 11，显然 11 > 10。但是 do-while 循环语句是先执行后判断，因此，即使判断条件不成立，程序也已经执行了一次。

图 4.10　使用 do-while 循环语句对比数据的运行结果

【学习笔记】

在本案例中将 "$a = 11;" 改为 "$a = 1;"，想想是运行 10 次还是 11 次？为什么？

4. 2. 3　for 和 foreach 循环语句

当不知道所需循环的次数时，使用 while 或 do-while 循环语句；如果知道循环次数，可以使用 for 循环语句，语法格式如下。

```
for(expr1;expr2;expr3){
    statement;
}
```

参数说明如下。

expr1：条件初始值；expr2：循环条件；expr3：循环增量；statement：循环体。

for 循环语句的执行过程是：首先执行 expr1；接着执行 expr2，并对 expr2 的值进行判断，如果为 true，则执行 statement（循环体），否则结束循环，跳出 for 循环语句；最后执行 expr3，对循环增量进行计算后，返回执行 expr2，进入下一轮循环。

foreach 语句用于枚举一个集合的元素，并对该集合的每个元素执行一次嵌入语句。但是，foreach 语句不应用于更改集合内容，以避免产生不可预知的错误。foreach 语句基本形式如下：

```
foreach (变量名 in 集合类型表达式)
{
    循环体程序块；
}
```

参数说明：

［变量名］用于声明迭代变量，迭代变量相当于一个范围覆盖整个语句块的局部变量。在 foreach 语句执行期间，迭代变量表示当前正在为其执行迭代的集合元素。

［集合类型表达式］必须有一个从该集合的元素类型到迭代变量的类型的显式转换，如果［集合类型表达式］的值为 null，则会出现异常。foreach 语句的示例代码如下。

```
<?php
$arr = array("PHP","C#","JAVA")
foreach ($a in $arr)
{
    echo $a;
}
?>
```

【案例 4.6】

本案例使用 for 循环语句来计算 0～5 的和，并输出每次循环所得到的结果。

【实现步骤】

在 PHP04 项目中创建一个 PHP 文件并命名为 "0406. php"，编写 PHP 代码如下。

```
<?php
for($i=0;$i<5;$i++){
  $sum += $i;
  echo "<br/>循环第".$i."次,sum 的值为".$sum;
}
?>
```

该段程序的运行结果如图 4. 11 所示。

图 4.11 应用 for 循环语句计算 0 ~ 5 的和的运行结果

4.3 跳转语句

4.3.1 break 跳转语句

break 跳转语句用于终止并跳出当前的循环，可以用于 switch、while、do-while 和 for 控制语句。

【案例 4.7】

本案例应用 while 循环语句输出随机数。在 while 程序块中定义一个随机数变量 a，当生成的随机数等于 10 时，使用 break 跳转语句跳出 while 循环。

【实现步骤】

在 PHP04 项目中创建一个 PHP 文件并命名为 "0407.php"，编写 PHP 代码如下。

```php
<? php
 while(true){          //使用全真循环
   $a = rand(1,20);    //定义一个变量 a，并赋 1~20 的随机数
   echo $a. "<br/>";
   if( $a == 5){        //判断变量 a 是否等于 5
     echo "变量等于 10,循环终止";
     break;            //跳出 while 循环
   }
 }
? >
```

rand( )函数用于产生一个随机数，由于每次运行时选取的随机数不同，因此循环输出的随机数也不同。该段程序的运行结果如图 4.12 所示。

图 4.12 产生随机数的运行结果

4.3.2 continue 跳转语句

continue 跳转语句的作用是终止本次循环，并跳转到循环条件判断处，继续进行下一轮循环判断。

【案例 4.8】

本案例使用 continue 跳转语句和 for 循环语句输出 1 ~ 20 的奇数。

【实现步骤】

在 PHP04 项目中创建一个 PHP 文件并命名为 "0408. php"，编写 PHP 代码如下。

```php
<?php
 for( $i =1; $i <20; $i ++){ //使用 for 循环,输出 1~20 的奇数
    if( $i% 2 ==0)              //判断变量 i 是否能被 2 整除
       continue;               //跳出本次循环，继续下一次循环
    else
       echo $i. "   ";
 }
?>
```

该段程序的运行结果如图 4.13 所示。

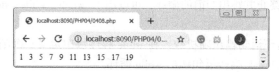

图 4.13　使用 continue 跳转语句输出 1 ~ 20 的奇数的运行结果

【学习笔记】

使用 continue 跳转语句和 for 循环语句输出 1 ~ 20 的偶数。

4.4　包含函数

在编程过程中会发现有些代码在项目中重复使用，那么可以将这些代码单独编写在一个文件中，在需要使用这些代码时将该文件包含进来。PHP 提供了 4 种包含函数，分别是 include( )、include_once( )、require( )、require_once( )，语法格式如下。

```
void include("文件名");
void include_once("文件名");
void require("文件名");
void require_once("文件名");
```

💡 **说明：**

1）使用 include( )函数包含文件时，只有程序执行到该语句时才将文件包含进来。当所包含文件发生错误时，系统只给出警告，继续执行。当多次调用相同文件时，程序多次包含文件。

2）include_once( )函数与 include( )函数几乎相同，唯一的区别在于，当多次调用相同文件时，程序只包含文件一次。

3）使用 require( )函数包含文件时，程序一开始运行时就将所需调用的文件包含进来。当所包含文件发生错误时，系统输出错误信息，并立即终止程序执行。

4）require_once( )函数与 require( )函数几乎相同，唯一的区别在于，当多次调用相同文件时，程序只包含文件一次。

【案例 4.9】

本案例使用 include( )、include_once( )、require( ) 和 require_once( ) 函数分别调用 0409_1. php 文件，查看文件包含函数的应用。

【实现步骤】

在 PHP04 项目中创建一个 PHP 文件并命名为"0409. php"，编写 PHP 代码如下。

```php
<? php
echo "<br/>使用 include()函数调用两次 0409_1.php 文件:";
include("0409_1.php");
include("0409_1.php");
echo "<br/>使用 include_once()函数调用两次 0409_2.php 文件:";
include_once("0409_2.php");
include_once("0409_2.php");
echo "<br/>使用 require()函数调用两次 0409_3.php 文件:";
require("0409_3.php");
require("0409_3.php");
echo "<br/>使用 require_once()函数调用两次 0409_4.php 文件:";
require_once("0409_4.php");
require_once("0409_4.php");
? >
```

接着在 PHP04 目录下分别创建 4 个 PHP 文件，分别命名为 0409_1. php、0409_2. php、0409_3. php、0409_4. php，在每个 PHP 文件中分别编写一行如下 PHP 代码。

0409_1. php 文件:

```
<br/>这是 0409_1.php 文件哦!!!
```

0409_2. php 文件:

```
<br/>这是 0409_2.php 文件哦!!!
```

0409_3. php 文件:

```
<br/>这是 0409_3.php 文件哦!!!
```

0409_4. php 文件:

```
<br/>这是 0409_4.php 文件哦!!!
```

在浏览器中访问 0409. php，程序运行结果如图 4. 14 所示。

图 4.14　包含函数的运行结果

【学习笔记】

由案例运行结果可以看到：

使用 include( ) 函数调用两次 0409_1. php 文件时，程序包含两次该文件。

使用 include_once( ) 函数调用两次 0409_2. php 文件时，程序包含一次该文件。

使用 require( ) 函数调用两次 0409_3. php 文件时，程序包含两次该文件。

使用 require_once( ) 函数调用两次 0409_4. php 文件时，程序包含一次该文件。

4.5　综合案例

【案例 4.10】　日期提示小卫士

【案例剖析】

本案例通过 date( ) 日期函数获取系统当前日期，然后通过 switch 多分支语句根据当前日期判断今天是星期几，给出相应提示信息，实现日期提示小卫士的功能。

【实现步骤】

在 PHP04 项目中创建一个 PHP 文件并命名为"0410. php"，编写 PHP 代码如下。

```php
<? php
    echo "今天是：".date('Y-m-d')."<br/>";
    $a = date("l");//这是字母 L 的小写格式 l，而不是数字 1
    switch( $a){
        case "Monday":
            echo "今天是星期一，昨日的风景真美!";
            break;
        case "Tuesday":
            echo "今天是星期二,工作好辛苦!";
                break;
        case "Wednesday":
            echo "今天是星期三，今晚好像是小周末哦!";
            break;
        case "Thursday":
            echo "今天是星期四，过了明天就放假了!";
            break;
        case "Friday":
            echo "今天是星期五，明天要先去...，再去...";
            break;
        case "Saturday":
            echo "今天是星期六，终于不用早起了!";
            break;
        case "Sunday":
            echo "今天是星期天，早起逛街!!!";
    }
? >
```

使用 switch 多分支语句实现日期提示功能的运行结果如图 4.15 所示。

图 4.15　使用 switch 多分支语句实现日期提示功能的运行结果

【学习笔记】
用 if 条件控制语句重写该案例。比较 switch 多分支语句与 if 条件控制语句的区别。

【案例 4.11】　网页计算器

【案例剖析】
本案例综合使用 PHP 语法知识开发网页计算器，能实现加、减、乘、除运算。

【实现步骤】
在 PHP04 项目中创建一个 PHP 文件并命名为 "0411.php"，编写 PHP 代码如下。

```html
<html>
<head>
  <meta http-equiv="content-Type"content="text/html;charset=gb2312"/>
  <title>网页计算器</title>
</head>
<body>
<form name="form1"action="" method="POST">
  网页计算器<br/>
  数值1:<input type="text"name="txt_num1"/><br/>
  数值2:<input type="text"name="txt_num2"/><br/>
  <input type="submit"name="Submit"value="+"/>
  <input type="submit"name="Submit"value="-"/>
  <input type="submit"name="Submit"value="*"/>
  <input type="submit"name="Submit"value="/"/><br/>
<?php
    if($_POST['txt_num1']!=null && $_POST['txt_num2']!=null)
    {
        $num1=$_POST['txt_num1'];
        $num2=$_POST['txt_num2'];
        switch($_POST['Submit'])
        {
            case "+": $num3=$num1 + $num2;break;
            case "-": $num3=$num1 - $num2;break;
            case "*": $num3=$num1 * $num2;break;
            case "/": $num3=$num1 / $num2;break;
            default : break;
        }
        echo "结果":<input type='text' name='txt_num3' value='$num3'/>";
    }
    else
```

```
            {
                echo "<script>alert('数值1、数值2不能为空！');</script>";
            }
        ?>
        </form>
        </body>
        </html>
```

网页计算器的运行结果如图 4.16 所示。

【案例 4.12】 国家节假日提醒

【案例剖析】

本案例通过 if 条件控制语句和 foreach 循环语句实现国家节假日提醒的小程序。将国家节假日名称和日期存储到数组,利用 foreach 语句遍历数组,将取得的节假日值(日期)与当前日期进行比较,如果当前日期是节假日,则输出节假日名称。

图 4.16　网页计算器的运行结果

【实现步骤】

在 PHP04 项目中创建一个 PHP 文件并命名为 "0412.php",编写 PHP 代码如下。

```
<?php
    echo "当前日期:".date("Y年m月d日");
    $a=array("元旦"=>"01月01日","妇女节"=>"03月08日","劳动节"=>"05月01日","儿童节"=>"06月01日",  "教师节"=>"09月10日","国庆节"=>"10月01日");
    foreach($a as $key=>$value)
    {
        if(date("m月d日")==$value)
        {
            echo "<br/>今天是".$key;
        } else {
            echo "<br/>今天不是节假日,请专心学习!";
            break;
        }
    }
?>
```

国家节假日提醒程序的运行结果如图 4.17 所示。

【案例 4.13】 商品信息列表展示

【案例剖析】

本案例通过 for 循环语句输出数组中存储的商品信息。将商品信息存储在二维数组中,使用 for 循环语句遍历数组,获取数组元素值并显示在页面中。

图 4.17　国家节假日提醒程序的运行结果

【实现步骤】

在 PHP04 项目中创建一个 PHP 文件并命名为 "0413.php",编写 PHP 代码如下。

```
<html>
<body>
<?php
$product = array(          //创建二维数组，存储商品信息
                array("新想手机","N95","2300","黑色"),
                array("飞人U盘","80G","80","金钻灰"),
                array("达人MP5","N203","398","经典黑"),
                array("小鸟游戏盘","愤怒版","30","包装")
              );
?>
<table border ="1">
    <tr>
        <td>编号</td>
        <td>商品名称</td>
        <td>型号</td>
        <td>价格</td>
        <td>备注</td>
    </tr>
  <?php
  for( $i =0; $i < count( $product); $i ++)
  {
   echo "<tr>";
   echo "  <td>".$i."</td>";
   echo "  <td>".$product[$i]['0']."</td>";//输出二维数组的值
   echo "  <td>".$product[$i]['1']."</td>";
   echo "  <td>".$product[$i]['2']."</td>";
   echo "  <td>".$product[$i]['3']."</td>";
   echo "</tr>";
  }
  ?>
</table>
</body>
</html>
```

商品信息列表显示程序的运行结果如图 4.18 所示。

图 4.18　商品信息列表显示程序的运行结果

【案例 4.14】　九九乘法表
【案例剖析】
本案例使用 for 循环语句开发九九乘法表。

【实现步骤】

在 PHP04 项目中创建一个 PHP 文件并命名为 "0414.php"，编写 PHP 代码如下。

```php
九九乘法表<br/>
<?php
    for($i=1;$i<=9;$i++)
    {
      for($j=1;$j<=$i;$j++)
      {
        $sum=$i*$j;
        echo $j."* ".$i."=".$sum;
        echo "  ";
      }
      echo "<br/>";
    }
?>
```

九九乘法表的运行结果如图 4.19 所示。

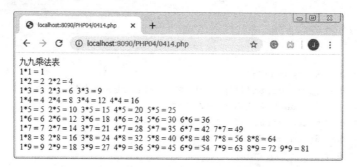

图 4.19　九九乘法表的运行结果

【案例 4.15】　偶数乘法表

【案例剖析】

本案例通过 for 循环语句和 continue 跳转语句实现偶数的乘法运算，并将算式及结果输出。

【实现步骤】

在 PHP04 项目中创建一个 PHP 文件并命名为 "0415.php"，编写 PHP 代码如下。

```php
<html>
<body>
<table border="1">
<?php
    for($i=1;$i<10;$i++)
    {
      if($i%2!=0)      //第 1 层循环，如果 i 为奇数，跳出本次循环
      {
          continue;
      }
      echo "<tr>";
      for($j=1;$j<10;$j++)//第 2 层循环
```

```
        {
            if( $j % 2 !=0)        //如果 j 为奇数, 跳出本次循环
            {
                continue;
            }
            else
            {
                echo "<td>";
                echo "$i * $j =".$i* $j;
                echo "</td>";
            }
        }
        echo "</tr>";
    }
  ?>
</table>
</body>
</html>
```

偶数乘法表的运行结果如图 4.20 所示。

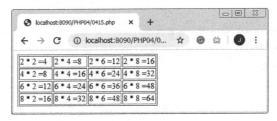

图 4.20　偶数乘法表的运行结果

4.6　课后习题

一、选择题

1. 有下列 PHP 程序片段:

```
<? php
    if( $a)print "true";
      else  print "false";
? >
```

若要输出 "false", $a 应该是 (　　)。

(A) 10　　　　　　　(B) -3　　　　　　(C) true　　　　　　(D) 0

2. 以下代码的运行结果是 (　　)。

```
$A = array("Monday","Tuesday",3 = >"Wednesday");echo $A[2];
```

(A) Monday　　　　　　　　　　　(B) Tuesday

(C) Wednesday　　　　　　　　　(D) 没有显示

3. (　　) 语句用来表现以下条件判断最合适。

```php
<? php
  if( $a =='a'){
      somefunction();
  } else if( $a =='b'){
      anotherfunction();
  } else if( $a =='c'){
    dosomething();
  } else {
    donothing();
  }
? >
```

（A）没有 default 的 switch 多分支语句　　　（B）while 循环语句

（C）无法用别的形式表现该逻辑　　　（D）有 default 的 switch 多分支语句

4. 如何给变量 $a、$b 和 $c 赋值才能使以下脚本显示字符串 "Hello，World!"？（　　）

```php
<? php
$string ="Hello,World!";
$a =?;    $b =?;    $c =?;
if( $a){
    if( $b && ! $c){
        echo "Goodbye Cruel World!";
    } else if(! $b && ! $c){
        echo "Nothing here";
    }
} else {
    if(! $b){
        if(! $a &&(! $b && $c)){
            echo "Hello,World!";
        } else {
            echo "Goodbye World!";
        }
    } else {
        echo "Not quite. ";
    }
}
? >
```

（A）false，false，true　　　　　　（B）false，true，false

（C）false，true，true　　　　　　（D）true，true，false

二、填空题

1. PHP 流程控制结构分为 3 种，分别是＿＿＿＿＿、＿＿＿＿＿和＿＿＿＿＿。

2. PHP 提供的循环控制语句包括＿＿＿＿＿、＿＿＿＿＿、＿＿＿＿＿和＿＿＿＿＿。

3. 在 PHP 循环控制语句中，＿＿＿＿＿属于前测试型循环语句，即先判断后执行。＿＿＿＿＿属于后测试型循环语句，即先执行后判断。

4. ＿＿＿＿＿语句用于终止并跳出当前的循环，可以用于 switch、while、do-while 和 for 控

106

制语句。

5. PHP 提供了 4 种包含函数，分别是_____、_____、_____、_____。

三、判断题

1. （　　） PHP 提供的条件控制语句包括 if 条件控制语句和 switch 多分支语句。

2. （　　） for 条件控制语句通过判断条件表达式的不同取值执行相应程序块。

3. （　　） switch 多分支语句中的 default 分支是指与所有 case 都不匹配的情况下执行 default 里面的语句块。

4. （　　） 在条件控制语句中，if 条件控制语句和 switch 多分支语句实现相同的功能，两种语句可以相互替换。

5. （　　） continue 跳转语句的作用是终止本次循环，跳转到循环条件判断处继续进行下一轮循环判断。

第 5 章　PHP 数组

【本章要点】

- ☞ 数组及数组类型
- ☞ 数组的基本操作
- ☞ PHP 数组函数
- ☞ PHP 全局数组

5.1　数组及数组类型

5.1.1　数组概述

变量只能存储单个数据，数组是一组相同类型数据连续存储的集合，这一组数据在内存中的存储空间是相邻接的，每个存储空间存储了一个数组元素。通过数组函数可以对性质相同的数据进行存储和管理。数组与变量的对比如图 5.1 所示。

数组由数组元素组成，每个元素包含一个"键（key）"和一个"值（value）"，可以通过键名来访问相应的数组元素值，数组元素的"键"可以由整数或字符串组成。使用数字作为键名的数组称为数字索引数组，使用字符串作为键名的数组称为关联数组，因此数组可以分为数字索引数组和关联数组。

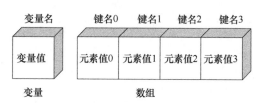

图 5.1　数组与变量的对比

数组元素的"值"可以是任何数据类型的，包括数组或对象。如果数组元素的值是另外一个数组，那么这个数组就是二维数组，因此，数组又可以分为一维数组、二维数组和多维数组。

5.1.2　数字索引数组

数字索引数组的"键名"由数字组成，默认从 0 开始自增，每个"键名"对应数组元素在数组中的位置。创建数字索引数组的语法格式如下。

```
$数组变量 = array("元素值1","元素值2",…);
```

例如：

```
$arr =array("PHP","C#","Java");
```

5.1.3　关联数组

关联数组的"键名"可以由字符串组成，也可以由数字和字符串混合组成。创建关联数组的语法格式如下。

```
$数组变量 = array("键名1" = >"元素值1","键名2" = >"元素值2",…);
```

例如：

```
$arr = array("a" = > "aaa" , "b" = > "bbb" , "c" = > "ccc") ;
```

 说明：数组中只要有一个键名不是数字，则该数组就是关联数组。

5.2 数组基本操作

5.2.1 创建数组

数字索引数组和关联数组的区别仅在于"键名"的取值不同，两者的创建方法相同，有两种方法，语法格式如下。

```
$数组名[键名1]=元素值1; //方法一
$数组名[键名2]=元素值2;
$数组名 = array("键名1" = >"元素值1","键名2" = >"元素值2",… ) ; //方法二
```

参数说明如下。

方法一：键（key）名可以是数字也可以是字符串，元素值（value）可以是任何值。

方法二：使用 array( ) 函数创建，元素的"键"与"值"之间用" =>"连接，格式为"key => value"，元素之间用逗号隔开。

【案例 5.1】

本案例实现数组的创建与输出。

【实现步骤】

在 Zend Studio 软件中创建一个 PHP 项目，命名为 PHP05，用于实现本章的所有案例代码。在 PHP05 项目中创建一个 PHP 文件并命名为"0501. php"，编写 PHP 代码如下。

```php
< ? php
    $arr['0'] ="PHP 技术";
    $arr['1'] ="ASP. NET 技术";
    $arr['2'] ="C#技术";
    $arr['3'] ="Java 技术";
    $arr['4'] ="C ++ 技术";
    print_r( $arr) ;
? >
```

PHP 的数组创建与输出程序的运行结果（1）如图 5.2 所示。

图 5.2 PHP 的数组创建与输出程序的运行结果（1）

【案例 5.2】

本案例使用 array( ) 函数创建数组，然后使用 print_r( ) 函数输出数组元素。

【实现步骤】

在 PHP05 项目中创建一个 PHP 文件并命名为 "0502. php"，编写 PHP 代码如下。

```php
<? php
    $arr1 = array("春天","夏天","秋天","冬天") ;
    $arr2 = array("a"=>"Spring","b"=>"Summer","c"=>"Autumn","d"=>"Winter") ;
    print_r($arr1) ;
    echo "<br/>";
    print_r($arr2) ;
? >
```

PHP 的数组创建与输出程序的运行结果（2）如图 5.3 所示。

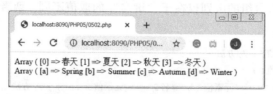

图 5.3　PHP 的数组创建与输出程序的运行结果（2）

【案例 5.3】

本案例创建二维数组，然后使用 print_r() 函数输出数组元素。

【实现步骤】

在 PHP05 项目中创建一个 PHP 文件并命名为 "0503. php"，编写 PHP 代码如下。

```php
<? php
    $arr['0'] = array("id"=>"1","name"=>"手机1","price"=>"1500") ;
    $arr['1'] = array("id"=>"2","name"=>"手机2","price"=>"1800") ;
    $arr['2'] = array("id"=>"3","name"=>"手机3","price"=>"1200") ;
    print_r($arr) ;
? >
```

二维数组的创建与输出程序的运行结果如图 5.4 所示。

图 5.4　二维数组的创建与输出程序的运行结果

5.2.2　数组的赋值

对数字索引数组的赋值较简单，根据索引号对数组元素进行赋值和取值即可。索引号由数字组成，从 0 开始。但关联数组的索引关键字是 "键名"，只能根据 "键名" 对数组元素进行赋值和取值。

【案例 5.4】

本案例创建数字索引数组和关联数组，分别为两个数组赋值，对比其区别。

【实现步骤】

在 PHP05 项目中创建一个 PHP 文件并命名为 "0504. php", 编写 PHP 代码如下。

```php
<?php
    echo "创建数字索引数组:<br/>";
    $arr = array("PHP", "ASP", "C#");
    $arr[0] = "Java";    //对第一个数组元素赋值
    echo $arr[1];        //对第二个数组元素取值并打印
    print_r($arr);       //打印整个数组
    echo "<br/>";

    echo "创建关联数组:<br/>";
    $brr = array ("a"=>"aaa", "b"=>"bbb", "c"=>"ccc");
    $brr["b"] = "ddddddd"; //对键名为 "b" 的数组元素赋值
    $brr[1] = "eeeee";      //对键名为 "1" 的数组元素赋值, 注意这时不是修改, 而是添加
    print_r($brr);
?>
```

数字索引数组和关联数组赋值的运行结果如图 5.5 所示。

图 5.5　数字索引数组和关联数组赋值的运行结果

5.2.3　遍历数组

遍历数组是指依序访问数组中的每个元素, 可以使用 foreach 循环语句、for 循环语句遍历数组元素。

（1）foreach 循环语句遍历数组

```php
foreach( $array as $key => $value) {   //方法1: 访问数组元素的键和值
    echo "$key --> $value";
}
foreach( $array as  $value) {          //方法2: 访问数组元素值
    echo  $value;
}
```

参数说明：$array 为数组名称, $key 为数组键名, $value 为键名对应的值。foreach 语句可以遍历数字索引数组和关联数组。

【案例 5.5】

本案例使用 foreach 循环语句遍历一维数组。

【实现步骤】

在 PHP05 项目中创建一个 PHP 文件并命名为 "0505. php", 编写 PHP 代码如下。

```php
<? php
    $arr1 = array("PHP 技术","ASP. NET 技术","C#技术","Java 技术","C ++ 技术") ;
    $arr2 = array("a" => "ASP. NET","b" => "VB. NET","c" => "C#. NET") ;
    foreach( $arr1 as $key => $valuc) {
        echo "$key 的值:  $value <br/>";
    }

    foreach( $arr2 as $key => $value) {
        echo "$key 的值:  $value <br/>";
    }
? >
```

使用 foreach 循环语句遍历数组的运行结果如图 5.6 所示。

图 5.6 使用 foreach 循环语句遍历数组的运行结果

【学习笔记】

上面的例子中将数组的键名和元素值都进行了遍历输出,也可以只将数组的值遍历输出,只需要将 foreach 循环语句修改为:

```php
foreach( $arr1 as  $value) {
    echo  $value. "<br/>";
}
```

foreach 循环语句既可以用于关联数组的遍历,也可用于数字索引数组的遍历。而 for 循环语句只能用于数字索引数组的遍历。

【案例 5.6】

本案例使用 foreach 循环语句输出书籍信息。首先将书籍信息(序号、书名、数量、价格)分别保存在各数组中,然后通过 foreach 循环语句输出数组中的信息。

【实现步骤】

在 PHP05 项目中创建一个 PHP 文件并命名为"0506. php",编写 PHP 代码如下。

```html
<html >
<body >
< table border ="1" width ="250px">
  < tr >
    <td > 序号 </td>
    < td > 书籍名称 </td>
    < td > 数量 </td>
    < td > 价格 </td>
```

```
    </tr >
<? php
    $id = array("1","2","3","4") ;
    $bookname = array("PHP 编程基础"," Web 编程基础","C#编程基础","ASP. NET 编程基础") ;
    $account = array("2012","3066","358","152") ;
    $price = array("32.3","53.6","38.2","37.9") ;
foreach ($bookname as $key => $value) {
    echo "<tr >";
    echo "<td >". $id[$key] ."</td >";
    echo "<td >". $bookname[$key] ."</td >";
    echo "<td >". $account[$key] ."</td >";
    echo "<td >". $price[$key] ."</td >";
    echo "</tr >";
}
? >
</table >
</body >
</html >
```

使用 foreach 循环语句输出商品信息的运行结果如图 5.7 所示。

图 5.7　使用 foreach 循环语句输出商品信息的运行结果

【举一反三】

读者可以使用 foreach 循环语句输出课程信息。

（2）for 循环语句遍历数组

for 循环语句只能用于数字索引数组的遍历。首先使用 count( ) 函数计算数组元素个数来作为 for 循环语句执行的条件，然后才能完成数组的遍历。语法格式如下。

```
for($i =0; $i < count($array) ; $i ++) {
    echo $array[$i] . "<br/ >";
}
```

参数说明：$array 为数组名称，count（$array）函数用于计算数组元素个数。

由于关联数组的关键字不是数字，因此无法使用 for 循环语句进行遍历。

【案例 5.7】

本案例使用 for 循环语句来遍历一维数字索引数组。

【实现步骤】

在 PHP05 项目中创建一个 PHP 文件并命名为 "0507. php"，编写 PHP 代码如下。

```
<? php
  $arr = array("春天","夏天","秋天","冬天") ;
    for($i =0; $i < count($arr) ; $i ++)
    {
      echo $arr[$i]. "|";
    }
? >
```

使用 for 循环语句遍历数字索引数组的运行结果如图 5.8 所示。

图 5.8　使用 for 循环语句遍历数字索引数组的运行效果

5.3　PHP 数组函数

5.3.1　数组统计函数

数组统计函数 count( )可对数组元素个数进行统计，语法格式如下。

```
int count($数组名称);
```

说明：该函数返回数组个数，如果参数为空数组或者是一个没有赋值的变量，则返回 0。

【案例 5.8】
本案例使用 count( )函数统计数组中的元素个数，并输出统计结果。
【实现步骤】
在 PHP05 项目中创建一个 PHP 文件并命名为 "0508. php"，编写 PHP 代码如下。

```
<? php
  $arr =array("苹果","西瓜","香蕉","雪梨") ;
  echo count($arr) ; //输出数组的元素个数
? >
```

该段程序的运行结果为 4，即该数组有 4 个元素。

5.3.2　删除数组中重复元素的函数

array_unique( )函数用于删除数组中重复的元素，返回删除重复元素后的数组，语法格式如下。

```
array array_unique($数组名称);
```

【案例 5.9】
本案例使用 array_ unique( )函数实现删除数组中重复元素的功能。本案例首先定义一个数组，然后输出数组，删除数组中的重复元素并再次输出数组。

【实现步骤】

在 PHP05 项目中创建一个 PHP 文件并命名为 "0509. php"，编写 PHP 代码如下。

```php
<? php
    $arr = array("语文",'数学','英语','数学') ;
    echo "原数组:";
    print_r($arr) ;

    $b = array_unique($arr) ;
    echo "<br/>新数组:";
    print_r($b) ;
? >
```

删除数组中重复元素的运行结果如图 5.9 所示。

图 5.9　删除数组中重复元素的运行结果

5.3.3　字符串与数组的转换函数

implode( )函数用于将数组元素转换成字符串，语法格式如下。

```
array implode('分隔符', $arr) ;
```

【案例 5.10】

本案例使用 implode( )函数将数组 $arr 中的元素值转换成字符串。

【实现步骤】

在 PHP05 项目中创建一个 PHP 文件并命名为 "0510. php"，编写 PHP 代码如下。

```php
<? php
    $arr = array("语文","数学","英语","物理","化学") ; //创建数组
    $str = implode('|', $arr) ; //将数组值转换成字符串，以 "|" 隔开，并赋值给变量 str
    echo $str;              //输出变量 str 值
    echo "<br/>". is_string($str) ;   //使用 is_string()函数判断 str 是否为字符串
? >
```

将数组元素转换成字符串程序的运行结果如图 5.10 所示。

图 5.10　将数组元素转换成字符串程序的运行结果

5.3.4　向数组中添加元素的函数

array_ push( )函数实现向数组添加元素的功能，把数组当成一个栈（数据结构中介绍），然

后将传入的数组元素依次添加到数组的末尾，并返回数组的新元素个数，语法格式如下。

```
int array_push( $数组名称,元素值1[,元素值2...]) ;
```

参数说明："元素值 1"为要添加的元素值，格式可以是"键名 => 元素值"，也可以是"元素值"，可以一次添加多个元素值。

【案例 5.11】

本案例使用 array_push( ) 函数向数组中添加元素，并输出添加后的数组。

【实现步骤】

在 PHP05 项目中创建一个 PHP 文件并命名为"0511.php"，编写 PHP 代码如下。

```php
<? php
    $arr = array("变量","常量") ;          //创建数组
    echo "原数组:";
    print_r($arr) ;
    echo "<br/>";
    array_push($arr,"函数","表达式") ; //向数组中添加两个元素
    echo "添加元素后的数组:";
    print_r($arr) ;                      //输出添加元素后的数组
? >
```

向数组中添加元素的运行结果如图 5.11 所示。

图 5.11 向数组中添加元素的运行结果

5.3.5 获取并删除数组最后元素的函数

array_pop( ) 函数实现获取数组最后一个元素并将该元素删除的功能。如果操作对象的数组为空或不是数组，将返回 null，语法格式如下。

```
元素值类型 array_pop($数组名称) ;
```

参数说明："元素值类型"为数组元素的类型，如数组元素为字符串，则值为 string。

【案例 5.12】

本案例使用 array_pop( ) 函数实现获取并删除数组中最后元素的功能。首先定义并输出数组信息，然后调用 array_pop( ) 函数获取并删除该数组中最后一个元素，最后输出删除后的数组信息。

【实现步骤】

在 PHP05 项目中创建一个 PHP 文件并命名为"0512.php"，编写 PHP 代码如下。

```php
<? php
$arr =array("PHP", " ASP", "C#") ; //创建数组
print_r($arr) ;
echo "<br/>最后一个元素是: ";
```

```
$a = array_ pop ($arr);        //获取并删除最后一个元素
echo $a;
echo " <br/ >删除最后一个元素后的数组是: <br/ >";
print_ r ($arr);
? >
```

获取并删除数组最后一个元素的运行结果如图 5.12 所示。

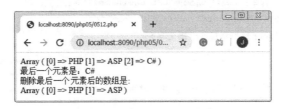

图 5.12 获取并删除数组最后一个元素的运行结果

5.4   PHP 全局数组

5.4.1 $_SERVER[ ]全局数组

$_SERVER[ ]全局数组可以获取服务器端和浏览器端的有关信息。常用的 $_SERVER[ ]全局数组见表 5.1。

表 5.1   常用的 $_SERVER[ ]全局数组

数 组 元 素	说　　明
$_SERVER ["SERVER_ADDR"]	当前程序所在的服务器 IP 地址
$_SERVER ["SERVER_NAME"]	当前程序所在的服务器名称
$_SERVER ["SERVER_PORT"]	服务器所使用的端口号
$_SERVER ["SCRIPT_NAME"]	包含当前程序的路径
$_SERVER ["REQUEST_METHOD"]	访问页面时的请求方法（如 GET、POST）
$_SERVER ["REMOTE_ADDR"]	正在浏览当前页面的客户端 IP 地址
$_SERVER ["REMOTE_HOST"]	正在浏览当前页面的客户端主机名
$_SERVER ["REMOTE_PORT"]	用户连接到服务器时所使用的端口
$_SERVER ["FILENAME"]	当前程序所在的绝对路径名称

5.4.2 $_GET[ ]和 $_POST[ ]全局数组

PHP 使用 $_POST[ ]和 $_GET[ ]分别获取使用 POST 和 GET 方式提交的表单数据。

【案例 5.13】

本案例实现获取用户的登录信息的功能，分别通过 GET 和 POST 方法完成数据的提交和获取。

【实现步骤】

在 PHP05 项目中创建 3 个 PHP 文件并分别命名为 0513. php、0513_post. php、0513_get. php。同时定义两个 form 表单，同时使用 POST 和 GET 方法提交数据，将通过 POST 方法提交的数据传递到 0513_post. php 文件，将通过 GET 方法提交的数据传递到 0513_get. php 文件。在 0513. php 文件中编写 PHP 代码如下。

```
<html >
<body >
< form name ="form1" action ="0513_post. php" method ="POST" >
POST 传递表单
<br/ >用户名:<input type ="text" name ="txt_username1"/ >
<br/ >密码:<input type ="password" name ="txt_ pwd1"/ >
<br/ > <input type ="submit" value ="提交"/ >
</form >

< form name ="form2" action ="0513_get. php" method ="get" >
GET 传递表单
<br/ >用户名:<input type ="text" name ="txt_username2"/ >
<br/ >密码:<input type ="password" name ="txt_ pwd2"/ >
<br/ > <input type ="submit" value ="提交"/ >
</form >
</body >
</html >
```

在 0513_post. php 文件中编写 PHP 代码，通过 $_POST[ ]全局数组获取 POST 方法提交的数据。

```
<? php
    echo "接收 POST 传递的表单值 ";
    echo "<br/ >用户名为:". $_POST["txt_username1"];
    echo "<br/ >密码为:". $_POST["txt_ pwd1"];
? >
```

在 0513_get. php 文件中编写 PHP 代码，通过 $_GET[ ]全局数组获取 GET 方法提交的数据。

```
<? php
    echo "接收 GET 传递的表单值 ";
    echo "<br/ >用户名为:". $_GET["txt_username2"];
    echo "<br/ >密码为:". $_GET["txt_pwd2"];
? >
```

首先，演示 POST 方法提交数据，打开 0513. php 页面，在表单 1 的 "用户名" 和 "密码" 文本框中分别输入内容，如图 5.13a 所示，单击 "提交" 按钮，页面跳转到 0513_post. php 页面，数据提交成功，页面显示提交的数据，如图 5.13b 所示。

a) 使用 POST 方法提交表单　　　　　　　　b) 使用 $_POST[]数组获取表单元素

图 5.13　使用 POST 方法提交和获取表单元素

接着，演示 GET 方法提交数据，返回 0513. php 页面，在表单 2 的"用户名"和"密码"文本框中分别输入内容，如图 5. 14a 所示，单击"提交"按钮，页面跳转到 0513_get. php 页面，数据提交成功，页面显示提交的数据，如图 5. 14b 所示。

a) 使用 GET 方法提交表单   b) 使用 $_GET[] 数组获取表单元素

图 5. 14   使用 GET 方法提交和获取表单元素

【学习笔记】

注意 POST 方法和 GET 方法在地址栏中的区别。

关于 POST 和 GET 方法的区别将在第 6 章详细介绍。

5. 4. 3 $_FILES[] 全局数组

$_FILES[] 全局数组用于获取上传文件的相关信息，包括文件名、文件类型和文件大小等。如果上传单个文件，则该数组为二维数组；如果上传多文件，则该数组为三维数组。

$_FILES[] 全局数组的具体参数取值如下。

$_FILES["file"]["name"]：上传文件的名称。

$_FILES["file"]["type"]：上传文件的类型。

$_FILES["userfile"]["size"]：上传文件的大小。

$_FILES["file"]["tmp_name"]：文件上传到服务器后，在服务器中的临时文件名。

$_FILES["file"]["error"]：文件上传过程中发生错误的错误代号，0 为上传成功。

文件上传的基本原理是：客户端文件→服务端临时文件夹→服务器上传文件夹。上传过程需要通过多次验证，包括文件类型、文件大小等。

5. 5   综合案例

【案例 5. 14】   随机抽奖程序

【案例剖析】

本案例以随机抽奖程序为例，介绍使用 rand() 函数实现数组元素的随机访问。首先创建数字索引数组并赋予 5 个元素值，使用 rand() 函数随机获取数组元素的索引号（0~9），然后通过该索引号访问对应的数组元素值。每次刷新页面都会得到不同的元素值。

【实现步骤】

在 PHP05 项目中创建一个 PHP 文件并命名为"0514. php"，编写 PHP 代码如下。

```
<? php
    $arr = array("2 元","100 元","500 元","1888 元","5888 元","18888 元","58888 元","188888 元","588888 元","2888888 元") ;        //创建数组
```

119

```
    echo "本次抽奖奖项:";
    print_r($arr);
    echo "<br/>";
    $i = rand(0,9);              //获取一个 0~9 的随机数字
    echo "恭喜您! 抽到:".$arr[$i];
?>
```

使用数组实现随机抽奖程序的运行结果如图 5.15 所示。

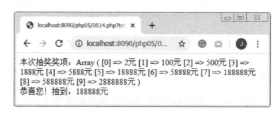

图 5.15 随机抽奖程序的运行结果

【学习笔记】

rand( )函数用于生成指定范围的随机数,语法格式如下。

```
int rand ([int 最小值, int 最大值]);
```

【**案例 5.15**】 顾客投诉信息处理

【**案例剖析**】

本案例实现对顾客投诉信息的收集和分项显示,将顾客投诉信息通过 explode( )函数转换成数组,再使用 for 循环语句输出。

【**实现步骤**】

在 PHP05 项目中创建两个 PHP 文件并分别命名为"0515. php"和"0515_do. php"。在 0515. php 文件中编写 HTML 代码,创建一个表单,用于提交顾客投诉意见,将表单数组提交给 0515_do. php 文件来进行下一步处理。

```
<html>
<head> <title>顾客投诉信息处理</title> </head>
<body>
< form name ="form1" method ="POST" action ="0515_do. php">
   顾客投诉:<br/>
   < textarea name ="txt_content" cols ="30" rows ="7"> </textarea> <br/>
   (注意:投诉意见之间使用*进行分隔) <br/>
   < input type ="submit" name ="Submit" value ="提交">
</form>
</body>
</html>
```

在 0515_do. php 文件中编写 PHP 代码,获取 0515. php 文件中提交的数据,并且根据约定的分隔符号"﹡"对字符串进行拆分并存为数组,最后循环输出数组元素。

```
顾客投诉信息:<br/>
<? php
    $str = $_POST['txt_content'];            //获取提交的数据
```

```php
    $arr = explode("* ", $str);               //将字符串转换成数组
    for($i = 0; $i < count($arr); $i ++)       //循环输出数组元素
    {
        echo $arr[$i]."<br><br>";
    }
?>
```

浏览 0515. php 页面，效果如图 5.16a 所示。填写投诉信息，然后单击"提交"按钮，跳转到 0515_do. php 页面，运行结果如图 5.16b 所示。

a）顾客投诉信息输入

b）顾客投诉信息显示

图 5.16   顾客投诉信息处理

5.6   课后习题

一、选择题

1. 索引数组的键是（   ），关联数组的键是（   ）。

（A）浮点，字符串   （B）整型，字符串

（C）偶数，字符串   （D）字符串，布尔值

2. 以下脚本输出（   ）。

```php
<? php
    $array = array (0.1 => 'a', 0.2 => 'b');
    echo count ($array);
?>
```

（A）1   （B）2

（C）0   （D）什么都没有

3. 以下脚本输出（   ）。

```php
<? php
    $s = '12345';
    $s[$s[1]] = '2';
    echo $s;
?>
```

（A）12345   （B）12245   （C）22345   （D）Array

4. 以下脚本输出（   ）。

```php
<? php
    $array = '0123456789ABCDEFG';
    $s = '';
    for ($i = 1; $i < 50; $i++) {
        $s .= $array[rand(0,strlen ($array) - 1) ];
    }
    echo $s;
? >
```

（A）50 个随机字符组成的字符串

（B）49 个相同字符组成的字符串，因为没有初始化随机数生成器

（C）49 个随机字符组成的字符串

（D）什么都没有，因为 $array 不是数组

5. 使用（　　）函数可以求得数组的大小。

（A）count( )　　　　　　　　　　　　（B）conut( )

（C）$_COUNT["名称"]　　　　　　　　（D）$_CONUT["名称"]

6. 运行以下脚本后，数组 $array 的内容是（　　　）。

```php
<? php
    $array = array ('1', '1') ;
    foreach ($array as $k => $v) {
        $v = 2;
    }
? >
```

（A）array ('2', '2')　　（B）array ('1', '1')　　（C）array (2, 2)　　（D）array (Null, Null)

7. 以下脚本输出（　　　）。

```php
<? php
    $array = array (true => 'a', 1 => 'b') ;
    var_dump ($aray) ;
? >
```

（A）1 => 'b'　　　　　　　　　　　　（B）True => 'a', 1 => 'b'

（C）什么都没有　　　　　　　　　　　（D）输出 NULL

二、填空题

1. 根据数组的索引格式，数组可以分为_____ 和_____ 。

2. 根据数组的元素维度，数组可以分为_____ 、_____ 和_____ 。

3. 遍历数组是指依序访问数组中的每个元素，可以使用_____ 、_____ 遍历数组元素。

4. PHP 内置函数中，_____ 函数用于删除数组中重复的元素，返回删除重复元素后的数组。

5. PHP 内置数组变量中，_____ 数组用于获取服务器端和浏览器端的有关信息。

三、判断题

1. （　　）数组由数组元素组成，每个元素包含一个"键（key）"和一个"值（value）"，可以通过键名来访问相应的数组元素值。

2. （　　）数字索引数组的"键名"由数字组成，默认从 0 开始自增，每个"键名"对应

数组元素在数组中的位置。

3. （　　　） 关联数组的"键名"可以由字符串组成，也可以由数字和字符串混合组成。

4. （　　　） PHP 内置数组变量中，$_SERVER[ ]全局数组用于获取上传文件的相关信息，包括文件名、文件类型和文件大小等。

5. （　　　） PHP 内置函数中，array_pop( )函数实现获取数组最后一个元素并将该元素删除的功能。

四、简答题

请使用伪语言结合数据结构中的冒泡排序法对以下一组数据进行排序。

待排序数据：102、36、14、10、25、23、85、99、45。

第6章　PHP 网站开发

【本章要点】

- ☛ Web 表单设计
- ☛ 表单验证表单数据的提交与获取
- ☛ SESSION 管理
- ☛ Cookie 管理

PHP 网站开发一般分为网站前端开发和网站后台开发两个部分，网站前端开发主要使用 HTML + CSS + JavaScript 进行静态页面设计和美工优化，网站后台开发主要使用 PHP + MySQL 数据库实现动态页面设计和交互式数据处理功能。网站前端开发过程中的静态页面设计知识已经在第 2 章介绍了，本章将介绍 PHP 动态页面设计、表单提交以及数据处理。PHP + MySQL 进行数据库交互处理的知识将在第 8、9 章进行讲解。

6.1　Web 表单设计

第 2 章介绍了 HTML 表单以及表单控件的一些基础知识，本节将继续介绍使用 PHP 对 Web 表单设计以及对表单数据进行提交和处理。Web 表单主要用于为用户提供信息输入的平台，也可为应用程序提供数据采集的入口。用户填写完表单数据（如登录信息、注册信息、投诉意见等）后，将表单提交到服务器端的应用程序进行处理，应用程序处理后将结果返回客户端并显示在浏览器中。Web 表单由表单标签和表单控件组成。

6.1.1　表单标签

表单标签由 < form > < /form > 组成，负责定义表单提交的目标处理程序和数据提交方式，编码格式如下。

```
< form name = "表单名称" action = "目标处理程序 url" method = "POST |GET" enctype = "编码格式" >
  …
</form >
```

属性说明如下。

- ➤ name：表单名称。
- ➤ action：设置当前表单数据提交的目标处理程序路径。
- ➤ method：设置当前表单的数据提交方式，可为 GET 或 POST。
- ➤ enctype：编码格式，当表单中需要上传文件时，应设置为 multipart/form-data。

6.1.2　表单控件

表单控件编写在表单标签 < form > 和 < /form > 之间，常见的表单控件包括文本框、密码框、隐藏域、文件域、单选按钮、复选框、提交按钮、重置按钮、普通按钮、下拉列表框和多行文本框。编码格式主要有输入域标记 < input >、下拉列表框 < select > 和多行文本框 < textarea > 等。

1. 输入域标记 <input>

输入域标记 <input> 是表单中最常用的标记之一，编码格式如下。

```
<input type="控件类型" name="控件名称" />
```

参数说明如下。

- name：表单控件名称。
- type：为表单控件类型，具体取值如下。
  - ◇ text（文本框）：提供普通的信息输入。
  - ◇ password（密码框）：当输入信息时，将以星号" * "或其他符号显示。
  - ◇ hidden（隐藏域）：用于保存特定信息，对用户不可见，表单提交时将同时提交隐藏域的值。
  - ◇ file（文件域）：选择要上传的文件（设置表单标签属性 enctype = multipart/form-data）。
  - ◇ radio（单选按钮）：提供一个选项组，同一组内的单选按钮之间相互排斥，只能单选。
  - ◇ checkbox（复选框）：提供一个选项组，可以多选。同组单选按钮/复选框的 name 属性值应相同。
  - ◇ submit（提交按钮）：用于将表单提交到目标处理程序。
  - ◇ button（普通按钮）：默认单击该按钮无反应，常与 JavaScript 结合使用。
  - ◇ reset（重置按钮）：清除表单中输入的所有信息，将表单恢复到初始状态。

2. 下拉列表框 <select>

下拉列表框由 <select> 和 <option> 组成，编码格式如下。

```
<select name="控件名称" size="显示列表项个数" multiple>
  <option value="value1" selected>选项 1</option>
  <option value="value2">选项 2</option>
  <option value="value3">选项 3</option>
</select>
```

参数说明如下。

- name：表单控件名称。
- size：设置下拉列表框显示的列表行数，值为 1 时为下拉框，值大于 1 时为列表框。
- multiple：设置下拉列表框是单选还是多选，multiple 代表允许多项。
- selected：默认选中项。

3. 多行文本框 <textarea>

<textarea> 标签用于编写多行文本框，让用户可以输入更多信息，编码格式如下。

```
<textarea name="控件名称" rows="行数" cols="列数" value="默认值">
…//文本内容
</textarea>
```

参数说明如下。

- name：表单控件的名称。
- rows：设置多行文本框的行数。
- cols：设置多行文本框的列数（以字符为单位）。
- value：设置文本域默认的值。

6.2　表单数据的提交与获取

用户输入数据到表单控件后，单击"提交"按钮，表单将数据提交到后台程序。表单标签 < form > </form >有一个 action 属性，用于设置表单提交目标程序的 URL；method 属性用于设置数据提交的方式。表单数据的提交方法有两种，即 POST 方法和 GET 方法。这两种方法在 Web 页面的应用上有着本质的不同。

> GET 方法：默认方法，通过 URL 传递数据给程序，数据容量小，并且数据暴露在 URL 中，非常不安全。
> POST 方法：最常用的方法，将表单中的数据放在 form 的数据体中，按照变量和值相对应的方式传递到 action 所指向的程序。POST 方法能传递大容量的数据，并且所有操作对用户来说都是不可见的，非常安全。

6.2.1　POST 方法提交和数据获取

POST 方法不会将传递的表单数据显示在地址栏中，安全性高，编码格式如下。

```
< form name ="表单名称" action ="目标处理程序页面" method ="POST" >
    ...
</form >
```

使用 $_POST[ ]全局变量获取表单提交数据并且赋值给一个变量，其语法格式如下。

```
变量名 = $_POST['表单控件名称'];
```

【案例 6.1】

本案例使用 POST 方法提交表单信息到服务器，然后在服务器端获取提交的表单数据并显示。

【实现步骤】

在 Zend Studio 软件中创建一个 PHP 项目，命名为 PHP06，用于实现本章的所有案例代码。在 PHP06 项目中创建两个 PHP 文件并分别命名为 "0601. php" 和 "0601_do. php"。在 0601. php 页面中添加一个表单，然后分别添加 "用户名" 文本框、"密码" 文本框和 "登录" 按钮，并且在表单中指定 action 的目标路径为 "0601_do. php"，具体代码如下。

```
<html >
<head > <title >POST 方法提交和获取表单数据 </title > </head >
<body >
< form name ="form1" action ="0601_do.php" method ="POST" >
    会员登录
    <br/ >用户名：< input type ="text" name ="txt_username"/ >
    <br/ >密码：　< input type ="password" name ="txt_pwd"/ >
    <br/ > < input type ="submit" value ="登录"/ >
</form >
</body >
</html >
```

在 0601_do. php 页面中编写 PHP 代码，用于接收并处理由 0601. php 页面表单提交的数据。

```
< ? php
    $username = $ _POST["txt_username"]; //获取提交的值并且赋值给变量 username
    $pwd = $ _POST["txt_pwd"];
    echo "<script >alert('提交的用户名是".$username. ",密码是".$pwd. "') </script >";
? >
```

浏览 0601. php 页面，分别填写用户名和密码信息，单击"登录"按钮，使用 POST 方式将表单数据提交到 0601_do. php 页面。在该页面中，PHP 程序使用 $_POST["txt_username"] 和 $_POST["txt_pwd"]分别获取提交的数据，并且显示在对话框中，运行结果如图 6.1 所示。

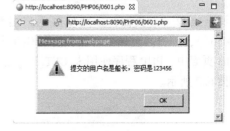

a）表单页面　　　　　　　　　　　　　　　b）表单接收页面

图 6.1　使用 POST 方法提交和获取表单数据

6.2.2　GET 方法提交和数据获取

GET 方法将传递的表单数据显示在地址栏中，安全性低，编码格式如下。

```
< form name ="表单名称" action ="目标处理程序页面" method ="GET" >
    …
</ form >
```

使用 $_GET [ ]全局变量获取表单提交数据的语法格式如下。

```
变量名 = $ _GET["表单控件名称"];
```

【案例 6.2】

本案例使用 GET 方法提交表单信息到服务器，然后在服务器端获取提交的表单数据并显示。

【实现步骤】

在 PHP06 项目中创建两个 PHP 文件并分别命名为"0602. php"和"0602_do. php"，在 0602. php 页面中添加一个表单，然后分别添加"用户名"文本框、"密码"文本框和"登录"按钮，具体代码如下。

```
<html >
<head > <title >GET 方法提交和获取表单数据 </title > </head >
<body >
< form name ="form1" action ="0602_do. php" method ="get" >
    会员登录
    <br/>用户名:< input type ="text" name ="txt_username"/ >
    <br/>密码:　< input type ="password" name ="txt_pwd"/ >
    <br/> < input type ="submit" value ="登录"/ >
```

```
</form>
</body>
</html>
```

在 0602_do. php 页面中编写 PHP 代码, 接收并处理由 0602. php 页面表单提交的数据。

```
<? php
  $username = $_GET["txt_username"]; //获取提交的值并且赋值给变量 username
  $pwd = $_GET["txt_pwd"];
  echo "<script>alert('提交的用户名是". $username. ",密码是".$pwd. "') </script>";
? >
```

浏览 0602. php 页面, 分别填写用户名和密码信息 (例如, 用户名为 "admin", 密码为 "123456"), 单击 "登录" 按钮, 使用 GET 方法将表单数据提交到 0602_do. php 页面。在 0602_do. php 页面中, PHP 程序使用 $_GET[" "]变量获取提交的数据, 并且显示在对话框中, 运行结果如图 6.2 所示。

图 6.2　使用 GET 方法获取表单数据

【学习笔记】

如图 6.2 所示, 本案例中, 使用 GET 方式提交时, 提交地址 (URL) 的内容如下:

```
http://localhost:8090/PHP06/0602_do.php? txt_username=admin&txt_pwd=123456
```

从以上内容可以看出, "?" 后面的字符串为提交的表单数据, 可以同时提交多个表单数据 (参数), 每个参数以 "参数名 = 参数值" 的形式组成, 参数之间使用 "&" 进行连接。"txt_username" 和 "txt_pwd" 分别是表单控件名称, 作为提交的数据变量名; "admin" 和 "123456" 分别是提交的数据值。

6.2.3　表单数据的获取

PHP 使用 $_POST[ ]和 $_GET[ ]分别获取使用 POST 和 GET 方法提交的表单数据, 本小节详细介绍 PHP 中获取各表单控件提交的值的方法, 以 POST 提交方法为例进行讲解。

1. 获取文本框、密码框的值

在表单页面中, 文本框、密码框控件的 HTML 代码:

文本框:

```
<input type="text" name="txt1" />
```

密码框:

```
<input type="password" name="txt2" />
```

在表单处理页面中，用于获取文本框、密码框控件值的 PHP 代码：

获取文本框的值：

```
变量名1 = $_POST['txt1']
```

获取密码框的值：

```
变量名2 = $_POST['txt2']
```

2. 获取单选框（单选按钮）的值

在表单页面中，单选按钮控件的 HTML 代码：

```
< input type = "radio" name = "sex" value = "男" checked = "checked" / >男
< input type = "radio" name = "sex" value = "女" / >女
```

同一组单选按钮的 name 的属性值需要设置为相同，通过不同的 value 属性值来区分不同的按钮。

在表单处理页面中，用于获取单选按钮控件值的 PHP 代码：

```
变量名 = $_POST['sex']
```

例如，当性别为"男"的单选按钮被选中时，使用"变量名 = $_POST['sex']"得到的数据值为"男"。当性别为"女"的单选按钮被选中时，使用"变量名 = $_POST['sex']"得到的数据值为"女"。

3. 获取复选框的值

复选框控件的 HTML 写法：

```
< input type = "checkbox" name = "interest[ ]" value = "唱歌"/ >唱歌
< input type = "checkbox" name = "interest[ ]" value = "跳舞"/ >跳舞
< input type = "checkbox" name = "interest[ ]" value = "登山" / >登山
< input type = "checkbox" name = "interest[ ]" value = "旅游" / >旅游
< input type = "checkbox" name = "interest[ ]" value = "购物"/ >购物
```

> 💡 **说明**：和单选按钮相似，同一组复选框的 name 的值需要设置为相同，它们通过不同的 value 值来区分不同的复选框。而且，由于复选框支持多选，因此它的值是以数组类型提交的，所以建议设置 name 的属性值为数组的形式，例如 name = "interest[ ]"。

复选框控件值的获取：

```
$arr = $_POST['interest'];
foreach($arr as $i)
{
    echo $i;
}
```

注意，复选框提交的数据可能含有多个选项值，因此是以数组格式设置的。在获取复选框数据时也需要以数组元素的访问方式进行读取。

4. 获取下拉列表框的值

下拉列表框控件的 HTML 写法：

```
< select name =" education" >
    < option >大专</option >
    < option >本科</option >
    < option >硕士</option >
    < option >博士</option >
</select >
```

下拉列表框控件值的获取:

```
$_POST[education]
```

5. 获取多行文本框的值

多行文本框控件的 HTML 写法:

```
< textarea name ="intro " cols ="50" rows ="5" > </textarea >
```

多行文本框控件值的获取:

```
$_POST['intro']
```

【案例 6.3】

本案例实现会员注册信息的获取和输出功能。会员填写个人信息后,单击"注册"按钮,将信息提交到服务器端程序,服务器端程序获取数据并进一步处理,然后将信息输出到客户端浏览器中。

【实现步骤】

在 PHP06 项目中创建两个 PHP 文件并分别命名为"0603. php"和"0603_do. php",在 0603. php 页面中编写 PHP 代码如下。

```
< html >
< head > < title >会员注册</title > </head >
< body >
< form name ="form1" method ="POST" action ="0603_do. php" >
< table border ="1" >
    < tr > < td colspan ="2" align ="center" >会员注册</td > </tr >
    < tr >
        < td >用户名:</td >
        < td > < input type ="text" name ="txt_username" / > </td >
    </tr >
    < tr >
        < td >密码:</td >
        < td > < input type ="password" name ="txt_pwd" / > </td >
    </tr >
    < tr >
        < td >性别:</td >
        < td > < input type ="radio" name ="sex" value ="男" checked ="checked" / >男
            < input type ="radio" name ="sex" value ="女" / >女
        </td >
    </tr >
    < tr >
```

```
            <td>教育程度:</td>
            <td>
                <select name="education">
                    <option>大专</option>
                    <option>本科</option>
                    <option>硕士</option>
                    <option>博士</option>
                </select>
            </td>
        </tr>
        <tr>
            <td>兴趣爱好:</td>
            <td><input type="checkbox" name="interest[]" value="唱歌"/>唱歌
                <input type="checkbox" name="interest[]" value="跳舞"/>跳舞
                <input type="checkbox" name="interest[]" value="登山"/>登山
                <input type="checkbox" name="interest[]" value="旅游"/>旅游
                <input type="checkbox" name="interest[]" value="购物"/>购物
            </td>
        </tr>
        <tr>
            <td>个人简介:</td>
            <td><textarea name="txt_intro" cols="30" rows="5"></textarea></td>
        </tr>
        <tr>
            <td colspan="2" align="center">
                <input type="submit" value="注册"/>
                <input type="reset" value="清空"/>
            </td>
        </tr>
    </table>
</form>
</body>
</html>
```

在 0603_do. php 文件中编写 PHP 代码如下。

```
<? php
echo "<br/>用户名:".$_POST['txt_username'];      //输出用户名--文本框
echo "<br/>密码:".$_POST['txt_pwd'];            //输出密码----密码框
echo "<br/>性别:".$_POST['sex'];                //输出性别----单选按钮
echo "<br/>教育程度:".$_POST['education'];        //输出学历----下拉列表框
echo "<br/>兴趣爱好:";                           //循环输出爱好信息--复选框
$arr = $_POST['interest'];
foreach($arr as $result)
{
    echo $result. "  ";
}
echo "<br/>个人简介:".$_POST['txt_intro'];    //输出个人简介
? >
```

浏览 0603. php，填写会员信息，然后单击"注册"按钮，会员注册表单中的信息将被提交到 0603_do. php 页面。在 0603_do. php 页面中，使用 PHP 程序获取所提交的会员信息，并且在页面中输出，会员注册表单及获取会员注册信息的运行结果如图 6.3 所示。

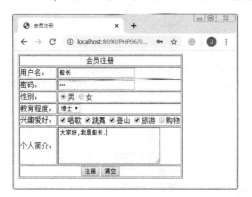

a）会员注册表单   b）获取会员注册信息

图 6.3 会员注册表单及获取会员注册信息的运行结果

6.2.4 超链接数据的获取

超链接的 HTML 编码格式：

```
http://url? name1 = value1 &name2 = value2...
```

参数说明：
> url 为目标页面地址。
> name1 为参数名 1，vlaue1 为对应的参数值 1。
> name2 为参数名 2，vlaue2 为对应的参数值 2。
超链接数据的两种获取方式：

```
//获取方式1
变量名 1 = $_GET['name1'];
变量名 2 = $_GET['name2'];
//获取方式2：
变量名 1 = $_REQUEST['name1'];
变量名 2 = $_REQUEST['name2'];
```

6.3 表单验证

在 PHP 网站程序中，为了安全地处理 PHP 表单数据，防止表单数据被非法截取和篡改以及黑客攻击等风险，需要对 PHP 表单数据进行安全验证。有两种表单数据验证的处理方式，第一种是在客户端（表单页面）使用 JavaScript 脚本进行表单数据的验证，第二种是在服务端（表单处理页面）使用 PHP 代码进行表单数据的验证。

6.3.1 客户端验证

在客户端（表单页面）使用 JavaScrpt 脚本对所填写的表单数据进行数据有效性和完整性的

验证，这种验证是在表单数据向服务端提交之前进行的。客户端的表单数据验证包括表单数据非空验证（必填数据验证）、邮箱格式验证、日期格式验证、数据为数字类型验证，以及限制输入框只能输入数字验证等。读者也可以根据实际需要编写更丰富的 JavaScript 脚本代码来进行表单数据的对比和验证。

1. 表单数据非空验证

许多网页的表单需要使用数据非空验证功能。例如，在会员注册页面中，常常要求用户名、密码等信息不能为空，这些表单控件被称为必填项。因此，可以使用 JavaScript 脚本读取这些表单控件的 value 值并进行非空判断，如果必填项为空，则给出相应的提示。

【案例 6.4】

本案例使用 JavaScript 对表单数据进行非空验证。设计一个包含"用户名"文本框和"密码"文本框的表单，当单击"登录"按钮时，使用 JavaScript 脚本分别对用户名文本框和密码文本框的值进行非空判断。如果用户名或者密码都不为空，则跳转到表单处理页面，否则分别给出相应的提示。

【实现步骤】

在 PHP06 项目中创建两个 PHP 文件并分别命名为 "0604. php" 和 "0604_do. php"。

1）在 < body > 中创建一个表单，设置 name 的属性值为 "form1"，action 值为 "0604_do. php"。

2）分别编写用户名和密码控件，并且设置 name 的属性值为 "txt_username" 和 "txt_pwd"。

3）编写一个 < p > </p > 段落标签，并且添加一个属性 id = "p_note"，用于显示数据验证结果。

4）编写一个提交按钮，用于提交表单数据。

5）在 < head > 中定义一个 JavaScript 数据验证函数，命名为 validateForm()。在函数中分别获取用户名和密码框的值，并且判断用户名和密码是否为空，如果为空，则给出提示。本案例给出两种提示方式，第一种是将提示信息显示在弹出对话框中，第二种是将提示信息显示在页面的 < p > </p > 标签中。读者在后续的案例和编程过程中可以根据具体需要选择一种提示方式进行编程。

在 0604. php 页面中编写 HTML 代码如下：

```
<html >
<head >
  <title > JavaScript 实现表单数据非空验证 </title >
  < script type ="text/javascript">
    function validateForm()
    {
     //获取用户名和密码框的值
     var uname =document. form1. txt_username. value;
     var upwd =document. form1. txt_pwd. value;
     if (uname ==null ||uname =="")
     {
         alert("用户名不能为空") ;
         return false;
     }
```

```
            else if (upwd == null || upwd == " ")
            {
                document. getElementById("p_note"). innerHTML ="< font color ='red'> 密码不能为空.</
font >";
                return false;
            }
        }
</script >
</head >
<body >
< form name ="form1" action ="0604_do. php" onsubmit ="return validateForm();" method ="get">
    会员登录
    <br/>用户名：< input type ="text" name ="txt_username" />
    <br/>密码：   < input type ="password" name ="txt_pwd" />
    <p id ="p_note"> </p >
    <br/> < input type ="submit" value ="登录"/>
</form >
</body >
</html >
```

在 0604_do. php 页面中接收并显示提交的数据，PHP 代码如下。

```php
<? php
$username = $_GET["txt_username"];
$pwd = $_GET["txt_pwd"];
echo "用户名：". $username;
echo "密码：". $pwd;
? >
```

浏览 0604. php 页面，用户名和密码分别为空时的提示效果如图 6.4 所示。

a) 用户名为空提示   b) 密码为空提示

图 6.4　JavaScript 实现表单数据非空验证的效果

2. 邮箱格式验证

在设计用户注册、用户登录或者用户信息编写等功能时，常常需要用到邮箱信息。邮箱的格式一般定义如下：

➢ 以大写字母（A~Z）、小写字母（a~z）、数字（0~9）、下画线（_）、减号（-）及点号（.）开头，并需要重复一次至多次。

➢ 中间必须包括@符号。

➢ @之后需要连接大写字母（A~Z）、小写字母（a~z）、数字（0~9）、下画线（_）、减号（-）及点号（.），并需要重复一次至多次。

➢ 结尾必须是点号（.）连接 2~4 位的大小写字母。

JavaScript 的正则表达式对邮箱进行验证的代码如下：

```
//定义正则表达式
var reg = /^\w + ((. \w +)|(-\w +)) @ [A - Za - z0 - 9] + ((. |-) [A - Za - z0 - 9] +). [A - Za - z0 - 9] + $/;
//获取邮箱信息
var myemail = document. form1. txt_email. value;
if (! reg. test(myemail)) {
    //邮箱格式不正确
    return false;
} else {
    //邮箱格式正确
    return true;
}
```

【案例 6.5】

本案例使用 JavaScript 对邮箱格式进行验证。设计一个包含文本框（作为邮箱地址）的表单，当单击"登录"按钮时，使用 JavaScript 脚本对邮箱文本框的值进行正则表达式验证。如果邮箱格式正确，则跳转到表单处理页面，否则分别给出相应的提示。

【实现步骤】

在 PHP06 项目中创建两个 PHP 文件并分别命名为"0605. php"和"0605_do. php"，在 0605. php 页面中编写 HTML 代码如下。

```
<html>
<head>
  <title>JavaScript 实现邮箱格式验证</title>
  <script type = "text/javascript">
    function validateForm()
    {
      //获取邮箱的值
      var myemail = document. form1. txt_email. value;
      var reg = /^\w + ((. \w +)|(-\w +))@ [A - Za - z0 - 9] + ((. |-)[A - Za - z0 - 9] +). [A - Za - z0 - 9] + $/; //正则表达式
      if (! reg. test(myemail))
      {
        document. getElementById("p_note"). innerHTML = "<font color ='red'> 邮箱格式不正确. </font>";
        return false;
      }
    }
  </script>
</head>
```

```
<body>
<form name="form1" action="0605_do.php" onsubmit="return validateForm();" method="POST">
    邮箱:<input type="text" name="txt_email" />
      <p id="p_note"></p>
      <br/> <input type="submit" value="登录"/>
</form>
</body>
</html>
```

在 0605_do.php 页面中接收并显示提交的邮箱信息，PHP 代码如下。

```
<? php
$email = $_POST["txt_email"];
echo "邮箱:".$email;
? >
```

浏览 0605.php 页面，当输入的邮箱格式不正确时，页面提示"邮箱格式不正确"，运行结果如图 6.5a 所示。当输入的邮箱格式正确时，表单将被提交到 0605_do.php 页面并且显示，如图 6.5b 所示。

a) 邮箱格式不正确的提示

b) 邮箱格式正确，表单提交成功

图 6.5　JavaScript 实现邮箱格式验证

6.3.2　服务端验证

附了在客户端对表单数据进行验证外，也可以在服务端使用 PHP 程序对提交的表单内容进行验证。服务端的数据验证功能同样可以包括表单数据非空验证、邮箱格式验证以及日期格式验证等。读者也可以根据实际需要编写更丰富的数据验证功能。本小节以 6.3.1 小节的案例继续讲解如何在服务端使用 PHP 程序实现数据验证功能。

1. 表单数据非空验证

与客户端验证不同，表单数据从客户端（表单页面）被直接提交到服务端（表单处理页面），然后在服务端进行数据的验证。

【案例 6.6】

本案例与案例 6.4 相似，使用 PHP 程序对表单中的用户名和密码控件进行非空验证。

【实现步骤】

在 PHP06 项目中创建两个 PHP 文件并分别命名为 "0606.php" 和 "0606_do.php"，在 0606.php 页面中编写 HTML 代码如下。

```
<html>
<head>
   <title>服务端实现表单数据非空验证</title>
</head>
<body>
<form name="form1" action="0606_do.php" method="POST">
   会员登录
   <br/>用户名：<input type="text" name="txt_username" />
   <br/>密码：  <input type="password" name="txt_pwd" />
   <br/> <input type="submit" value="登录"/>
</form>
</body>
</html>
```

在 0606_do. php 页面中接收提交的用户名和密码信息，然后进行非空判断。如果用户名为空，则使用 JavaScript 脚本弹出"用户名不能为空"的提示对话框，并且将页面跳转回 0606. php 页面。密码非空判断同理，PHP 代码如下。

```
<? php
$username = $_POST["txt_username"];
$pwd = $_POST["txt_pwd"];
if ($username =="") {
    echo "<script>alert('用户名不能为空') ; self. location ='0606. php'; </script>";
} else if(! isset($pwd) or $pwd =="") {
    echo "<script>alert('密码不能为空') ;self. location ='0606. php'; </script>";
} else {
    echo "用户名：". $username;
    echo "密码：". $pwd;
}
? >
```

浏览 0606. php 页面，用户名和密码分别为空时的提示，运行结果如图 6.6 所示。

a) 用户名为空提示　　　　　　　　　　　　　　　b) 密码为空提示

图 6.6　PHP 实现表单数据非空验证

2. 邮箱格式验证

在使用 PHP 进行邮箱格式验证时，表单中的邮箱数据从表单页面被直接提交到表单处理页面，然后在服务端使用正则表达式进行邮箱格式验证。

【案例6.7】

本案例与案例6.5相似，使用 PHP 对邮箱格式的验证。

【实现步骤】

在 PHP06 项目中创建两个 PHP 文件并分别命名为"0607. php"和"0607_do. php"，在 0607. php 页面中编写 HTML 代码如下。

```
<html>
<head>
    <title>PHP 实现邮箱格式验证</title>
</head>
<body>
<form name="form1" action="0607_do.php" method="POST">
    邮箱:<input type="text" name="txt_email" />
    <br/> <input type="submit" value="登录"/>
</form>
</body>
</html>
```

在 0607_do. php 页面中接收提交的邮箱信息，定义正则表达式，接着与邮箱进行匹配，如果邮箱格式正确，则显示邮箱信息，否则弹出提示对话框并跳回 0607. php 页面，具体 PHP 代码如下。

```
<?php
$email = $_POST["txt_email"];
$reg = "/^\w+((.\w+)|(-\w+))@[A-Za-z0-9]+((.|-)[A-Za-z0-9]+).[A-Za-z0-9]+$/"; //正则表达式
if (preg_match($reg, $email)) {
    echo "邮箱:".$email;
} else {
    echo "<script>alert('邮箱格式不正确'); self.location='0607.php';</script>";
}
?>
```

浏览 0607. php 页面，邮箱格式不正确和格式正确的运行结果如图6.7所示。

a) 邮箱格式不正确的提示

b) 邮箱格式正确，表单提交成功

图6.7 PHP 实现邮箱格式验证

6.4 SESSION 管理

6.4.1 SESSION 工作原理

SESSION（中文译为"会话"）用于存储跨网页程序的数据，它将数据临时存储在服务器端。该数据只针对单一用户，即服务器为每个访问者（客户端）分配各自的 SESSION 对象。访问者之间无法相互存取对方的 SESSION 对象。当超过服务器设置的有效时间后，SESSION 对象就会自动消失。SESSION 常用于用户登录验证和网络购物车的实现。

6.4.2 使用 SESSION

1. 启动会话

使用 session_start( ) 函数启动会话，语法格式如下。

```
bool session_start();
```

2. 定义会话变量

会话被启动后，可以定义不同的 SESSION 变量，并分别将数据保存在数组 $_SESSION 中，即 $_SESSION 是一个会话数组，用户可以根据实际需要分别定义多个不同的数组元素名称，并且赋予相应的元素值，定义语法格式如下。

```
$_SESSION["变量名称"] = 变量值;
```

【案例 6.8】
本案例实现会话的启动和注册功能，创建一个 SESSION 变量并赋值，然后输出会话变量。
【实现步骤】
在 PHP06 项目中创建一个 PHP 文件并命名为"0608.php"，在 0608.php 页面中编写 PHP 代码，启动会话，创建一个 SESSION 变量并赋值，然后输出会话变量。

```
<html>
<body>
<? php
  session_start();              //启动 SESSION
  $_ SESSION ["user"] = "船长"; //创建一个会话变量并赋值
  echo $_ SESSION ["user"];     //输出会话变量
? >
</body>
</html>
```

浏览 0608.php 页面，运行结果如图 6.8 所示。

图 6.8　SESSION 变量的定义与使用的运行结果

【案例 6.9】

本案例在案例 6.8 的基础上判断页面中是否存在会话变量。在案例 6.8 中，已经在 0608. php 页面中启动 SESSION，并且定义了一个 SESSION 变量（$_SESSION["user"]）。在本案例中将创建一个新的页面 0609. php，在该页面中尝试读取所定义的 SESSION 变量（$_SESSION["user"]）。如果存在，则输出会话变量；如果不存在，则提示信息。

【实现步骤】

在 PHP06 项目中创建一个 PHP 文件并命名为"0609. php"，编写代码如下。

```
<html>
<body>
<? php
    session_start();           //启动 SESSION
if($_SESSION["user"]! =null)   //判断 SESSION 变量是否为空值
{
    echo $_SESSION["user"]; //输出 SESSION 变量
}
else
{
    echo "对不起,请重新登录!"; //输出提示信息
}
? >
</body>
</html>
```

首先浏览 0608. php 页面，用于启动 SESSION 并且定义 SESSION 变量 $_SESSION["user"]。接着浏览 0609. php 页面，由于此时浏览器没有关闭，这两个页面之间属于同一个用户会话（SESSION），0608. php 中定义的 $_SESSION["user"]变量还存在，因此，在 0609. php 页面中可以成功读取，运行结果如图 6.9a 所示。

接下来尝试 SESSION 读取失败的效果，将浏览器关闭并重新打开，直接访问 0609. php 页面，将提示"对不起，请重新登录!"的信息，运行结果如图 6.9b 所示。这是因为此时 $_SESSION["user"]变量还有被定义。

a) 成功读取SESSION变量   b) 无法读取SESSION变量

图 6.9 SESSION 变量的使用

SESSION 变量可以应用于各种网站用户的会话管理。例如，同一个用户在购物网站中先在登录页面中输入用户信息并将用户信息保存在 SESSION 中，接着用户就可以在该购物网站中的不同页面之间自由访问，每个页面都可以使用 SESSION 的用户信息，而不需要反复登录。

3. 设置会话（SESSION）超时

用户会话（SESSION）是有时效性的，例如，如果用户登录网站后的 20min（网站设置的会话超时时间）内没有任何操作（不移动、单击鼠标，敲击键盘），为了保护用户的安全，会自动清除当前用户的会话信息，此时用户将自动退出登录状态。

在启动 SESSION 时，可以通过设置 SESSION 时间戳来控制会话的超时时间，语法如下。

```
session_start();              //启动 SESSION
$_SESSION['expiretime'] = time()+1800; //设置超时时间为 30 分钟(1800 秒)
```

6.5　Cookie 管理

6.5.1　Cookie 工作原理

Cookie 是一种服务器端网站将数据存储在客户端并以此来跟踪和识别用户的机制。当用户再次访问该服务器网站时，网站通过读取 Cookie 数据来获取该用户信息并做出响应。例如，通过 Cookie 存储会员登录时的账户信息，实现会员再次登录时自动登录。

Cookie 文件以文本文件形式存储于客户端硬盘的指定文件夹（一般为 C:\Documents and Settings\Administrator\Cookies）中，命名方式为"用户名@网站地址［数字］.txt"，如图 6.10 所示。

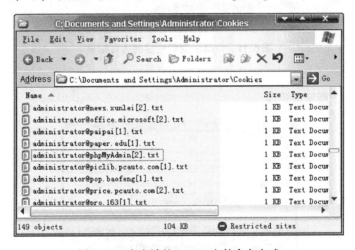

图 6.10　客户端的 Cookie 文件命名方式

6.5.2　创建及使用 Cookie

（1）创建 Cookie
使用 setCookie()函数创建 Cookie，语法格式如下。

```
bool setCookie(string 变量名[,string 变量值[,int 过期时间]]);
```

（2）使用 Cookie
使用 Cookie 变量的语法格式如下。

```
$_COOKIE["变量名称"]
```

【案例 6.10】
本案例实现 Cookie 的创建与访问功能，使用 setCookie()函数创建一个 Cookie，然后使用 $_COOKIE[ ]数组访问 Cookie 值。

【实现步骤】
在 PHP06 项目中创建一个 PHP 文件并命名为"0610.php"，编写 PHP 代码如下。

```
<html >
<body >
<? php
setCookie("user1","船长一号") ;              //创建 Cookie 值
setCookie("user2","船长二号",time() +60) ; //创建 Cookie 值并设置有效时间为 60 s

echo "<br/>读取 Cookie 变量 user1 的值: ".$_COOKIE['user1'];
echo "<br/>读取 Cookie 变量 user2 的值: ".$_COOKTE['uscr2'];
? >
</body >
</html >
```

浏览 0610. php 页面, 运行结果如图 6. 11 所示。

图 6.11　Cookie 变量创建的运行结果

【学习笔记】

如果出现图 6.12 所示的错误。

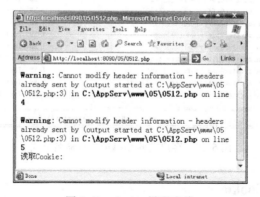

图 6.12　Cookie 设置出错

解决办法: 修改 php. ini 文件。打开 C:\AppServ\php7\php. ini 文件, 找到 output_buffering = off 将 output_buffering 的值由 off 改为 4096, 如图 6.13 所示。

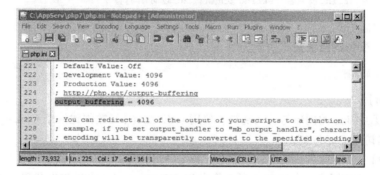

图 6.13　修改 php. ini 文件

6.6 综合案例

【案例6.11】 文件上传功能

【案例剖析】

本案例使用文件域实现文件的上传功能。

【实现步骤】

在 PHP06 项目中创建一个 PHP 文件并命名为 "0611. php"，编写 PHP 代码如下。

```
<html>
<head><title>文件上传功能</title></head>
<body>
 <form action="" method="POST" enctype="multipart/form-data">
    <input type="file" name="txt_file" />
    <input type="submit" name="btn_upload" value="上传" />
 </form>
<?php
    if($_POST['btn_upload'])
    {
        if($_FILES['txt_file']['name']!="")
        {
            $myfile = $_FILES['txt_file'];
            if($myfile['size'] > 0 && $myfile['size'] < 1024*2000) //限制文件大小
            {
                $dir = 'upfiles/';       //设置保存目录
                if(!is_dir($dir))        //如果没有该目录
                {
                    mkdir($dir);         //则创建该目录
                }

                $name = $myfile['name'];       //获取上传文件的文件名
                $rand = rand(100,800);         //生成一个100~800之间的随机数
                $name = date('YmdHis')."_".$rand.$name; //重新组合文件名
                $path = 'upfiles/'.$name;      //组合成完整的保存路径(目录+文件名)

                $i = move_uploaded_file($myfile['tmp_name'],$path); //复制文件,文件上传
                if($i == true) //如果上传成功给出提示
                {
                    echo "<script>alert('文件上传成功');</script>";
                }
                else
                {
                    echo "<script>alert('文件上传失败');</script>";
                }
            }
            else
```

```
                    {
                        echo "< script > alert('文件过大,请重新选择! ') ; </script >";
                    }
                }
            else
                {
                    echo "< script > alert('请选择要上传的文件') ; </script >";
                }
        }
    ? >
    </body >
    </html >
```

　　浏览 0611. php 页面,可以看到页面中的文件上传控件和按钮控件,如图 6. 14a 所示。单击页面中的"Browse(浏览)"按钮,选择要上传的文件,然后单击"上传"按钮,调用程序实现文件上传,然后给出相应提示,如图 6. 14b 所示。

a) 文件上传控件　　　　　　　　　　　　　　　　b) 文件上传成功

图 6. 14　PHP 上传文件演示

　　为检查文件是否上传成功,可以到文件夹中进行查看,进入 E:\PHPProjects\PHP06 文件夹,就会发现此时多了一个名为 upfiles 的文件夹。打开 upfiles 文件夹,可以看到该文件夹中已经存放了刚才上传的文件,并且已经被重新命名为"当前日期时间_随机数. 文件扩展名"的形式,如"20200101043645_1654. jpg",如图 6. 15 所示。

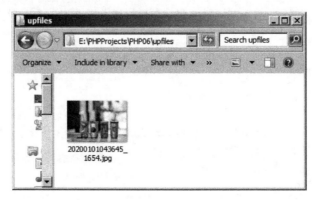

图 6. 15　上传到 upfiles 目录中的文件

【学习笔记】

读者可以根据本案例知识制作包含头像上传功能的会员注册页面。

【案例 6.12】 文本编辑控件的使用

【案例剖析】

文本编辑控件常用于新闻网站的新闻编辑功能模块，实现新闻内容的格式设置，插入图片、动画等素材。目前常用的文本编辑控件主要有 xheditor、FreeTextBox、FCKeditor、CuteEditor、TinyMCE、KindEditor、eWebEditor 和 SinaEditor 等。本案例介绍 xheditor 文本编辑控件的使用方法。

【实现步骤】

1）复制文本编辑控件素材。下载 xheditor，解压到 PHP06 目录下，重命名文件夹为"xheditor0612"，如图 6.16 所示。

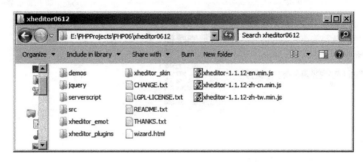

图 6.16　xheditor0612 文件夹

2）在 PHP06 项目中创建一个 PHP 文件并命名为"0612.php"，编写 PHP 代码如下。

```
<html>
<head>
    <title>文本编辑控件的使用</title>
    <script type="text/javascript" src="xheditor0612/jquery/jquery-1.4.4.min.js"></script>
    <script type="text/javascript" src="xheditor0612/xheditor-1.1.12-zh-cn.min.js"></script>
    <script type="text/javascript">
        $(pageInit);
        function pageInit()
        {
            var sVar,sJSInit;
            $('textarea[name=preview]').attr('id','elem1').xheditor(false);
            sJSInit = "$('#elem1').xheditor(" + (sVar? '{'+sVar+'}':") +');';
            eval(sJSInit);
        }
    </script>
<body>
<form action="" method="POST">
        <textarea id="preview" name="preview" rows="8" cols="100"></textarea>
        <br/>
        <input type="submit" name="btn_submit" value="提交"/>
    </form>
    <?php
```

```
        if($_POST['btn_submit'])
            echo $_POST['preview'];
    ?>
</body>
</html>
```

浏览 0612. php 页面，可以看到带有文本编辑功能的文本编辑控件。用户可以在文本编辑控件中输入任意文本，并且尝试设计文本的格式，然后单击"提交"按钮，即可在页面下方显示带有格式的文本信息，运行结果如图 6.17 所示。

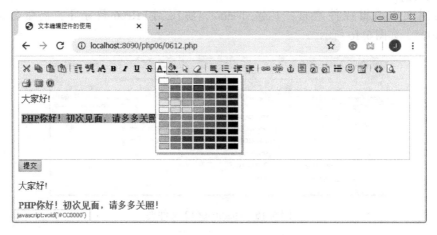

图 6.17 xheditor 文本编辑控件使用的运行结果

【案例 6.13】 留言内容字数限制

【案例剖析】

部分论坛网站或网上留言板中会有留言内容字数的限制，从而提高留言信息表达的精简性。留言内容通常在多行文本框中输入，而多行文本框本身不具有限制字数的功能，因此需要编写代码进行控制。本案例实现留言内容字数限制的功能。

【实现步骤】

在 PHP06 项目中创建一个 PHP 文件并命名为"0613. php"，编写 PHP 代码如下。

```
<html>
<head><title>留言内容字数限制</title></head>
<SCRIPT language="JavaScript">
function Count()  //字数统计
{
    var str   = this.form1.txt_message.value;          //获取文本框的值
    var length = this.form1.txt_message.value.length; //获取文本框值的长度
    var max   = 100;                                  //设置最大值
    if(length <= max)                                 // 字数判断
    {
        this.form1.txt_used.value = length;
        this.form1.txt_remain.value = max - length;
    }
    else
```

```
    {
        alert("留言内容不能超过 " + max + " 个字符!");
        this.form1.txt_message.value = str.substr(0,max);
    }
}
</SCRIPT>
<body>
<form name = "form1" action = "" method = "POST" >
留言内容: <br/>
<textarea name = "txt_message" cols = "30" rows = "5" onKeyUp = "Count()"> </textarea>
<br/>
已用字数: <input type = "text" name = "txt_used" value = "0" disabled size = "2" />
剩余字数: <input type = "text" name = "txt_remain" value = "100" disabled size = "2" />
<br/> <input type = "submit" name = "btn_submit" value = "提交">
<input type = "reset" value = "重置" >
</form>
<? php
if( $_POST['btn_submit'])
{
    echo $_POST['txt_message'];
}
? >
</table >
</body >
</html >
```

浏览 0613. php 页面, 在留言文本框中输入留言信息, 即可看到 "已用字数" 文本框和 "剩余字数" 文本框中的数字随之发生改变。单击 "提交" 按钮, 页面显示留言的内容, 运行结果如图 6.18a 所示。接着体验当留言内容超过 100 个字符时的情况, 当输入内容超过 100 个字符时, 系统将弹出提示对话框, 运行结果如图 6.18b 所示。

a) 动态显示字符个数   b) 限制字符个数

图 6.18   动态显示及限制字符个数

【案例 6.14】   分页浏览文章信息
【案例剖析】
新闻网站中的某篇文章过长时, 可以采用分页显示的方式进行浏览。本案例将实现分页读取文本文件中的新闻。

【实现步骤】

1）编写或复制文本文件：在 PHP06 项目目录下创建一个文件夹，命名为"resource0610"，在该文件夹中创建一个文本文件，命名为"data. txt"，在该文件中编写新闻内容。

2）在 PHP06 项目中创建一个 PHP 文件并命名为"0614. php"，编写 PHP 代码如下。

```html
<html >
 <head > <title >分页浏览文章信息</title > </head >
<body >
<div style ="width:500px;height:300px;border:solid 1px red;background-color:#f9ff54;line-height:25px;">
<! --分页显示文本信息 -->
<? php
$page_curr = $_GET['page'] ==" " ? 1: $_GET['page'] ;
 if( $page_curr)
 {
     $contents =file_get_contents("resource0610/data. txt") ;   //读取文本文件
     $length =strlen( $contents) ;      //获取文本字符串长度
     $page_count =ceil( $length/800) ; //计算页数 =字符串长度/800,即每页 800 个字符
     echo substr( $contents,( $page_curr -1)*800,800) ; //获取并输出当前页字符串
 }
? >
</div >
<! --显示分页超链接 -->
<? php
    echo "共". $page_count. "页 第". $page_curr. "页";
    if( $page_count! =1 && $page_curr! =1)
    {
    echo "<a href ='0609. php? page =1'>首页</a >";
    echo "<a href ='0609. php? page =". ( $page_curr -1). "'>上一页</a >";
    }
    if( $page_curr < $page_count)
    {
      echo "<a href ='0609. php? page =". ( $page_curr +1). "'>下一页</a >";
      echo "<a href ='0609. php? page =". ( $page_count). "'>尾页</a >";
    }
? >
</body >
</html >
```

3）保存 0614. php 页面，在浏览器地址栏中输入 http://localhost:8090/PHP06/0614. php，可浏览具有分页效果的文本信息，运行结果如图 6. 19a 所示。

4）浏览完当前页面信息后，可以单击"下一页""尾页"等分页超链接，继续浏览文本信息，第 3 页显示运行结果如图 6. 19b 所示。

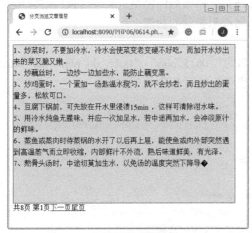

a) 第1页显示效果

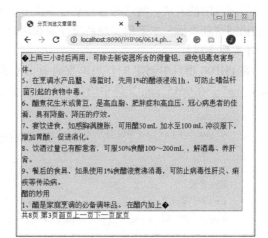

b) 第3页显示效果

图 6.19　文章信息分页读取和显示

【学习笔记】

1）ceil( )函数为实现取整函数，语法格式如下。

```
int $i = ceil(数值);
```

参数说明：$i 为数学计算的结果，取值为整数。

2）strlen( )函数用于计算字符串的长度，语法格式如下。

```
int  $length = strlen(字符串)
```

参数说明如下。

字符串：要计算长度的字符串。

$length：取值为整数，用于存放字符串长度。

3）substr( )函数实现截取字符串子串并生成新字符串的功能，语法格式如下。

```
string $str = substr(源字符串,起始位置索引,截取长度)
```

参数说明如下。

源字符串：需要截取的源字符串。

起始位置索引：取值为整数，即截取子串的起始位置。

截取长度：取值为整数，即截取子串的长度。

$str：将截取到的子串赋值给变量 $str。

4）file_get_contents( )函数实现文件读取的功能，语法格式如下。

```
string $contents = file_get_contents("文件路径");
```

参数说明如下。文件路径：可以为相对路径，也可以为绝对路径，包含路径目录及文件名，如（resource0609/data. txt）。

$contents：为读取的文本信息字符串。

【案例6.15】　SESSION 应用——用户登录权限

【案例剖析】

目前绝大部分网站都需要动态发布和管理网站内容，网站内容的管理需要一个管理平台以及具有管理权限的人员。网站的管理平台本质上也是网页，那么如何控制只有经过授权的管理人员才能访问这些页面？本案例实现系统登录和用户访问权限控制的功能。

【实现步骤】

在 PHP06 项目中创建 3 个 PHP 文件并分别命名为 "0615. php" "0615_do. php" 和 "0615_main. php"。在 0615. php 文件中绘制一个系统登录表单，编写 PHP 代码如下。

```html
<html>
<head><title>系统登录</title></head>
<body>
<form action="0615_do.php" method="POST">
系统登录
<br/>用户名:<input type="text" name="txt_username" />
<br/>密  码:<input type="password" name="txt_pwd" />
<br/> <input type="submit" name="btn_login" value="登录" />
</form>
</body>
</html>
```

在 0615_do. php 文件中编写 PHP 代码，接收由 0615. php 页面提交的用户名和密码信息并进行判断。如果用户名和密码正确，则进入系统管理平台主页 0615_main. php，否则弹出提示对话框并返回登录页面，编写 PHP 代码如下。

```php
<html>
<head><title>系统登录</title></head>
<body>
<?php
if($_POST['txt_username']!="" && $_POST['txt_pwd']!="") {
//获取提交的用户名和密码，应该到数据库执行查询操作，由于本章尚未介绍数据库编程，因此先与预定值比较
    if($_POST['txt_username']=="captain" && $_POST['txt_pwd']=="123") {
        session_start();
        $_SESSION['expiretime'] = time()+1800; //设置超时时间为30min(1800s)
        $_SESSION['user'] = $_POST['txt_username'];
        $_SESSION['pwd'] = $_POST['txt_pwd'];
        echo "<script>self.location='0615_main.php';</script>";
    } else {
        echo "<script>alert('用户名或密码出错!');self.location='0615.php';</script>";
    }
} else {
    echo "<script>alert('用户名和密码不能为空!');self.location='0615.php';</script>";
}
?>
</body>
</html>
```

0615_main. php 作为系统管理平台主页，打开该页面时，通过比较 SESSION 值来判断用户是否正确进行系统登录，而不是直接通过该页面网址（http://localhost:8090/PHP06/0615_main.php）进行访问。0615_main. php 文件的 PHP 代码如下。

```
<html>
<head><title>系统管理平台</title></head>
<body>
<?php
session_start();              //启动 SESSION
//判断用户是否登录，如果登录，则输出用户信息
if($_SESSION['user']! ="" and $_SESSION['pwd']! ="") {
    echo "欢迎来到系统管理平台。。。";
    echo "<br/>当前用户：".$_SESSION['user'];
    echo "<br/>告诉你一个小秘密：您的密码是：".$_SESSION['pwd'];
    echo "<br/>记得不要告诉别人哦！";
} else { //如果没有登录，则跳转到登录页面
    echo "<script>alert('登录超时,请重新登录! ') ; self. location ='0615.php';</script>";
}
?>
</body>
</html>
```

　　浏览 0615. php 页面，输入用户名"captain"和密码"123"，效果如图 6.20a 所示。用户填写完用户名和密码后，单击"登录"按钮，将数据提交到 0615_do. php 页面，进行用户名和密码验证，验证通过，跳转到系统管理主页 0615_main. php。在该页面中，通过 SESSION 进行用户权限判断，判断通过，输出 SESSION 值，效果如图 6.20b 所示。

a）系统登录页面　　　　　　　　　　　　　b）系统管理平台主页效果

图 6.20　输出 SESSION 值进行用户权限验证

【学习笔记】

　　本案例中，0615_do. php 页面中获取提交的用户名和密码，应该到数据库执行查询操作，由于本章尚未介绍数据库编程，因此先与预定值比较。因此，读者在学习完第 8、9 章时，可以结合本案例进行完整的系统登录模块开发。

6.7　课后习题

一、选择题

1. 当把一个有两个同名元素的表单提交给 PHP 脚本时会发生（　　）。

（A）它们组成一个数组，存储在超级全局变量数组中

（B）第二个元素的值加上第一个元素的值后，存储在超级全局变量数组中

（C）第二个元素将覆盖第一个元素

（D）PHP 输出一个警告

2. 读取 POST 方法传递的表单元素值的方法是（　　）。

（A）$_POST["名称"]　　　　　　　　　　（B）$post["名称"]

（C）$POST["名称"]　　　　　　　　　　（D）$_post["名称"]

3. 读取 GET 方法传递的表单元素值的方法是（　　）。

（A）$_GET["名称"]　　　　　　　　　　（B）$get["名称"]

（C）$GET["名称"]　　　　　　　　　　（D）$_get["名称"]

二、填空题

1. 网页表单＜form＞的主要属性有 action 和 method，它们的作用分别为＿＿＿＿＿＿＿＿＿＿和＿＿＿＿＿＿＿＿＿＿＿＿＿　。

2. PHP 中，使用＿＿＿＿＿＿函数启动会话 SESSION。

3. 在启动 SESSION 时，可以通过设置 SESSION 时间戳＿＿＿＿＿＿来控制会话的超时时间。

4. 使用 setCookie( ) 函数创建 Cookie 时，其语法格式为＿＿＿＿＿＿＿＿＿＿＿＿＿＿＿＿＿＿。

5. 表单控件编写在表单标签＿＿＿＿＿之间。

三、判断题

1.（　　）获取超链接传递的值使用 $_POST["名称"]方法。

2.（　　）获取超链接传递的值可以用 $_GET["参数名"]和 $_REQUEST["参数名"] 方法。

3.（　　）SESSION（会话）变量用于存储跨网页程序的数据，它将数据临时存储在客户端。

4.（　　）会话被启动后，可以定义不同的 SESSION 变量，并分别将数据保存在数组 $_SESSION 中。

5.（　　）Cookie 是一种服务器端网站将数据存储在客户端并以此来跟踪和识别用户的机制，它将数据临时存储在客户端。

第7章 电子商务网站开发——基础功能

【本章要点】

- ☛ 电子商务网站设计
- ☛ 网站前台开发
- ☛ 网站后台开发

本章利用第 2~6 章介绍的 HTML 和 PHP 网站开发知识，设计并开发一款电子商务网站。这里以网上花店为例，分析电子商务网站的前端结构和后端结构。由于 MySQL 数据库技术将在第 8~9 章讲解，因此本章主要讲解网站的页面设计、网站各页面的控件设计和业务逻辑处理等，网站动态数据的存储和加载等功能将在第 10 章进行介绍。

7.1 电子商务网站设计

7.1.1 网站结构分析

随着社会文化水平的提高和计算机应用的普及，网络购物已经开始被广大消费者所接受并广泛使用，电子商务的发展进入新的阶段。电子商务可以理解为买卖双方互不谋面，通过互联网实现洽谈、订货、在线付款等完整的商业交易活动。电子商务可以分为 B2B（Business To Business，企业对企业）模式、B2C（Business To Customer，企业对个人客户）模式、C2C（Customer To Customer，个人客户对个人客户）模式。国内外著名的电子商务网站有阿里巴巴、淘宝网、当当网、亚马逊等。

一个电子商务网站一般包括网站前台和网站后台两个部分。

（1）网站前端介绍

网站前台主要包括各类商品的展示、广告信息展示、各类新闻通知信息展示以及在线购物等功能。根据网站经营内容和运营规模，不同电子商务网站的结构和内容各不相同。一般来说，一个电子商务网站包括网站主页、商品信息展示、新闻信息展示、会员中心、在线购物、订单管理等部分。本章分析电子商务网站的通用框架，设计一个含有基本元素的网站结构，并使用前面章节所介绍的 HTML 和 PHP 技术进行开发。本章讲解商品信息展示和新闻信息展示功能模块的设计及开发，其页面结构如图 7.1 所示。

电子商务网站前台功能如下。

1）商品信息展示：提供各类别商品展示页面，要求显示商品名称、实物图片、市场价和会员价等信息，提供"查看详细信息"和"放入购物车"超链接。为各个商品提供详细介绍页面，包括商品名称、实物图片、商品描述等信息。

2）在线购物：会员查看完商品后可以将该商品放入购物车，可以对购物车进行管理，包括更改订购数量、从购物车中删除商品、清空购物车等。会员可以提交订单，填写收货信息，完成商品订购业务。

3）新闻信息展示：提供各类新闻信息的展示，包括商场公告、交易帮助等信息。

4）会员中心：提供会员注册和登录功能，会员登录网站后可以实现商品订购、查看订单等操作。

PHP 程序设计案例教程　第2版

商品列表页面　　　　　商品内容页面

新闻列表页面　　　　　新闻内容页面

图7.1　电子商务网站前台页面结构

（2）网站后台介绍

网站后台主要负责网站的各项内容的综合管理，包括商品信息管理、新闻信息管理、会员信息管理、订单信息管理等。本章讲解商品信息管理和新闻信息管理功能模块的设计及开发，其页面结构如图7.2所示。

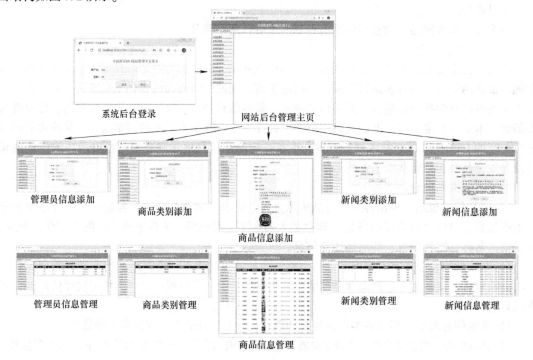

系统后台登录　　　　网站后台管理主页

管理员信息添加　　商品类别添加　　　新闻类别添加　　　新闻信息添加

商品信息添加

管理员信息管理　　商品类别管理　　　新闻类别管理　　　新闻信息管理

商品信息管理

图7.2　电子商务网站后台页面结构

154

电子商务网站后台功能如下。

1）商品信息管理：网站管理员能够管理商品类别和商品信息，包括商品信息的发布、修改、删除等。

2）新闻信息管理：网站管理员能够管理新闻类别和新闻信息，包括新闻信息的发布、修改、更新、放入回收站和彻底删除等。

3）会员信息管理：网站管理员能够管理会员信息，包括会员信息的查看、启用和禁用等。

4）订单信息管理：网站管理员能够管理会员提交的订单信息，包括查看订单详细信息，发货、结算等。

7.1.2 创建 PHP 网站结构

在 Zend Studio 软件中创建一个 PHP 项目，命名为 PHP07，在项目中分别创建文件夹、网页文件及样式文件，文件清单见表 7.1。其中，根目录下的 5 个 PHP 文件以用作网站前台页面，Admin 文件夹中的 12 个 PHP 文件用作网站后台页面，Admin/action 文件夹中的 7 个 PHP 文件用作网站后台数据处理页面，images 文件夹中的两个 CSS 文件分别用作网站前后台的样式，upload 文件夹用于存放网站的商品图片。

表 7.1　项目文件清单

	根目录文件	子目录/文件	说　明
1	index. php		网站前台主页
2	news_list. php		新闻列表页
3	news_info. php		新闻详细内容页
4	product_list. php		商品列表页
5	product_info. php		商品详细内容页
6		login. php	系统后台登录页面
7		main. php	系统后台管理主页
8		admin_add. php	管理员信息添加页面
9		admin_manager. php	管理员信息管理页面
10		newstype_add. php	新闻类别添加页面
11		newstype_manager. php	新闻类别管理页面
12	Admin	news_add. php	新闻添加页面
13		news_manager. php	新闻管理页面
14		producttype_add. php	商品类别添加页面
15		producttype_manager. php	商品类别管理页面
16		product_add. php	商品添加页面
17		product_manager. php	商品管理页面

（续）

	根目录文件	子目录/文件	说　　明
18		login_do. php	系统后台登录处理
19		session_check. php	系统后台登录判断
20		admin_add_do. php	管理员信息添加处理
21	Admin/action	producttype_add_do. php	商品类别添加处理
22		product_add_do. php	商品添加处理
23		newstype_add_do. php	新闻类别添加处理
24		news_add_do. php	新闻添加处理
25	images	style. css	网站前台样式文件
26		admin_style. css	网站后台样式文件
27	upload		用于存储上传的商品图片

7.2　网站前台开发

7.2.1　网站主页开发

本章将开发的电子商务网站"中国鲜花网"的前台主页效果如图 7.3 所示。从图中可以看出，该页面由网站 Logo、网站栏目、3 个商品信息展示板块和两个新闻信息展示板块组成。其中，

图 7.3　电子商务网站"中国鲜花网"的前台主页效果

每个商品信息展示板块显示4项商品信息，每项商品信息包括商品图片、商品名称、市场价格和会员价格，并且提供"查看详情"和"放入购物车"两个超链接。每个新闻信息展示板块显示10条新闻信息，每条新闻信息由带有超链接的新闻标题组成。

在网页开发过程中，采用逐步细化的方法进行网页设计有助于理解网页代码的结构和网页元素设计。本小节采用三个步骤对网站主页进行设计：首先准备网站图片素材；其次进行主页框架设计，展示网站的基本布局结构；再次对各个商品信息展示板块和新闻信息展示板块进行设计；最后对页面样式进行设计。

1. 准备网站图片素材

将网站所需图片素材移动到网站目录下的"images"文件夹中，如图7.4所示。

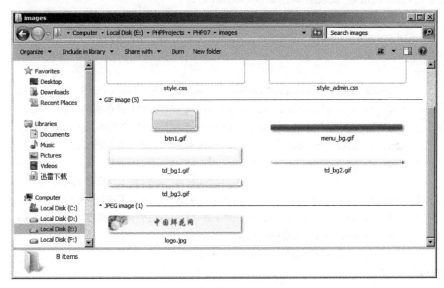

图7.4　网站图片素材

2. 主页框架设计

通过对图7.3进行分析可以得知网站主页由网站Logo、网站栏目、3个商品信息展示板块和两个新闻信息展示板块组成。常见的网页结构有两种：Table + CSS样式和DIV + CSS样式。为了简单起见，这里采用Table + CSS的结构进行网页设计。主页框架的设计效果如图7.5所示。

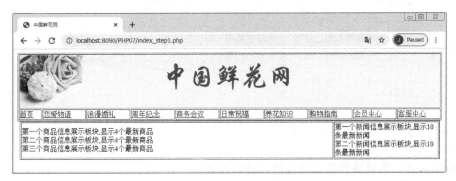

图7.5　网站主页框架设计效果

网站主页的框架由两个表格组成。第一个表格分为两行，用于显示网站 Logo 和网站栏目信息。第二个表格分为两列，用于显示商品信息展示板块和新闻信息展示板块。具体 HTML 代码如下。

```html
<html>
<head>
  <meta http-equiv ="Content-Type" content ="text/html; charsetgb2312" />
  <title>中国鲜花网</title>
</head>
<body>
  <table align ="center" border ="1" width ="960px">
    <!--第1行 Logo -->
    <tr> <td colspan ="10"> <img src ="images/logo2.jpg" /> </td> </tr>
      <!--第2行 菜单 -->
      <tr>
          <td><a href ="index.php" target ="_self">首页</a> </td>
          <td> <a href ="product_list.php" target ="_self">恋爱物语</a> </td>
          <td> <a href ="product_list.php" target ="_self">浪漫婚礼</a> </td>
          <td> <a href ="product_list.php" target ="_self">周年纪念</a> </td>
          <td> <a href ="product_list.php" target ="_self">商务会议</a> </td>
          <td> <a href ="product_list.php" target ="_self">日常祝福</a> </td>
          <td> <a href ="product_list.php" target ="_self">养花知识</a> </td>
          <td> <a href ="product_list.php" target ="_self">购物指南</a> </td>
          <td> <a href ="#">会员中心</a> </td>
          <td> <a href ="#">客服中心</a> </td>
      </tr>
  </table>
<table align ="center" border ="1" width ="960px">
  <tr>
      <td width ="750px">
              第一个商品类别，显示4个最新商品 <br />
              第二个商品类别，显示4个最新商品 <br />
              第三个商品类别，显示4个最新商品 <br />
          </td>
          <td width ="250px">
              第一个新闻类别，显示10条最新新闻 <br />
              第二个新闻类别，显示10条最新新闻 <br />
          </td>
          </tr>
      </table>
</body>
</html>
```

3. 商品信息展示板块和新闻信息展示板块设计

　　将商品图片素材复制到 upload 文件夹中，并且对主页中的3个商品信息展示板块和两个新闻信息展示板块内容进行编辑，设计效果如图7.6所示。

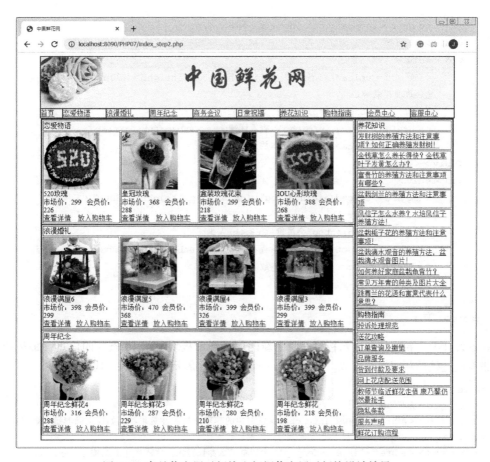

图 7.6　商品信息展示板块和新闻信息展示板块设计效果

　　设计 3 个商品信息展示板块，每个商品信息展示板块显示 4 项商品信息，每项商品信息包括商品图片、商品名称、市场价格和会员价格，并且提供"查看详情"和"放入购物车"两个超链接。这里以第一个商品信息展示板块为例，代码如下。

```html
<table border = "1">
  <tr> <td colspan = "4">恋爱物语</td> </tr>
  <tr>
    <td> <div>
        <img src = "upload/aiqing6.png" width = "130px" height = "130px" /> <br />
        520 玫瑰 <br />
        市场价:299  会员价: 226 <br />
        <a href = "product_info.php">查看详情</a>   
        <a href = "shopcar_info.php">放入购物车</a>
    </div> </td>
    <td> <div>
        <img src = "upload/aiqing5.png" width = "130px" height = "130px" /> <br />
        皇冠玫瑰 <br />
        市场价: 368  会员价: 288 <br />
        <a href = "product_info.php">查看详情</a>   
```

```
        <a href ="shopcar_info. php">放入购物车 </a>
    </div > </td >
    <td > <div >
        < img src ="upload/aiqing4. jpg" width ="130px" height ="130px" /> <br />
        盒装玫瑰花束 <br />
        市场价: 299  会员价: 218 <br />
        <a href ="product_info. php">查看详情 </a >    
        <a href ="shopcar_info. php">放入购物车 </a >
    </div > </td >
    <td > <div >
        < img src ="upload/aiqing3. jpg" width ="130px" height ="130px" /> <br />
        IOU 心形玫瑰 <br />
        市场价: 388  会员价: 268 <br />
        <a href ="product_info. php">查看详情 </a >    
        <a href ="shopcar_info. php">放入购物车 </a >
    </div > </td >
    </tr >
</table >
```

接着设计两个新闻信息展示板块, 每个新闻信息展示板块显示 10 条新闻信息, 每条新闻信息由带有超链接的新闻标题组成。这里以第一个新闻信息展示板块为例, 代码如下。

```
< table border ="1" >
    <tr > <td >养花知识 </td > </tr >
    <tr > <td > <a href ="news_info. php" >发财树的养殖方法和注意事项? 如何正确养殖发财树! </a >
</td > </tr >
    <tr > <td > <a href ="news_info. php">金钱草怎么养长得快? 金钱草叶子发黄怎么办? </a > </td >
</tr >
    <tr > <td > <a href ="news_info. php">富贵竹的养殖方法和注意事项有哪些? </a > </td > </tr >
    <tr > <td > <a href ="news_info. php">盆栽剑兰的养殖方法和注意事项 </a > </td > </tr >
    <tr > <td > <a href ="news_info. php">风信子怎么水养? 水培风信子养殖方法! </a > </td > </tr >
    <tr > <td > <a href ="news_info. php">盆栽栀子花的养殖方法和注意事项! </a > </td > </tr >
    <tr > <td > <a href ="news_info. php">盆栽滴水观音的养殖方法,盆栽滴水观音图片! </a > </td > </tr >
    <tr > <td > <a href ="news_info. php">如何养好家庭盆栽龟背竹? </a > </td > </tr >
    <tr > <td > <a href ="news_info. php">常见万年青的种类及图片大全 </a > </td > </tr >
    <tr > <td > <a href ="news_info. php">跳舞兰的花语和寓意代表什么意思? </a > </td > </tr >
</table >
```

4. 添加页面样式

在完成主页内容的设计之后, 在 images/style. css 文件中对网页样式进行设计。读者可以根据实际需求定义不同的网页样式, 参考代码如下。

```
.body_1 { margin-top:0; margin-left:0; text-align:center }
* { font-size:12px; font-family:微软雅黑 宋体; }
/ * 网站菜单样式 * /
.td_menu{ background-image:url(menu_bg. gif) ; height:41px; text-align:center; }
.table_menu {width:100% ; text-align:center; color:White; }
.table_menu a {color: white; font-size: 12px; text-decoration: none; line-height:20px; }
.table_menu a:hover{color: #FF6600; }
```

```
/ * 商品列表样式,新闻列表样式 * /
. table_list {border:none; width:100% ; }
. td_typename{display:bolck; border-bottom : 2px solid #6699cc; font-size:14px; font-weight:
bold; height:20px; width:100% ; text-align:left; padding:10px 0px 5px 10px; }
. p_title{margin:5px 0px 0px 0px; color:#0085E8; font-size:14px; font-weight:bold; }
. p_price{color:#F53808; font-weight:bold; }

. a1 {color: #0085E8; font-size: 12px; text-decoration: none; line-height:20px; }
. a1:hover{color: #FB9529; }

. a_news {color: #0085E8; font-size: 12px; text-decoration: none; line-height:20px; }
. a_news:hover{color: #FB9529; }

. a_location {color: #0085E8; font-size: 14px; text-decoration: none; line-height:20px; }
. a_location:hover{color: #FB9529; }

. td_news {padding:5px 0px 5px 10px; color:#0085E8; font-size:14px; text-align:left; }
. td_intro {padding:5px 0px 5px 10px; font-size:12px; text-align:left; }

. td_title2{padding:20px 0px 20px 0px; color:#F53808; font-size:24px; font-weight:bold; text-
align:center;}
```

在定义好样式之后,回到 index. php 页面进行样式调用。首先在 < head > < /head >标签中使用代码 < link href = "images/style. css" rel = "Stylesheet" type = "text/css" / >引入样式文件,接着在需要引用样式的标签中通过 "class = " 样式名称""" 的方式对样式进行引用,具体代码如下。

```
< html >
< head >
    < meta http-equiv ="Content-Type" content ="text/html; charsetgb2312" / >
    < link href ="images/style. css" rel ="Stylesheet" type ="text/css" / >
    < title >中国鲜花网 < /title >
< /head >
< body class ="body_1" >
    < table align ="center" border ="0" cellpadding ="0" cellspacing ="0" width ="960px" >
        < tr > < td > < img src ="images/logo2. jpg" / > < /td > < /tr >
        < ! -- 第 2 行 菜单 -->
        < tr > < td class ="td_menu" >
            < table border ="0" cellpadding ="0" cellspacing ="0" class ="table_menu" >
              < tr >
                < td > < a href ="index. php" target ="_self" >首页 < /a > < /td >
                …//此处省略 9 个菜单信息
              < /tr >
            < /table >
```

```
            </td> </tr>
      </table>
      <table align ="center" border ="0" cellpadding ="0" cellspacing ="0" width ="960px">
        <tr > <td width ="750px" valign ="top">
            <table border ="0" class ="table_list">
              <tr > <td colspan ="4" class ="td_typename">恋爱物语 </td> </tr>
              <tr >
                <td > <div >
                    <img src ="upload/aiqing6. png" width ="130px" height ="130px" /> <br />
                    <p class ="p_title">520 玫瑰 </p> <br/
                    市场价: <font class ="p_price">299 </font>   
                    会员价: <font class ="p_price">226 </font> <br />
                    <a class ="a1"href =" product_info. php">查看详情 </a>    
                    <a class ="a1" href ="shopcar_info. php">放入购物车 </a>
                </div > </td>
                …//此处省略 3 个商品信息
              </tr>
            </table >
            …//此处省略剩余第 2、3 个商品类别的表格
        </td>
        <td width ="250px" valign ="top">
            <table border ="0" class ="table_list">
              <tr > <td class ="td_typename">养花知识 </td> </tr>
              <tr > <td > <a class ="a_news"href ="news_info. php">发财树的养殖方法和…… </a>
</td> </tr>
                …//此处省略 9 行新闻信息
            </table >
            …//此处省略第 2 个新闻类别的表格
        </td>
      </tr>
  </table >
  </body>
  </html >
```

含有样式的主页设计效果如图 7.3 所示。

7.2.2　商品列表页面开发

1. 网页内容设计

商品列表页面用于以列表的形式展示每一类商品的信息。本章先设计其展示效果，在后期的开发过程中，每一类商品信息将从数据库中动态加载。如图 7.7 所示，商品列表页面由网站 Logo、网站栏目、网站位置导航信息（当前位置：首页 ==> 商品类别名称）、商品信息列表组成。

图 7.7 商品列表页面内容设计效果

与网站主页的商品信息展示板块相似,在商品列表页中,每项商品信息包括商品图片、商品名称、市场价格和会员价格,并且提供"查看详情"和"放入购物车"两个超链接,具体代码如下。

```
<html>
<head>
    <meta http-equiv ="Content-Type" content ="text/html; charsetgb2312" />
    <title>商品列表页</title>
</head>
<body>
    …//此处省略 Logo 和菜单栏
    <table align ="center" border ="1">
        <tr><td colspan ="4">当前位置:<a href ="index.php">首页</a> ==> 恋爱物语</td></tr>
        <tr>
            <td align ='center'>
                <img src ='upload/aiqing6.png' width ='130px' height ='130px' /> <br />
                520 玫瑰 <br />
                市场价:299  会员价:226 <br />
                <a href ='product_info.php'>查看详情</a>   
                <a href ='shopcar_info.php'>放入购物车</a>
            </td>
            …//此处省略第 1 行的第 2~4 个商品信息
        </tr>
        …//此处省略第 2 行的商品信息
    </table>
</html>
```

2. 网页样式调用

在完成网页内容设计之后,调用 style. css 中的样式,完成商品列表页面的设计,其设计效果如图 7.8 所示。

图7.8　商品列表页面样式设计效果

首先在＜head＞＜/head＞标签中引入样式文件，接着在需要引用样式的标签中通过"class＝" 样式名称""的方式对样式进行引用，具体代码如下。

```
<html >
<head >
    <meta http-equiv ="Content-Type" content ="text/html; charsetgb2312" />
    <link href ="images/style. css" rel ="Stylesheet" type ="text/css" />
    <title >商品列表页 </title >
</head >
<body class ="body_1">
  …//此处省略 Logo 和菜单栏
  <table align ="center" border ="0" cellpadding ="0" cellspacing ="0" width ="960px" >
    <tr > <td colspan ="4"class ="td_typename" >
            当前位置: <a class ="a_location"href ="index. php" >首页 </a > ==> 恋爱物语
        </td >
    </tr >
    <tr >
      <td align ='center' >
        <img src ='upload/aiqing6. png' width ='130px' height ='130px' /> <br />
        <p class ='p_title'>520 玫瑰 </p > <br />
      市场价: <font class ='p_price'>299 </font >   
      会员价: <font class ='p_price'>226 </font > <br />
        <a class ='a1'href ='product_info. php' >查看详情 </a >    
        <a class ='a1' href ='shopcar_info. php' >放入购物车 </a > </td >
      …//此处省略第 1 行的第 2 ~ 4 个商品信息
    </tr >
    …//此处省略第 2 行的商品信息
  </table >
</html >
```

7.2.3　商品内容页面开发

1. 网页内容设计

　　商品内容页面用于展示每一项商品的信息。本章先设计其展示效果，在后期的开发过程中，每一项商品信息将从数据库中动态加载。如图 7.9 所示，商品内容页面由网站 Logo、网站栏目、网站位置导航信息（当前位置：首页　==>商品类别名称⇒商品名称）、商品信息组成。

图 7.9　商品内容页面内容设计效果

　　商品内容由一个 10 行的表格组织，分别显示网站位置导航信息、商品名称、市场价、会员价、销售量、库存量、"放入购物车"超链接、商品详细介绍以及"返回"超链接，具体代码如下。

```
<html>
<head>
    <meta http-equiv ="Content-Type" content ="text/html; charsetGB2312" />
    <title>商品内容页</title>
</head>
<body>
    …//此处省略 Logo 和菜单栏
    <table align ="center" border ="1">
      <tr><td colspan ="4">
            当前位置：<a href ="index.php">首页</a> ==>
            <a href ='product_list.php'>恋爱物语</a> ==> 520 玫瑰
      </td></tr>
      <tr><td colspan ="2">520 玫瑰</td></tr>
      <tr><td rowspan ="5" width ="300px">
              <img src ='upload/aiqing6.png'        width ="250px" height ="250px" />
```

```
</td></tr>
<tr><td width="450px">市场价：  299</td></tr>
<tr><td>会员价: 226</td></tr>
<tr><td>销售量: 21</td></tr>
<tr><td>库存量: 100</td></tr>
<tr><td><a href="shopcar_info.php">放入购物车</a></td></tr>
<tr><td colspan="2">商品详细介绍</td></tr>
<tr><td colspan="2">
    <ul>
        <li>品牌: 中国鲜花网</li>
        <li>鲜花主花材: 红玫瑰</li>
        <li>鲜花规格(直径×高): 100cm×80cm左右</li>
        <li>鲜花朵数: 999朵</li>
        <li>颜色分类: 乳白色</li>
        <li>适用节日: 情人节 圣诞节 春节 元旦 感恩节 其他</li>
        <li>货号: 0014</li>
        <li>花束辅材: 配花草</li>
        <li>适用场景: 爱意表达 生日 祝福 婚礼 其他 求婚</li>
        <li>适用对象: 爱人</li>
        <li>鲜花绿植工艺: 鲜花(鲜切花)</li>
        <li>是否周期购: 否</li>
    </ul>
</td></tr>
<tr><td colspan="2"><a href="javascript:history.back(-1);" target="_self">返回</a></td>   </tr>
    </table>
  </body>
</html>
```

2. 网页样式调用

在完成网页内容设计之后，调用 style.css 中的样式，完成商品内容页面的设计，其设计效果如图 7.10 所示。

图 7.10　商品内容页面样式设计效果

首先在 < head > </head >标签中引入样式文件, 接着在需要引用样式的标签中通过"class =
" 样式名称""的方式对样式进行引用, 具体代码如下。

```
< html >
< head >
    < meta http-equiv = "Content-Type" content = "text/html; charsetGB2312" / >
    < link href = "images/style.css" rel = "Stylesheet" type = "text/css" / >
    < title >商品内容页 </title >
</head >
< body class = "body_1" >
    …//此处省略 Logo 和菜单栏
    < table align = "center" border = "0" cellpadding = "0" cellspacing = "0" width = "960px" >
    < tr > < td colspan = "4"class = "td_typename" >
            当前位置: < a class = "a_location"href = "index.php" >首页 </a > ==>
            < a class = 'a_location'href = 'product_list.php' >恋爱物语 </a > ==> 520 玫瑰
    </td > </tr >
    < tr > < td colspan = "2"class = 'td_title2' >520 玫瑰 </td > </tr >
        < tr > < td rowspan = "5" width = "300px" >
            < img src = 'upload/aiqing6.png' width = "250px" height = "250px" / >
        </td > </tr >
        < tr > < td width = "450px" >市场价: < font class = 'p_price' > 299 </font > </td > </tr >
        < tr > < td >会员价: < font class = 'p_price' > 226 </font > </td >
        < tr > < td >销售量: 21 </td > </tr >
        < tr > < td >库存量: 100 </td > </tr >
        < tr > < td > < a class = "a1"href = "shopcar_info.php" >放入购物车 </a > </td > </tr >
        < tr > < td colspan = "2" >商品详细介绍 </td > </tr >
        < tr > < td colspan = "2" >
            < ul >
                < li >品牌:  中国鲜花网 </li >
                < li >鲜花主花材:  红玫瑰 </li >
                < li >鲜花规格(直径×高):  100 cm×80 cm 左右 </li >
                < li >鲜花朵数:  999 朵 </li >
                < li >颜色分类:  乳白色 </li >
                < li >适用节日:  情人节 圣诞节 春节 元旦 感恩节 其他 </li >
                < li >货号:  0014 </li >
                < li >花束辅材:  配花草 </li >
                < li >适用场景:  爱意表达 生日 祝福 婚礼 其他 求婚 </li >
                < li >适用对象:  爱人 </li >
                < li >鲜花绿植工艺:  鲜花(鲜切花) </li >
                < li >是否周期购:  否 </li >
            </ul >
        </td > </tr >
        < tr > < td colspan = "2" >
            < a class = "a1"href = "javascript:history.back(-1) ;" target = "_self" >返回 </a >
        </td > </tr >
    </table >
</body >
</html >
```

PHP 程序设计案例教程 第2版

7.2.4 新闻列表页面开发

1. 网页内容设计

新闻列表页面用于以列表的形式展示每一类新闻的信息。本章先设计其展示效果，在后期的开发过程中，每一类新闻信息将从数据库中动态加载。如图7.11所示，新闻列表页面由网站Logo、网站栏目、网站位置导航信息（当前位置：首页 ==>新闻类别名称）、新闻信息列表组成。

图7.11 新闻列表页面内容设计效果

与网站主页的新闻信息展示板块相似，在新闻列表页面中，每项新闻信息包括新闻发布时间、新闻标题和摘要组织。其中，新闻标题带有指向新闻内容页的超链接，具体代码如下。

```
<html>
  <head>
  <meta http-equiv="Content-Type" content="text/html; charsetGB2312" />
  <title>新闻列表页</title>
</head>
<body>
  …//此处省略 Logo 和菜单栏
  <table align="center" border="1">
    <tr> <td>当前位置: <a href="index.php">首页</a> ==> 养花知识</td> </tr>
    <!-- 新闻日期和标题 -->
    <tr> <td>
```

168

```
[2020 - 01 - 05 07:14:35]
< a href ='news_info.php'>发财树的养殖方法和注意事项？如何正确养殖发财树！</a>
</td > </tr >
<! -- 新闻日期和标题 -->
<tr > <td >
    发财树是室内常见绿色装饰植物，特别是发财寓意收到很多养花友的喜爱，作为养绿色植物菜鸟的你知
道发财树的养殖方法和注意事项吗？如何才能正确养殖发财树呢？下面跟着鲜花网小编一起来看看发财树的正确养殖
方法。
</td > </tr >
…//此处省略剩余新闻列表
</table >
</html >
```

2. 网页样式调用

在完成网页内容设计之后，调用 style.css 中的样式，完成新闻列表页面的设计，其设计效果
如图 7.12 所示。

图 7.12　新闻列表页面样式设计效果

首先在 < head > </head > 标签中引入样式文件，接着在需要引用样式的标签中通过
"class = "样式名称""的方式对样式进行引用，具体代码如下。

```
<html >
    <head >
    <meta http-equiv ="Content-Type" content ="text/html; charsetGB2312" />
    <link href ="images/style.css" rel ="Stylesheet" type ="text/css" />
```

```
        <title>新闻列表页</title>
    </head>
    <body class="body_1">
      …//此处省略 Logo 和菜单栏
      <table align="center" border="0" cellpadding="0" cellspacing="0" width="960px">
        <tr><td class="td_typename">当前位置：<a class="a_location" href="index.php">首页
</a> ==> 养花知识</td></tr>
        <!--新闻日期和标题-->
        <tr><td class='td_news'>
        [2020-01-05 07:14:35]
        <a class='a_news' href='news_info.php'>发财树的养殖方法和注意事项？如何正确养殖发财树！</a>
        </td></tr>
        <!--新闻日期和标题-->
        <tr><td class='td_intro'>
              发财树是室内常见绿色装饰植物，特别是发财寓意收到很多养花友的喜爱，作为养绿色植物菜鸟的你知道
发财树的养殖方法和注意事项吗？如何才能正确养殖发财树呢？下面跟着鲜花网小编一起来看看发财树的正确养殖方法。
        </td></tr>
        …//此处省略剩余新闻列表
      </table>
    </html>
```

7.2.5　新闻内容页面开发

1. 网页内容设计

新闻内容页面用于展示每一项新闻的信息。本章先设计其展示效果，在后期的开发过程中，每一项新闻信息将从数据库中动态加载。如图 7.13 所示，新闻内容页面由网站 Logo、网站栏目、网站位置导航信息（当前位置：首页 ==>新闻类别名称 ==>新闻标题）、新闻信息组成。注意：图 7.14 中的新闻内容来源于百度百科，读者可以自行编写新闻内容。

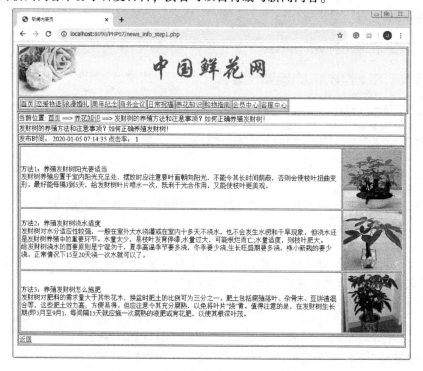

图 7.13　新闻内容页面内容设计效果

新闻内容由一个 5 行的表格组织，分别显示网站位置导航信息、新闻标题、发布时间和点击率、新闻内容以及"返回"超链接，具体代码如下。

```html
<html>
<head>
    <meta http-equiv ="Content-Type" content ="text/html; charsetGB2312" />
    <title>新闻内容页</title>
</head>
<body>
    …//此处省略 Logo 和菜单栏
    <table border ="1">
        <tr> <td>当前位置: <a href ="index.php">首页</a> ==> <a href='news_list.php'>养花
知识</a>
            ==> 发财树的养殖方法和注意事项? 如何正确养殖发财树!
        </td> </tr>
        <tr> <td>发财树的养殖方法和注意事项? 如何正确养殖发财树! </td> </tr>
        <tr> <td>发布时间: 2020 - 01 - 05 07:14:35 点击率: 1 </td> </tr>
        <tr> <td>
            <table border ="1">
                <tr>
                    <td>方法1:养殖发财树阳光要适当<br />
                        发财树养殖应置于室内阳光充足处，摆放时应注意要叶面朝向阳光，不能令其长时间荫蔽，
否则会使枝叶扭曲变形。最好能每隔3到5天，给发财树叶片喷水一次，既利于光合作用，又能使枝叶更美观。
                    </td>
                    <td> <img src ="upload/tree1.jpg" style ="height: 144px; width: 144px" /></td>
                </tr>
                <tr>
                    <td>方法2:养殖发财树浇水适度<br />
                        发财树对水分适应性较强，一般在室外大水浇灌或在室内十多天不浇水，也不会发生水涝
和干旱现象，但浇水还是发财树养殖中的重要环节。水量太少，易枝叶发育停滞；水量过大，可能根烂而亡；水量适度，
则枝叶肥大。<br />
                        给发财树浇水的首要原则是宁湿勿干，夏季高温季节要多浇，冬季要少浇；生长旺盛期要
多浇，株小新栽的要少浇。正常情况下15至20天浇一次水就可以了。
                    </td>
                    <td> <img src ="upload/tree2.jpg" style ="height: 144px; width: 144px" /></td>
                </tr>
                <tr>
                    <td>方法3:养殖发财树怎么施肥<br />
                        发财树对肥料的需求量大于其他花木，换盆时肥土的比例可为三分之一。肥土包括腐殖落
叶、杂骨末、豆饼渣混合等，这些肥土效力高，方便易得。但应注意令其充分腐熟，以免将叶片 &quot; 烧 &quot;
黄。值得注意的是，在发财树生长期（即5月至9月），每间隔15天就应施一次腐熟的液肥或育花肥，以使其根深叶茂。
                    </td>
                    <td> <img src ="upload/tree3.jpg" style ="height: 144px; width: 144px" /></td>
                </tr>
            </table>
        </td>
        </tr>
        <tr> <td> <a href ="javascript:history.back(-1);" target ="_self">返回</a> </td>
</tr>
    </table>
</body>
</html>
```

2. 网页样式调用

在完成网页内容设计之后，调用 style. css 中的样式，完成新闻内容页面的设计，其设计效果如图 7.14 所示。

图 7.14 新闻内容页面样式设计效果

首先在 < head > </head > 标签中引入样式文件，接着在需要引用样式的标签中通过"class ="样式名称"的方式对样式进行引用，具体代码如下。

```
<html >
<head >
    <meta http-equiv ="Content-Type" content ="text/html; charsetGB2312" />
    <link href ="images/style. css" rel ="Stylesheet" type ="text/css" />
    <title >新闻内容页 </title >
</head >
<body class ="body_1" >
  …//此处省略 Logo 和菜单栏
  <table align ="center" border ="0" cellpadding ="0" cellspacing ="0" width ="960px" >
    <tr > <td class ="td_typename" >
        当前位置：<a class ="a_location" href ="index. php" >首页 </a > ==>
        <a class ='a_location'href ='news_list. php' >养花知识 </a > ==>
        发财树的养殖方法和注意事项？如何正确养殖发财树！
    </td > </tr >
```

```
<tr><td class ="td_title2">发财树的养殖方法和注意事项？如何正确养殖发财树！</td></tr>
<tr><td align ="center">发布时间：2020－01－05 07:14:35 点击率：1</td></tr>
<tr><td>
        …//新闻内容的格式通过网站后台的文本编辑控件进行样式设置，不需要在前台进行样式设置
</td></tr>
<tr><td align ="center">
        <a class ="a1"href ="javascript:history.back(-1);"    target ="_self">返回
</a>
</td></tr>
</table>
</body>
</html>
```

7.3　网站后台开发

电子商务网站后台主要负责网站的各项内容的综合管理，包括商品信息、新闻信息、会员信息、订单信息等的管理。本章讲解网站后台登录页面、网站后台管理主页、商品信息管理页面和新闻信息管理页面等的设计和开发。

7.3.1　网站后台登录页面

1. 网站后台登录页面内容设计

网站后台登录页面用于网站管理人员的登录和身份验证，以便进入网站管理平台进行网站管理，其设计效果如图 7.15 所示。

图 7.15　网站后台登录页面内容设计效果

网站后台登录页面的主要表单元素包括"用户名"文本框、"密码"文本框、"登录"按钮和"清空"按钮，具体代码如下。

```
<html>
<head>
  <meta http-equiv ="Content-Type" content ="text/html; charset =GB2312" />
  <title>中国鲜花网－网站管理平台</title>
</head>
<body>
<form name ="form1">
  <table border ="1">
```

```
    <tr> <td colspan ="2">中国鲜花网 - 网站管理平台登录 </td> </tr>
    <tr >
        <td>用户名: </td>
        <td > <input type ="text"/> </td>
    </tr>
    <tr >
        <td>密码: </td>
        <td > <input type ="password"/> </td>
    </tr>
    <tr >
        <td colspan ="2" >
          <input type ="submit" value ="登录"/>    
          <input type ="reset" value ="清空" />
        </td >
    </tr >
  </table >
</form >
</body >
</html >
```

2. 网站样式设计

在完成网站后台登录页面内容的设计之后，在 images/style_admin. css 文件中对后台登录页面的样式进行设计。读者可以根据实际需求定义不同的网页样式，参考代码如下。

```
/ * 网页样式 * /
.bodycss { margin-top:0; margin-left:0; text-align: center; }

/ * 表格样式 * /
.tablecss { background-image:url (td _bg2. gif) ; width:533px; border-width: 0px; font-size:
12px; }

/ * 表格样式 1 - - 标题行 * /
.td_top{background-image:url(td_bg1. gif) ; text-align: center; height:59px; padding:10px 0px
0px 20px;
           font-size:16px; color: #088df1; font-weight:bold; }
/ * 表格样式 1 - - 底部行 * /
.td_bottom{background-image:url(td_bg3. gif) ; height:24px; }
/ * 表格样式 1 - - 中间左列 * /
.td_center1{width:100px; text-align:right; padding-right:4px; height:35px; }
/ * 表格样式 1 - 中间中列 * /
.td_center2{width:200px; text-align:left; }
/ * 表格样式 1 - 中间右列 * /
.td_center3{width:233px; text-align:left; }

/ * 文本框样式 -180 宽 * /
```

```
  .txt180 {width:180px; height:25px; border-width:1px; border-style:solid; border-color:#
aadafe; background-color:#ebf8ff; }
  .txt180_50{width:180px; height:50px; border-width:1px; border-style:solid; border-color:#
aadafe; background-color:#ebf8ff; }
  .txt400_50{width:400px; height:50px; border-width:1px; border-style:solid; border-color:#
aadafe; background-color:#ebf8ff; }
  .txt400_100{width:400px; height:100px; border-width:1px; border-style:solid; border-color:#
aadafe; background-color:#ebf8ff; }

  /* 输入框右侧样式 */
  .span1{width:200px; height:25px; border-width:1px; border-style:solid;
      border-color:#e3e3e3; vertical-align:top; }
  .img1{vertical-align:middle; }

  /* 按钮样式1 */
  .btn_1{background-image:url(btn1.gif) ; width:82px; height:37px; border-width:0px;
      font-size:12px;font-weight:bold; color:#1f8f00; cursor:pointer; }

  /* 表格样式 -- 标题行 */
  .td_top2 {text-align: center; background-color:#009DED; color:#ffffff; font-weight:bold;
font-size:24px; height:59px; padding:10px 0px 0px 20px; }

  /* 超链接菜单样式 */
  .menu_ul {margin: 0px 0px 0px 0px; padding:10px 5px 0px 0px; text-align:left; }
  .menu_li {background-color:#ebf8ff; width:150px; height:16px; border-bottom:1px solid black;
display:block; padding: 10px 10px 0px 10px}
  .menu_li a{color: #0A7DF3; font-size: 14px; font-weight:bold; line-height:20px; text-decora-
tion: none; }
  .menu_li a:hover{color: #323232; text-decoration: underline; }

  /* 超链接样式 */
  .a2{color: #0A7DF3; font-size: 14px; font-weight:bold; line-height:20px; text-decoration:
none; }
  .a2:hover{color: #323232; text-decoration: underline; }

  /* 后台-信息管理列表样式 */
  .table_m1{border:1px solid black; width:800px}
  .td_head1{background-color:#FBFF99; text-align:center; font-size:14px; font-weight:bold;
height:40px}
  .tr_head2{background-color:#50504F; color:white; text-align:center; font-size:12px; height:
25px; font-weight:bold}
  .tr_content{height:25px; font-size:12px; text-align:center;}
```

在定义好样式之后，回到 login. php 页面进行样式调用。首先在 < head > < /head > 标签中引入样式文件，接着在需要引用样式的标签中通过 "class = " 样式名称""" 的方式对样式进行引用，具体代码如下。

```
<html >
<head >
    <meta http-equiv ="Content - Type" content ="text/html; charset =GB2312" / >
    <link href =".. /images/style_admin. css" rel ="Stylesheet" type ="text/css" / >
    <title >中国鲜花网 - 网站管理平台 </title >
</head >
<body class ="bodycss" >
<form name ="form1" >
 <table class ="tablecss" cellspacing ="0" cellpadding ="0" align ="center" >
    <tr > <td colspan ="2" class ="td_top" >中国鲜花网 –网站管理平台登录 </td > </tr >
    <tr >
        <td class ="td_center1" >用户名：</td >
        <td > <input type ="text" class ="txt180"/ > </td >
    </tr >
    <tr >
        <td class ="td_center1" >密码：</td >
        <td > <input type ="password"class ="txt180" / > </td >
    </tr >
    <tr >
        <td colspan ="2"align ="center" >
         <input type ="submit" value =" 登录" class =" btn_1"/ >   
         <input type ="reset" value =" 清空" class ="btn_1" / >
        </td >
    </tr >
    <tr > <td colspan ="2" class ="td_bottom" > </td > </tr >
 </table >
</form >
</body >
</html >
```

网站后台登录页面的样式设计效果如图 7.16 所示。

图 7.16　网站后台登录页面的样式设计效果

3. 登录表单控件设计

这里分别为用户名和密码表单控件命名，并且设计表单 < form > 的提交地址属性为 action = " action/login_ do. php"、提交方式的属性为 method = "post"，代码如下。

```
...
< form name ="form1" action ="action/login_do. php" method ="POST" >
...
      < input type ="text" name ="txt_username"class ="txt180" / >
...
      < input type ="password" name ="txt_pwd"class ="txt180" / >
...
```

4. 登录处理页（action/login_do. php）

在登录处理页中，首先接收由登录表单页面提交的用户名和密码信息，并对用户名和密码信息进行判断。由于本章尚未介绍 MySQL 数据库知识，因此没有连接 MySQL 数据库，暂时使用固定的用户名 "ccc" 和密码 "111" 进行判断，以完成系统登录业务流程。

当提交的用户名和密码正确时，启动 SESSION（会话），并且将所提交的用户名存储到会话变量 $_SESSION['user'] 中，接着页面跳转到后台管理平台主页（main. php），具体代码如下。

```php
<? php
//判断用户名和密码是否为空
if( $_POST["txt_username"]! ="" && $_POST["txt_pwd"]! ="")
{
      //获取提交的用户名和密码
      $name = $_POST["txt_username"];
      $pwd = $_POST["txt_pwd"];

      //判断用户名和密码，暂时没有连接 MySQL 数据库，使用固定的用户名和密码
      if( $name =='ccc' && $pwd =='111')
      {    session_start();              //登录成功，设置 SESSION 值
           $_SESSION['user'] = $_POST['txt_username'];
           echo "< script > self. location ='../main. php'; </script >"; //跳转到管理平台主页
      }
      else //登录失败，弹出提示对话框，返回登录页
      {
           echo "< script >alert('用户名或密码错误! ') ;self. location ='../login. php'</script >";
      }
}
else  //用户名和密码为空，弹出提示对话框，返回登录页
{
      echo "< script >alert('请输入用户名和密码! ') ;self. location ='../login. php'</script >";
}
? >
```

7.3.2 网站后台管理主页

网站后台管理主页负责提供各个管理模块的菜单，其页面结构如图 7.17 所示。

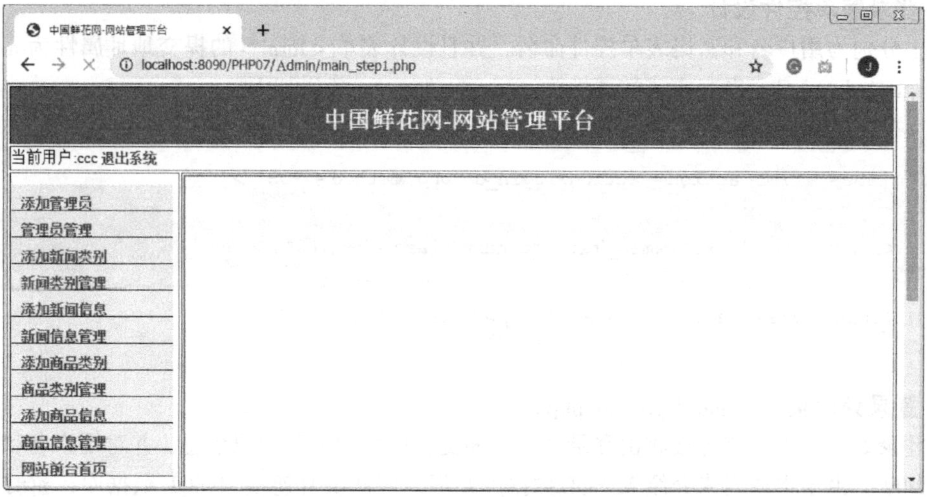

图 7.17　网站后台管理主页结构

1. 页面内容设计

从图 7.17 可以看出，后台管理主页由一个 3 行 2 列的表格组成，第 1 行显示网站管理平台标题，第 2 行显示当前用户和"退出系统"超链接。第 3 行分为两列，左边负责显示网站管理菜单，右边放置一个 iframe 框架控件，用于显示各个管理页面，具体代码如下。

```html
<html>
<head>
  <meta http-equiv="Content-Type" content="text/html; charset=GB2312" />
  <link href=".. /images/style_admin. css" rel="Stylesheet" type="text/css" />
  <title>中国鲜花网-网站管理平台</title>
</head>
<body class="bodycss">
<table border="1" style="width:100%">
  <tr><td colspan="2" class="td_top2">中国鲜花网-网站管理平台</td></tr>
  <tr><td colspan="2" style="align: right">
     当前用户:ccc <a href="login. php" target="_self" class="a2">退出系统</a>
  </td></tr>
  <tr><td width="100px" valign="top">
     <ul class="menu_ul">
     <li class="menu_li"><a href="admin_add. php" target="mainframe">添加管理员</a>
</li>
     <li class="menu_li"><a href="admin_manager. php" target="mainframe">管理员管理</a>
</li>
     <li class="menu_li"><a href="newstype_add. php" target="mainframe">添加新闻类别</a>
</li>
     <li class="menu_li"><a href="newstype_manager. php" target="mainframe">新闻类别管理
</a></li>
     <li class="menu_li"><a href="news_add. php" target="mainframe">添加新闻信息</a></li>
```

```
              <li class ="menu_li"> < a href ="news_manager. php" target ="mainframe">新闻信息管理</a>
</li>
              <li class ="menu_li"> < a href ="producttype_add. php" target ="mainframe">添加商品类别</a>
</li>
              <li class ="menu_li"> < a href ="producttype_manager. php" target ="mainframe">商品类别管理
</a> </li>
              <li class ="menu_li"> < a href ="product_add. php" target ="mainframe">添加商品信息</a>
</li>
              <li class ="menu_li"> < a href ="product_manager. php" target ="mainframe">商品信息管理</a>
</li>
              <li class ="menu_li"> < a href =". /index. php" target ="_blank">网站前台首页</a> </li>
        </ul>
        </td>
        <td>
              <iframe name ="mainframe" style ="width:100% ; height:650px" > </iframe>
        </td>
    </tr>
    </table>
    </body>
    </html>
```

2. 判断用户登录并加载用户信息

登录成功后进入后台管理主页 main. php，还需要进一步通过 SESSION 判断是否已经登录，防止非法用户通过输入管理主页地址（http://localhost:8090/PHP10/Admin/main. php）直接进入网站后台管理主页。在该页面中，首先需要包含文件（action/session_check. php）进行登录判断，即执行该文件中的代码。如果用户已经登录成功，则会话变量 $_SESSION['user'] 的值被显示在当前用户位置，具体代码如下。

```
...
<body class ="bodycss">
    <? php  include 'action/session_check. php'; //登录判断  ? >
...
        当前用户: <? php echo $_SESSION['user'];? >
...
```

3. Admin/action/session_check. php

由于网站后台含有许多功能模块和页面，每个页面都需要通过 SESSION 判断当前用户是否已经登录，因此可以将 SESSION 判断的代码统一编写在一个文件中，供各个后台管理页面调用。在 Admin/action/session_check. php 文件中编写代码如下。

```
<? php
session_start();
if (!isset ($_SESSION ['user']) || $_SESSION ['user'] == "") {
    echo " <script>alert ('登录超时') ; self. location ='login. php'; </script>";
}
? >
```

7.3.3　管理员信息添加页面

1. 管理员信息添加表单页面（Admin/admin_add. php）

管理员信息添加表单页面用于添加电子商务网站后台管理平台的管理人员信息，每个管理员信息包括用户名、密码、联系电话、QQ 和邮箱等。其中，用户名和密码是必填信息，其页面设计效果如图 7.18 所示。

图 7.18　管理员信息添加表单页面

管理员信息添加表单页面的代码如下。

```
<html >
<head >
  <meta http - equiv ="Content - Type" content ="text/html;charset =GB2312" />
  <linkhref ="../images/style_admin.css" rel ="Stylesheet" type ="text/css" />
  <title >添加管理员信息 </title >
  </head >
<body class ="bodycss">
<? php   include 'action/session_check.php'; //登录判断   ? >
< form name ="form1"action ="action/admin_add_do.php" method ="POST">
< table class ="tablecss" cellspacing ="0" cellpadding ="0" align ="center">
  <tr > <td colspan ="2" class ="td_top">添加管理员信息 </td > </tr >
  <tr >
      <td class ="td_center1"> <font color ="red">* </font >用户名：</td >
      <td > <input type ="text"name ="txt_username" class ="txt180"/ > </td >
  </tr >
  <tr >
      <td class ="td_center1"> <font color ="red">* </font >密码：</td >
      <td > <input type ="password"name ="txt_password" class ="txt180"/ > </td >
  </tr >
  <tr >
      <td class ="td_center1">联系电话：</td >
```

```
        <td><input type="text"name="txt_tel"class="txt180"/></td>
    </tr>
    <tr>
        <td class="td_center1">QQ:</td>
        <td><input type="text"name="txt_qq " class="txt180"/></td>
    </tr>
    <tr>
        <td class="td_center1">邮箱:</td>
        <td><input type="text"name="txt_email" class="txt180"/></td>
    </tr>
    <tr>
        <td colspan="2" align="center">
            <input type="submit" value="添加" class="btn_1"/>
            <input type="reset" value="清空" class="btn_1"/>
        </td>
    </tr>
    <tr><td colspan="2" class="td_bottom"></td></tr>
</table>
</form>
</body>
</html>
```

2. 管理员信息添加处理页（action/admin_add_do. php）

在管理员信息添加处理页中，首先接收由表单页提交的管理员信息，判断用户名和密码是否为空。由于本章尚未介绍 MySQL 数据库知识，管理员信息添加功能将在 10. 3. 2 小节中讲解。这里暂时将所提交的管理员信息输出显示，具体代码如下。

```
<? php
//判断用户名和密码是否为空
if($_POST["txt_username"]!=""&& $_POST["txt_password"]!=""){
    $username = $_POST["txt_username"];  //用户名
    $password = $_POST["txt_password"];  //密码
    $tel = $_POST["txt_tel"];            //联系电话
    $qq = $_POST["txt_qq"];              //QQ
    $email = $_POST["txt_email"];        //邮箱

    //还没连接 MySQL,暂时显示用户信息
    echo "用户名:". $username;
    echo "<br/>密码:". $password;
    echo "<br/>联系电话:". $tel;
    echo "<br/>QQ:". $qq;
    echo "<br/>邮箱:". $email;
} else {
    echo "<script>alert('请输入用户名和密码! ');self.location='../admin_add.php'</script>";
}
? >
```

181

管理员信息添加处理页运行效果如图 7.19 所示。

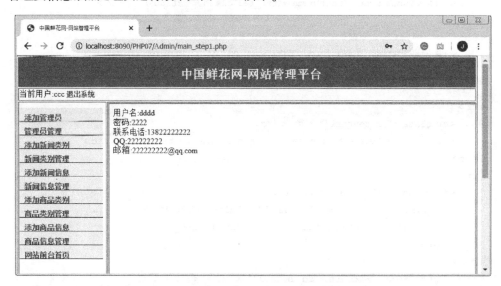

图 7.19　管理员信息添加处理页运行效果

7.3.4　管理员信息管理页面

管理员信息管理页面（Admin/admin_manager.php）负责显示该网站的所有管理员信息，该信息的动态数据加载功能将在 10.3.2 小节中讲解。这里暂时对其静态页面进行设计，设计效果如图 7.20 所示。

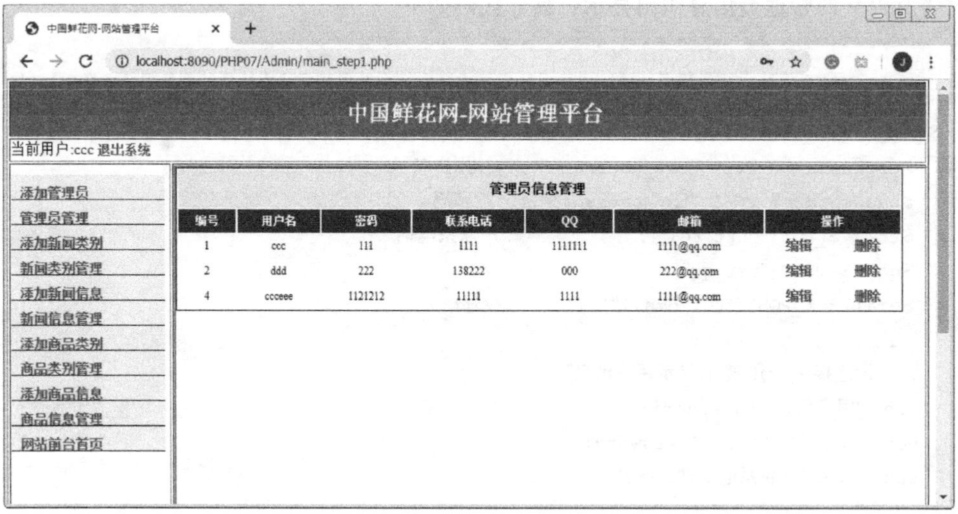

图 7.20　管理员信息管理页面设计效果

如图 7.20 所示，每一条管理员信息记录包括编号、用户名、密码、联系电话、QQ、邮箱等信息，并且含有"编辑"和"删除"超链接。由于本章暂未实现管理员信息的编辑和删除功能，因此这两个超链接的链接地址暂时设置为空，具体代码如下。

```
< html >
< head >
    < meta http-equiv ="Content-Type" content ="text/html; charset =GB2312" / >
    < link href ="../images/style_admin.css" rel ="Stylesheet" type ="text/css" / >
    < title >管理员信息管理 </title >
</head >
< body class ="bodycss" >
  < table class ="table_m1" >
    < tr > < td colspan ="8" class ="td_head1" >管理员信息管理 </td > </tr >
    < tr class ="tr_head2" >
        < td >编号 </td >    < td >用户名 </td >    < td >密码 </td >    < td >联系电话 </td >
        < td >QQ </td >    < td >邮箱 </td >        < td colspan ="2" >操作 </td >
    </tr >
    < tr class ="tr_content" >
        < td >1 </td >    < td >ccc </td >    < td >111 </td >        < td >1111 </td >
        < td >1111111 </td >    < td >1111@ qq.com </td >
        < td > < a class ="a2"href ="#" >编辑 </a > </td >    < td > < a class ="a2" href ="#" >删除
</a > </td >
    </tr >
    < tr class ="tr_content" >
        < td >2 </td >    < td >ddd </td >    < td >222 </td > < td >138222 </td >
        < td >000 </td >    < td >222@ qq.com </td >
        < td > < a class ="a2"href ="#" >编辑 </a > </td >    < td > < a class ="a2" href ="#" >删除
</a > </td >
    </tr >
    < tr class ="tr_content" >
        < td >4 </td >        < td >ccceee </td >    < td >1121212 </td >    < td >11111 </td >
        < td >1111 </td >    < td >1111@ qq.com </td >
        < td > < a class ="a2"href ="#" >编辑 </a > </td >    < td > < a class ="a2" href ="#" >删除
</a > </td >
    </tr >
  </table >
</body >
</html >
```

7.3.5　商品类别添加页面

1. 页面设计（Admin/producttype_add. php）

商品类别添加表单页面负责添加网站中所有商品的分类信息。考虑到商品类别可能含有多级类别信息，因此在页面设计时添加"父级类别"下拉列表框，用于设置当前商品类别所属的上一级类别，其页面设计效果如图 7.21 所示。

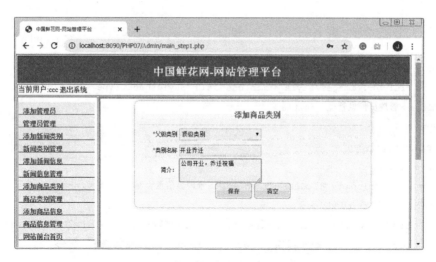

图 7.21 商品类别添加页面设计效果

商品类别添加表单页面的主要表单控件由"父级类别"下拉列表框、"类别名称"文本框、"简介"文本框、"保存"按钮和"清空"按钮组成,其具体代码如下。

```html
<html>
<head>
  <meta http-equiv ="Content-Type" content ="text/html; charset=GB2312" />
  <linkhref ="../images/style_admin.css" rel ="Stylesheet" type ="text/css" />
  <title>添加商品类别</title>
</head>
<body class ="bodycss">
<? php  include 'action/session_check.php'; //登录判断  ?>
<form action ="action/producttype_add_do.php" method ="POST">
<table class ="tablecss" cellspacing ="0" cellpadding ="0" align ="center">
  <tr><td colspan ="2" class ="td_top">添加商品类别</td></tr>
  <tr><td class ="td_center1"><font color ="red"> * </font>父级类别</td>
      <td>
          <select name ="txt_parentid" class ="txt180">
              <option value ='0'>顶级类别</option>
          </select>
      </td>
  </tr>
  <tr>
      <td class ="td_center1"><font color ="red">*</font>类别名称</td>
      <td><input type ="text" name ="txt_name" class ="txt180"/></td></tr>
  <tr>
      <td class ="td_center1">简介:</td>
      <td><textarea name ="txt_intro"class ="txt180_50"></textarea></td>
  </tr>
  <tr>
      <tdcolspan ="2" align ="center">
      <input type ="submit" value ="保存" class ="btn_1" />
```

```
            < input type = "reset" value = "清空" class = "btn_1" / >
        </td >
    </tr >
    <tr > <td colspan = "2" class = "td_bottom" > </td > </tr >
</table >
</form >
</body >
</html >
```

2. 商品类别添加处理页 (action/producttype_add_do. php)

在商品类别添加处理页中，首先接收由表单页提交的类别信息，判断类别名称是否为空。由于本章尚未介绍 MySQL 数据库知识，商品类别添加功能将在 10.3.3 小节中讲解。这里暂时将所提交的商品类别信息输出显示，具体代码如下。

```
< ? php
//判断类别名称是否为空
if ( $_POST["txt_name"]! = " " ) {
    $name = $_POST["txt_name"];          //类别名称
    $parentid = $_POST["txt_parentid"]; //父级编号
    $intro = $_POST["txt_intro"];        //类别简介

    //还没连接 MySQL，暂时显示商品类别信息
    echo "类别名称:". $name;
    echo "<br/ >父级类别编号:". $parentid;
    echo "<br/ >类别简介:". $intro;
} else {
    echo "< script >alert('请输入商品类别名称! ') ;self.location ='../producttype_add.php'</
script >";
}
? >
```

商品类别添加处理页的运行效果如图 7.22 所示。

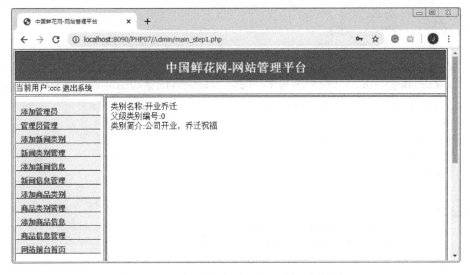

图 7.22　商品类别添加处理页的运行效果

185

7.3.6 商品类别管理页面

商品类别管理页面（Admin/producttype_manager. php）负责显示该网站的所有商品类别信息，该信息的动态数据加载功能将在10.3.3 小节中讲解。这里暂时对其静态页面进行设计，设计效果如图7.23 所示。

![商品类别管理页面设计效果截图]

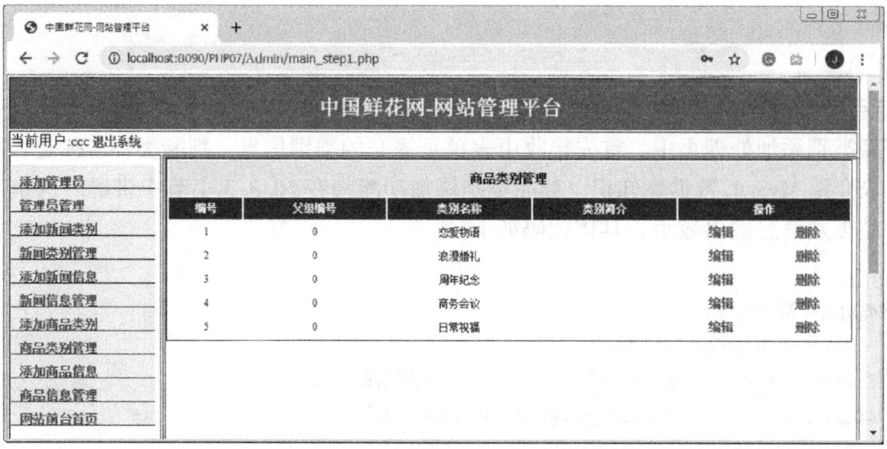

图 7.23　商品类别管理页面设计效果

如图 7.23 所示，每一条商品类别记录包括编号、父级编号、类别名称和类别简介等信息，并且含有"编辑"和"删除"超链接。由于本章暂未实现商品类别的编辑和删除功能，因此这两个超链接的链接地址暂时设置为空，具体代码如下。

```html
<html>
<head>
   <meta http-equiv ="Content-Type" content ="text/html; charset =GB2312" />
   <link href ="../images/style_admin.css" rel ="Stylesheet" type ="text/css" />
   <title>商品类别管理</title>
</head>
<body class ="bodycss">
  <table class ="table_m1">
    <tr> <td colspan ="6" class ="td_head1">商品类别管理</td> </tr>
    <tr class ="tr_head2">
       <td>编号</td>   <td>父级编号</td>   <td>类别名称</td> <td>类别简介</td>
       <td colspan ="2">操作</td>
    </tr>
    <tr class ="tr_content">
       <td>1</td>
       <td>0</td>
       <td>恋爱物语</td>
       <td> </td>
       <td> <a class ="a2"href ="#">编辑</a> </td>
       <td> <a class ="a2"href ="#">删除</a> </td>
    </tr>
```

```
      …//此处省略剩余商品类别信息
   </table>
</body>
</html>
```

7.3.7 商品信息添加页面

1. 商品信息添加表单页面（Admin/product_add.php）

商品信息添加表单页面用于添加电子商务网站的所有商品信息，每个商品信息包括商品所属类别、商品名称、商品图片、会员价、市场价、规格、品牌、简介、销售量和库存量等信息。其中，商品所属类别、商品名称、商品图片和会员价是必填信息，其页面设计效果如图 7.24 所示。

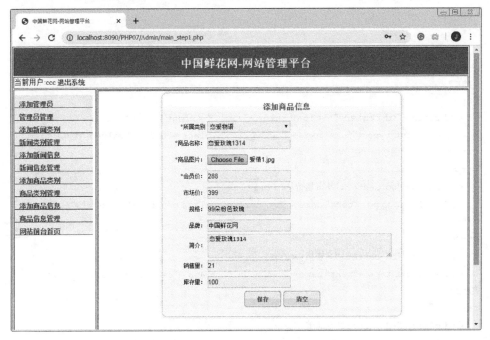

图 7.24　商品信息添加表单页面设计效果

由于商品类别的数据存储和动态加载功能尚未实现，因此商品"所属类别"下拉列表框中的数据为固定数据样例。商品图片为文件选择控件，将在商品信息添加处理页中实现商品图片的上传功能。商品信息添加表单页面的代码如下。

```
<html>
<head>
   <meta http-equiv ="Content-Type" content ="text/html; charset =GB2312" />
   <linkhref ="../images/style_admin.css" rel ="Stylesheet" type ="text/css" />
   <title >添加商品信息</title >
</head>
<body class ="bodycss">
<? php  include 'action/session_check.php'; //登录判断  ? >
<form action ="action/product_add_do.php" method ="POST" enctype ="multipart/form-data">
```

187

```
<table class ="tablecss" cellspacing ="0" cellpadding ="0" align ="center">
  <tr> <td colspan ="2" class ="td_top">添加商品信息</td> </tr>
  <tr>
   <td class ="td_center1"> <font color ="red">*</font>所属类别</td>
   <td> <select name ="txt_parentid" class ="txt180">
            <option value ='1'>恋爱物语</option>
            <option value ='2'>浪漫婚礼</option>
        </select>
  </td> </tr>
  <tr>
    <td class ="td_center1"> <font color ="red">*</font>商品名称:</td>
    <td> <input type ="text" name ="txt_name" class ="txt180"/> </td>
  </tr>
  <tr>
    <td class ="td_center1"> <font color ="red">*</font>商品图片:</td>
    <td> <input type ="file" name ="txt_image"/> </td>
  </tr>
  <tr>
    <td class ="td_center1"> <font color ="red">*</font>会员价:</td>
    <td> <input type ="text" name ="txt_vprice"  class ="txt180" value ="0"/> </td>
  </tr>
  <tr>
    <td class ="td_center1">市场价:</td>
    <td> <input type ="text" name ="txt_mprice"  class ="txt180" value ="0"/> </td>
  </tr>
  <tr>
    <td class ="td_center1">规格:</td>
    <td> <input type ="text" name ="txt_model"  class ="txt180" value =""/> </td>
  </tr>
  <tr>
    <td class ="td_center1">品牌:</td>
    <td> <input type ="text" name ="txt_brand"  class ="txt180" value =""/> </td>
  </tr>
  <tr>
    <td class ="td_center1">简介:</td>
   <td> <textarea name ="txt_intro"  class ="txt400_50"> </textarea> </td>
  </tr>
  <tr>
    <td class ="td_center1">销售量:</td>
    <td> <input type ="text" name ="txt_sellnum"  class ="txt180" value ="0"/> </td>
  </tr>
  <tr>
    <td class ="td_center1">库存量:</td>
    <td> <input type ="text" name ="txt_storenum"  class ="txt180" value ="100"/> </td>
  </tr>
  <tr> <td colspan ="2" align ="center">
```

```
      <input type ="submit" value ="保存" class ="btn_1" />
      <input type ="reset" value ="清空" class ="btn_1" />
   </td> </tr>
   <tr> <td colspan ="2" class ="td_bottom"> </td> </tr>
</table>
</form>
</body>
</html>
```

2. 商品信息添加处理页（Admin/action/product_add_do. php）

在商品信息添加处理页中，首先接收由表单页提交的商品信息，判断所属类别、商品名称、商品图片和会员价是否为空。接着将所提交的商品图片上传到网站根目录下的 upload 文件夹中，并对图片进行重命名处理。由于本章尚未介绍 MySQL 数据库知识，商品信息添加功能将在10.3.4 小节中讲解。这里暂时将所提交的商品信息输出显示，具体代码如下。

```php
<? php
//判断必填信息
if($_POST["txt_name"]! ="" && $_FILES["txt_image"]! ="" && $_POST["txt_vprice"]! ="") {
    $ptid = $_POST["txt_parentid"];       //类别编号
    $name  = $_POST["txt_name"];      //商品名称
    $image = $_FILES["txt_image"];        //图片
    $intro = $_POST["txt_intro"];         //介绍
    $mprice = $_POST["txt_mprice"];     //市场价
    $vprice = $_POST["txt_vprice"];      //会员价
    $model = $_POST["txt_model"];       //规格
    $brand = $_POST["txt_brand"];        //品牌
    $sellnum = $_POST["txt_sellnum"];    //销售量
    $storenum = $_POST["txt_storenum"];//库存量
    $createtime =date('Y-m-d H:i:s');     //发布时间

    //上传图片
if($image['size'] > 0 && $image['size'] < 1024*8000) {
    $dir = '../../upload/'; //设置保存目录
    $name2 = $image['name']; //获取上传文件的文件名
    $rand = rand(0,8000000); //生成一个 0 ~8000000 之间的随机数
    $name2 = $rand.date('YmdHis').$name2; //重新组合文件名
    $path = $dir.$name2;      //组合成完整的保存路径(目录 +文件名)
    if(! is_dir($dir)) {       //如果没有该目录
        mkdir($dir);          //则创建该目录
    }
    $i = move_uploaded_file($image['tmp_name'],$path); //复制文件,实现上传功能
    if($i == true) {  //如果上传成功, 则给出提示
        $path = substr($path,6,strlen($path) -6); //修改图片路径

        //还没连接 MySQL, 暂时显示商品信息
```

```
        echo "类别编号: ". $ptid;
        echo "<br/>商品名称: ". $name;
        echo "<br/>图片: ". $path;
        echo "<br/>介绍: ". $model;
        echo "<br/>市场价: ". $brand;
        echo "<br/>会员价: ". $intro;
        echo "<br/>规格: ". $mprice;
        echo "<br/>品牌: ". $vprice;
        echo "<br/>销售量: ". $sellnum;
        echo "<br/>库存量: ". $storenum;
        echo "<br/>发布时间: ". $createtime;
      } else {
        echo "<script>alert('文件上传失败') ;</script>";
      }
    } else {
      echo"<script>alert('文件大小不符合网站要求') </script>";
    }
  } else {
    echo "<script>alert('请填写商品名称、图片和价格! ') ;
window.location ='../product_add.php'; </script>";
  }
  ? >
</body>
</html>
```

商品信息添加处理页的运行效果如图 7.25 所示。

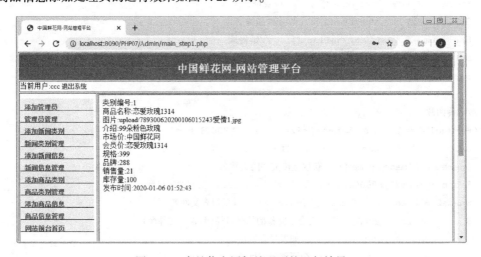

图 7.25　商品信息添加处理页的运行效果

7.3.8　商品信息管理页面

商品信息管理页面（Admin/product_manager. php）负责显示该网站的所有商品信息，该信息的动态数据加载功能将在 10.3.4 小节中讲解。这里暂时对其静态页面进行设计，设计效果如图 7.26所示。

图 7.26 商品信息管理页面设计效果

如图 7.26 所示，每一条商品信息记录包括编号、所属类别、商品名称、图片、会员价、状态和发布时间等信息，而且每条记录还含有"发布""放入回收站"以及"编辑"超链接。考虑到电子商务网站中的商品信息涉及历史订单和交易记录，一般不对商品进行删除操作，具体代码如下。

```html
<html>
<head>
  <meta http-equiv ="Content-Type" content ="text/html; charset =GB2312" />
  <linkhref ="../images/style_admin.css" rel ="Stylesheet" type ="text/css" />
  <title>商品信息管理</title>
</head>
<body class ="bodycss">
<? php   include 'action/session_check.php'; //登录判断   ? >
<table class ="table_m1">
  <tr> <td colspan ="10" class ="td_head1">商品信息管理</td></tr>
  <tr class ="tr_head2">
      <td>编号</td>    <td>所属类别</td>    <td>商品名称</td>    <td>图片</td>
      <td>会员价</td>     <td>状态</td>   <td>发布时间</td>   <td colspan ="3">操作</td>
  </tr>
  <tr class ="tr_content">
      <td> 6 </td>    <td> 恋爱物语 </td>       <td> 520 玫瑰 </td>
      <td>  <img src ='../upload/aiqing6.png' width ="39" height ="39"/> </td>
      <td> 226   </td>  <td> <font color =blue>已发布</font> </td>
      <td> 2020-01-05 07:11:31 </td>    <td> <a href ="#">发布</a> </td>
      <td> <ahref ="#">放入回收站</a></td>    <td> <a href ="#">编辑</a></td>
```

```
    </tr>
    …//此处省略剩余商品信息
    </table >
</body >
</html >
```

7.3.9 新闻类别添加页面和新闻类别管理页面

新闻类别添加页面和新闻类别管理页面的功能与商品类别相似，本小节不再介绍，其页面设计效果分别如图 7.27 和图 7.28 所示。

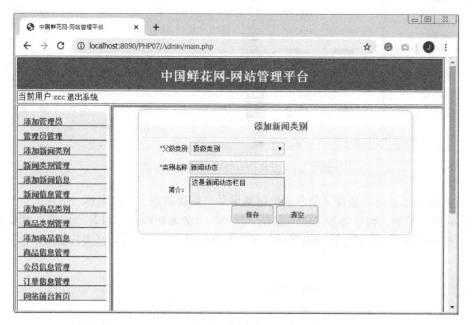

图 7.27 新闻类别添加页面设计效果

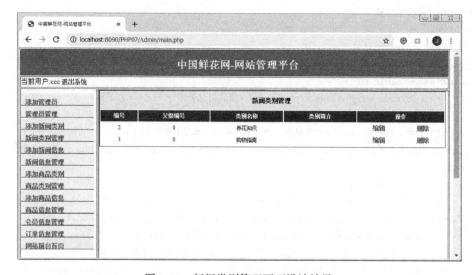

图 7.28 新闻类别管理页面设计效果

7.3.10 新闻信息添加页面

1. 新闻信息添加表单页面（Admin/news_add.php）

新闻信息添加表单页面用于添加电子商务网站的所有新闻信息，每条新闻信息包括所属类别、新闻标题、新闻摘要和内容等信息。其中，所属类别、新闻标题和内容是必填信息，其页面设计效果如图7.29所示。

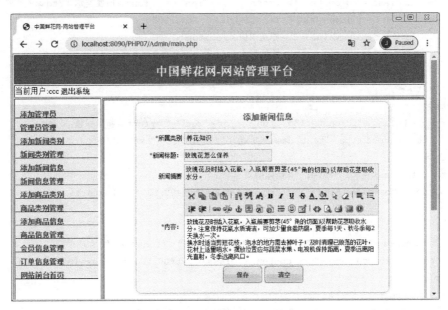

图7.29 新闻信息添加表单页面设计效果

由于新闻类别的数据存储和动态加载功能尚未实现，因此新闻"所属类别"下拉列表框中的数据为固定数据样例。新闻"内容"文本框控件使用第6章案例6.12中的编辑控件，具体代码如下。

```html
<html>
<head>
  <meta http-equiv="Content-Type" content="text/html; charset=GB2312" />
  <linkhref="../images/style_admin.css" rel="Stylesheet" type="text/css" />
  <script type="text/javascript" src="xheditor/jquery/jquery-1.4.4.min.js"></script>
  <script type="text/javascript" src="xheditor/xheditor-1.1.12-zh-cn.min.js"></script>
  <title>添加新闻信息</title>
  <script type="text/javascript">
    $(pageInit);
  function pageInit() {
    var sVar,sJSInit;
     $('textarea[name=txt_contents]').attr('id','elem1').xheditor(false);
    sJSInit = "$('#elem1').xheditor(" + (sVar? '{'+sVar+'}':'') +');';
    eval(sJSInit);
  }
</script>
```

```
</head>
<body class="bodycss">
<? php  include 'action/session_check.php'; //登录判断  ? >
<form action="action/news_add_do.php" method="POST" >
<table class="tablecss" cellspacing="0" cellpadding="0" align="center">
  <tr><td colspan="2" class="td_top">添加新闻信息</td></tr>
  <tr> <td class="td_center1"><font color="red">*</font>所属类别</td>
      <td> <select name="txt_parentid" class="txt180">
            <option value='2'>养花知识</option>
            <option value='3'>购物指南</option>
          </select>
      </td>
  </tr>
  <tr> <td class="td_center1"><font color="red">*</font>新闻标题:</td>
      <td><input type="text" name="txt_title" class="txt180"/></td>
  </tr>
  <tr> <td class="td_center1">新闻摘要</td>
      <td> <textarea name="txt_intro" class="txt400_50"></textarea></td>
  </tr>
  <tr>
      <td class="td_center1"><font color="red">*</font>内容: </td>
     <td><textarea name="txt_contents" class="txt400_100"></textarea></td>
  </tr>
  <tr> <td colspan="2" align="center">
          <input type="submit" value="保存" class="btn_1" />
          <input type="reset" value="清空" class="btn_1" />
     </td>
  </tr>
  <tr> <td colspan="2" class="td_bottom"></td> </tr>
</table>
</form>
</body>
</html>
```

2. 新闻信息添加处理页面（Admin/action/news_add_do.php）

在新闻信息添加处理页面中，首先接收由表单页提交的新闻信息，判断“新闻标题”“所属类别”和“内容”是否为空。由于本章尚未介绍 MySQL 数据库知识，新闻信息添加功能将在 10.3.6 小节中讲解。这里暂时将所提交的新闻信息输出显示，具体代码如下。

```
<? php
//判断新闻标题及所属类别是否为空
if($_POST["txt_title"]! = "" && $_POST["txt_parentid"]! = "") {
      $ntid = $_POST["txt_parentid"];  //所属类别编号
      $title = $_POST["txt_title"];    //新闻标题
      $intro = $_POST["txt_intro"];    //摘要
      $contents = $_POST["txt_contents"];//内容
```

```
    $createtime = date('Y-m-d H:i:s') ; //发布日期


    //还没连接 MySQL, 暂时显示新闻信息
    echo "类别编号:".$ntid;
    echo "<br/>新闻标题:".$title;
    echo "<br/>摘要:".$intro;
    echo "<br/>内容:".$contents;
    echo "<br/>发布时间:".$createtime;
} else {
    echo "<script>alert('所属类别和新闻标题不能为空!') ;self.location ='../news_add.php'</
script>";
  }
  ?>
```

新闻信息添加处理页面的运行效果如图 7.30 所示。

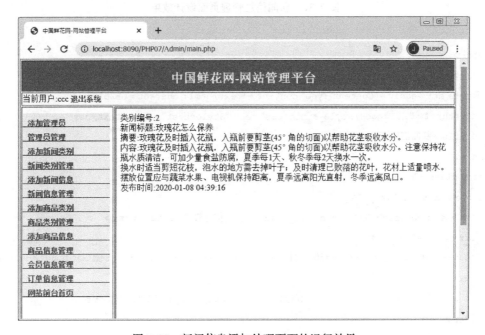

图 7.30　新闻信息添加处理页面的运行效果

7.3.11　新闻信息管理页面

新闻信息管理页面（Admin/news_manager.php）负责显示该网站的所有新闻信息，该信息的
动态数据加载功能将在 10.3.6 小节中讲解。这里暂时对其静态页面进行设计，设计效果如
图 7.31 所示。

如图 7.31 所示，每一条新闻信息记录包括编号、所属类别、新闻标题、状态和发布时间等
信息，而且每条记录还含有"发布""放入回收站""编辑"和"删除"超链接，具体代码
如下。

图 7.31　新闻信息管理页面设计效果

```
<html >
<head >
    <meta http-equiv ="Content-Type" content ="text/html; charset =GB2312" / >
    <linkhref ="../images/style_admin.css" rel ="Stylesheet" type ="text/css" / >
    <title >新闻信息管理 </title >
</head >
<body class ="bodycss" >
<table class ="table_m1" >
    <tr > <td colspan ="16" class ="td_head1">新闻信息管理 </td > </tr >
    <tr class ="tr_head2" >
        <td >编号 </td >   <td >所属类别 </td >   <td >新闻标题 </td >   <td >状态 </td > <td >发
布时间 </td >
        <td >发布 </td >   <td >放入回收站 </td >   <td colspan ="2">操作 </td >
    </tr >
    <tr class ="tr_content" >
        <td >19 </td >      <td >养花知识 </td >
        <td >发财树的养殖方法和注意事项？如何正确养殖发财树！ </td >
        <td > <font color =blue >已发布 </font > </td >   <td > 2020-01-05 07:14:35 </td >
        <td > <a class ="a2"href ="#">发布 </a > </td >   <td > <a class ="a2" href ="#">放入回收
站 </a > </td >
        <td > <a class ="a2"href ="#">编辑 </a > </td >   <td > <a class ="a2" href ="#">删除 </a
> </td >
    </tr >
```

196

```
   …//此处省略剩余新闻信息
   </table>
   </form>
</body>
</html>
```

至此，电子商务网站的前后台页面设计和 PHP 表单数据访问功能已经开发完成。将在第 10、13 章进一步对该网站的各个功能模块进行完善。

第 2 部分

技能提高篇

第8章 MySQL 数据库技术

【本章要点】

- ☛ MySQL 数据库操作
- ☛ MySQL 数据表操作
- ☛ MySQL 数据操作
- ☛ MySQL 数据库高级管理

8.1 MySQL 概述

动态网站开发离不开数据存储，数据存储离不开数据库。数据库是存储和维护信息的仓库，是按照数据结构来组织、存储和管理信息的仓库。数据库由多张数据表组成，信息以二维表的形式组织并存储于各数据表中，结构类似于电子表格 Excel。MySQL 是由瑞典 MySQLAB 公司开发的一种开源的关系数据库管理系统，使用结构化查询语言（SQL）进行数据库管理。

1. MySQL 的特点

- ➤ 支持跨平台：MySQL 可以运行在多种操作系统平台上，数据库无须做任何修改就可实现平台之间的移植。
- ➤ 运行速度快：MySQL 使用 B 树磁盘表和索引压缩，以及高度优化的类库实现 MySQL 函数，运行速度极快。
- ➤ 开源软件：MySQL 是一款开放源代码的免费软件，用户可以从网络中下载，也可以修改其源代码。
- ➤ 功能强大：MySQL 是一款强大的关系数据库管理系统，使用结构化查询语言（SQL）进行数据库管理，支持事务、存储过程和触发器等功能。

2. MySQL 8.0 的新特点

相比之前的版本，MySQL 8.0 系列具有许多新的特点，简述如下。

- ➤ 数据表的默认字符集由 latin1 变为 utf8mb4。
- ➤ MyISAM 系统表更新为事务型 InnoDB 表，MySQL 实例默认不包含 MyISAM 表。
- ➤ 自增变量 AUTO_INCREMENT 值持久化，MySQL 重启后，该值不会改变。
- ➤ InnoDB 表的 DDL 支持事务完整性。
- ➤ 支持在线修改全局参数并持久化，重启 MySQL 时加载最新配置参数。
- ➤ 新增降序索引。
- ➤ 于 group by 字段不再隐式排序，如果需要排序，必须显式加上 order by 子句。
- ➤ 增加角色管理。

8.1.1 MySQL 数据类型

数据类型也称字段类型，数据表中的每个字段都可以设置数据类型。MySQL 支持的数据类型主要包括 3 类，即数字类型、字符串（字符）类型、日期和时间类型。MySQL 常用数据类型见表 8.1。

表 8.1 MySQL 常用数据类型

分　　类	数据类型	取 值 范 围	单位/说明
整型	tinyint	符号值：-128～127　　　无符号值：0～255	1B/最小的整数
	smallint	符号值：-32768～32767 无符号值：0～65535	2B/小型整数
	mediumint	符号值：-8388608～80388607 无符号值：0～16777215	3B/中型整数
	int	符号值：-2147683648～2147683647 无符号值：0～4294967295	4B/标准整数
	bigint	符号值：-922337203654775808～9223372036 54775807 无符号值：0～18446744073709551615	8B/大整数
浮点型	float	+（-）3.402823466E+38	单精度浮点数
	double	+（-）1.7976931348623157E+308 +-（-）2.2250738585072014E-308	双精度浮点数
	decimal	可变	自定义长度/一般浮点数
字符串类型	char	0～255 个字符	固定长度，当存储的数据长度小于指定长度时，用空格补充
	varchar	0～255 个字符	可变长度，只存储实际数据，不会为数据填补空格
	text	2^16～65535	存储长文本
	blob	2^16～65535	存储二进制数据，支持任何数据，如文本、声音和图像等
日期和时间类型	date	1000-01-01　9999-12-31	日期，存储格式为 YYYY-MM-DD
	time	-838:59:59 - 835:59:59	时间，存储格式为 HH:MM:SS
	datetime	1000-01-01 00:00:00　9999-12-31 23:59:59	日期和时间，存储格式为 YYYY1-MM1-DD HH:MM:SS
	timestamp	1970-01-01 00:00:00 至 2037 年的某个时间	时间标签，在处理报告时使用的显示格式取决于 M 的值
	year	1901-2155	年份可指定两位数字和 4 位数字的格式

8.1.2　MySQL 服务器的启动和关闭

1. 启动 MySQL 服务器

进行 MySQL 操作之前应先启动 MySQL 服务器，有两种方法可以启动 MySQL。

方法 1：通过系统服务管理窗口启动 MySQL。

右击"计算机"，在弹出的快捷菜单中选择"管理"命令，打开操作系统的服务管理器，在"Services"列表中找到并选中"mysql8"，接着单击"Start"链接，启动 MySQL，如图 8.1 所示。

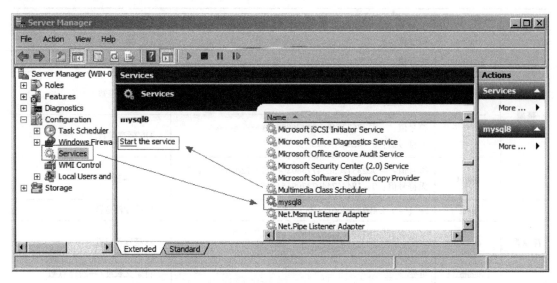

图 8.1　通过系统服务管理窗口启动 MySQL 服务器

方法 2：通过命令行启动 MySQL。

选择 "开始" → "运行" 命令，在弹出的对话框中输入 "cmd"，进入命令提示符窗口，在命令提示符窗口中输入指令：

```
net start MySQL8
```

按 Enter 键就会看到 MySQL 启动信息，如图 8.2 所示。

2. 连接 MySQL 服务器

MySQL 服务器启动后，开始连接 MySQL 服务器，连接 MySQL 服务器也有两种方法。

方法 1：通过 MySQL Command Line Client 连接 MySQL 服务器。

在 "开始" 程序中找到 AppServ 目录下的 MySQL Command Line Client，或者打开 MySQL 的

图 8.2　启动 MySQL 服务器

安装目录(C:\AppServ\MySQL\bin)，输入安装 MySQL 时设置的 root 用户的密码（在第 1 章中安装时，设置密码为 "88888888"），即可连接 MySQL 服务器，连接过程如图 8.3 所示。

方法 2：通过 cmd 命令行连接 MySQL 服务器。

通过 "开始" 菜单进入 cmd 命令窗口，在命令提示符窗口中输入以下指令：

```
mysql -h localhost -u root -p
```

参数说明如下。

➢ -h localhost：表示 MySQL 数据库服务器地址为本机，localhost 也可以使用 IP 地址表示，即 127.0.0.1。

➢ -u root：表示 MySQL 服务器的用户名为 root。

➢ -p：表示 MySQL 服务器的密码。

➢ -h localhost 和 -u root 中的参数和参数值之间必须都有一个空格。

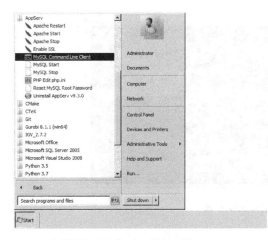
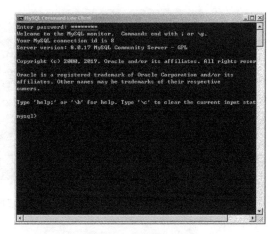

a) 打开 MySQL Command Line Client   b) 连接 MySQL 服务器

图 8.3   通过 MySQL Command Line Client 连接 MySQL 服务器

按 Enter 键后，系统会提示"Enter password"，此时输入安装 MySQL 时设置的密码，进入 MySQL 数据库服务器中，如图 8.4 所示。

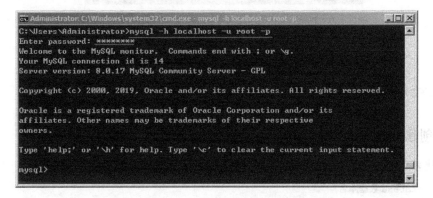

图 8.4   使用 cmd 命令行连接 MySQL 服务器

3. 退出 MySQL 操作界面

在完成 MySQL 操作后，可以退出 MySQL 操作界面，即断开与 MySQL 服务器的连接。在命令提示符下输入"exit;"指令，按 Enter 键就可以退出 MySQL 操作界面，如图 8.5 所示。

虽然该操作使得与 MySQL 服务器的连接断开了，但是 MySQL 服务还在继续运行。

4. 关闭 MySQL 服务器

使用 MySQL 的数据库及数据表都需要开启 MySQL 服务，只有当不再需要使用 MySQL 数据库内容，或者需要维护和备份 MySQL 数据时，才需要关闭 MySQL 服务器。在命令提示符下输入指令：

```
netstop MySQL8
```

按 Enter 键就会看到 MySQL 关闭信息，如图 8.6 所示。

注意：关闭 MySQL 服务器之后，将无法连接到 MySQL，也无法使用 MySQL 的数据库和其他资源。

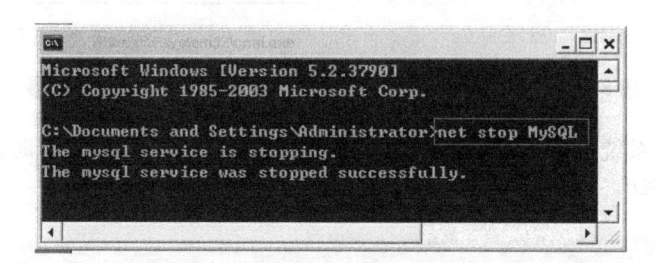

图 8.5 退出 MySQL 操作界面

Microsoft Windows [Version 5.2.3790]
(C) Copyright 1985-2003 Microsoft Corp.

C:\Documents and Settings\Administrator>net stop MySQL
The mysql service is stopping.
The mysql service was stopped successfully.

图 8.6 关闭 MySQL 服务器

8.2 MySQL 数据库操作

8.2.1 创建数据库

在创建表之前，需要先创建数据库。创建数据库的语法格式如下。

```
create database 数据库名;
```

创建数据库后，MySQL 将自动在 MySQL 安装目录 "C:\AppServ\MySQL\data" 中创建一个文件夹，并命名为所创建的数据库名，在该文件夹中存储数据库所需的所有文件。

值得注意的是，如果读者的 MySQL 数据库是单独安装的，则安装目录可能不是 "C:\AppS-erv\MySQL\data"，MySQL 数据库的准确安装目录可从服务中查看。具体步骤是，右击 "计算机"，选择 "管理" → "服务" 命令，打开系统服务列表，找到并右击 MySQL 服务项，在弹出的快捷菜单中选择 "属性" 命令，即可查看 MySQL 数据库的准确安装目录。

【案例 8.1】

本案例使用 create database 语句创建一个数据库，命名为 "MyWeb_DB"，代码如下。

```
create database MyWeb_DB;
```

创建数据库后，MySQL 数据库管理系统将自动在 MySQL 安装目录（C:\AppServ\MySQL\data）中创建文件夹，命名为 myweb_db，如图 8.7 所示。

每个 MySQL 数据库服务器都可以承载多个数据库，查看数据库的语法格式如下。

```
show databases;
```

a) 创建数据库的SQL语句   b) 创建的数据库文件夹

图 8.7　创建 MySQL 数据库

【案例 8.2】

本案例使用 show databases 语句查看数据库服务器中的所有数据库，如图 8.8 所示。

图 8.8　查看数据库

8.2.2　选择指定数据库

在创建表之前，必须选定要创建的表所在的数据库，use 语句用于选择一个数据库作为当前数据库，语法格式如下。

```
use 数据库名;
```

【案例 8.3】

本案例中选择案例 8.1 所创建的数据库 MyWeb_DB 作为当前数据库，以便在该数据库中进一步操作，如图 8.9 所示。

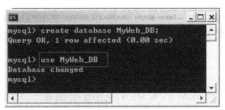

图 8.9　选择数据库

8.2.3 删除数据库

如果需要删除数据库，可以使用 drop 语句，但删除数据库会丢失该数据库中的所有表和数据，而且无法恢复，语法格式如下。

```
drop database 数据库名;
```

删除数据库后，MySQL 数据库管理系统会自动将 MySQL 安装目录 "C:\AppServ\MySQL\data" 中的数据库文件夹删除。

【案例 8.4】

本案例使用 drop database 语句删除案例 8.1 中所创建的数据库 MyWeb_DB，如图 8.10 所示。

由于本章后续案例还需要使用 MyWeb_DB 数据库，因此如果读者在本案例操作过程中将数据库 MyWeb_DB 删除了，则应重新创建一个数据库，并命名为 MyWeb_DB。

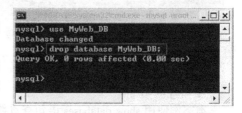

图 8.10　删除指定数据库

8.3 MySQL 数据表操作

8.3.1 创建数据表

数据表由列和行组成，表的列也称为字段，每个字段都用于存储某种数据类型的信息；表的行也称为记录，每条记录为存储在表中的一条完整的信息。

创建并选定数据库之后，就可以开始创建表。创建表使用 create table 语句，语法格式如下。

```
create table 表名
(column_name column_type not null[Primary key][AUTO_INCREMENT]n, …)
```

create table 语句的属性说明见表 8.2。

表 8.2　create table 语句的属性说明

属　　性	说　　明
column_name	字段名
column_type	字段类型
not null | null	该列是否允许为空
Primary key	该列是否为主键
AUTO_INCREMENT	该列是否自动编号

创建数据表后，MySQL 数据库管理系统将自动在 MySQL 安装目录下的数据库文件夹 "C:\AppServ\MySQL\data\数据库名\" 中创建对应表文件（分别是表名.frm、表名.MYD、表名.MYI）。

【案例 8.5】

本案例使用 create table 语句在数据库 MyWeb_DB 中创建一个管理员信息表，命名为 Admin_Info，包含的字段有管理员编号（A_ID）、用户名（A_UserName）、密码（A_Pwd）。创建的语句如下。

```
create table Admin_Info
( A_ID int auto_increment  primary key,
  A_UserName varchar(20) not null,
  A_Pwd varchar(20) not null
);
```

创建 Admin_Info 数据表如图 8.11 所示。

图 8.11　创建 Admin_Info 数据表

创建数据表后，MySQL 数据库管理系统将自动在 MySQL 安装目录下的数据库文件夹 "C：\ AppServ \ MySQL \ data \ MyWeb _ DB \ " 中创建对应表文件（分别是 Admin _ Info. frm、Admin_Info. MYD、Admin_Info. MYI），如图 8.12 所示。

【案例 8.6】

查看数据库中的所有数据表，如图 8.13 所示。

图 8.12　数据表文件　　　　　　　图 8.13　查看数据表

要查看数据库中的所有表，可以使用 show tables 语句，但前提是先使用 use database 语句选定数据库，语法格式如下。

```
show tables;
```

8.3.2　查看数据表结构

创建完数据表后，可以使用 describe 语句查看表中的各列信息，语法格式如下。

```
describe 表名;
```

【案例 8.7】

本案例使用 describe 语句查看 Admin_Info 表结构，如图 8.14 所示。

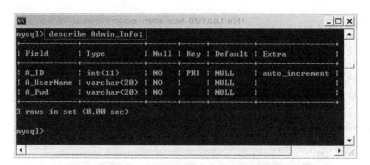

图 8.14　查看 Admin_Info 表结构

8.3.3　修改数据表结构

如果用户对表的结构不满意，可以使用 alter table 语句进行修改。修改表结构的操作包括重新命名表名和字段名、添加或删除字段、修改字段类型、设置及取消主外键等，各个修改操作之间用逗号分隔，语法格式如下。

```
alter table 表名
    add  [column] create_definition  [first | after column_name ],   //添加新字段
    add  primary key (index_col_name, …),                            //添加主键名称
    alter  [column] col_name {set default literal | rop default },   //修改字段名称
    change [column] old_col_name create_definition,                  //修改字段名及类型
    modify [column] create_definition,                               //修改字段类型
    drop  [column] col_name,                                         //删除字段
    drop primary key,                                                //删除主键
    rename [as] new_tablename;                                       //更改表名
```

【案例 8.8】

本案例使用 alter table 语句修改 Admin_Info 表结构，添加一个新字段（A_Email，类型为 varchar（50）），将字段 A_UserName 的长度由 varchar（20）修改为 varchar（50），删除字段 A_Pwd，表名由 Admin_Info 改为 Admin_Info2，代码如下。

```
alter table Admin_Info
  add A_Email varchar(50) null,
  modify A_UserName varchar(50) ,
  drop A_Pwd,
  rename as Admin_Info2;
```

修改 Admin_Info 表结构如图 8.15 所示。

由于本章后续案例还需要使用案例 8.5 中所创建的 Admin_Info 表，因此如果读者在本案例操作过程中将表 Admin_Info 的结构修改了（删除了 A_Pwd 列，增加了 A_Email 列，修改了表名，修改了字段长度），则应重新将该表改回到案例 8.5 的状态，或删除该表再重新根据案例 8.5 创建 Admin_Info 表。

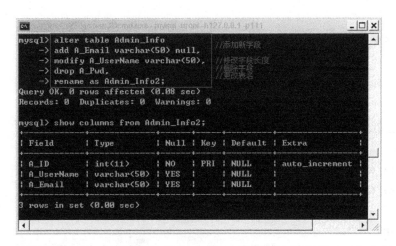

图 8.15　修改 Admin_Info 表结构

8.3.4　删除指定数据表

drop table 语句用于删除数据表，语法格式如下。

```
drop table 表名
```

删除数据表后，MySQL 数据库管理系统会自动将 MySQL 安装目录下的数据库文件夹
"C：\AppServ\MySQL\data\数据库名\"中的对应表文件删除（分别是表名 . frm、表名 . MYD、
表名 . MYI）。

【案例 8. 9】

本案例首先创建一个表 CC_Info，然后使用 drop table 语句将该表删除，如图 8. 16 所示。

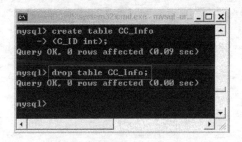

图 8.16　删除指定数据表

8. 4　MySQL 数据操作

数据库中包含多个数据表，数据表中包含多条数据，数据表是数据存储的容器。对数据的操
作包括向表中添加数据、修改表中的数据、删除表中数据和查询表中数据等。

8.4.1　向表中插入数据

创建表之后，可以向数据表中添加数据，使用 insert 语句可以将一行数据添加到一个已存在
的数据表中，语法格式有 3 种。

语法1：

```
insert into 表名 values (值1,值2,…);
```

语法2：

```
insert into 表名(字段1,字段2,…) values (值1,值2,…);
```

语法3：

```
insert into 表名 set 字段1=值1,字段2=值2,…;
```

说明如下。

语法1：列出新添加数据的所有的值（自增长列的对应值应写null）。

语法2：给出要赋值的列，然后给出对应的值。

语法3：用 col_ name = value 的形式给出列和值。

【案例 8.10】

本案例分别使用添加数据的3种方法向 Admin_Info 表中添加数据，代码如下。

```
insert into Admin_Info values(1, 'admin', 'cc@ 163. com');
insert into Admin_Info(A_ID,A_UserName) values(2, 'cjg');
insert into Admin_Info set A_ID=3,A_UserName = 'wzd';
```

运行结果如图 8.17 所示。

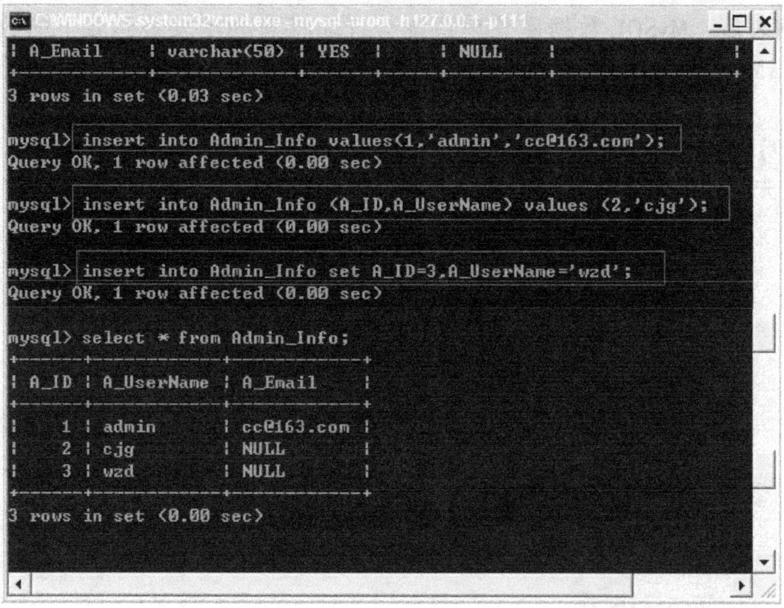

图 8.17 添加数据

【学习笔记】

如果表字段为自动增长，则使用 null 作为插入值，例如：

```
insert into Admin_Info values(null,'admin','cc@ 163. com');
```

使用 mysql_insert_id( )语句可以获取当前 insert 语句执行后的所添加记录的自增字段值。mysql_insert_id( )语句写在 mysql_query( )语句下面。

8.4.2 更新数据表中的数据

使用 update 语句修改数据表中满足指定查询条件的数据信息，语法格式如下。

```
update 表名 set 字段1 = 值1 [,字段2 = 值2 …]  where 查询条件
```

参数说明如下。

[,字段2 = 值2 …]：表示可以同时修改多个字段的值。

where 查询条件：表示只有满足查询条件的数据行才会被修改。如果没有查询条件，表中所有的数据行都会被修改。

【案例 8.11】

本案例使用 update 语句将管理员信息表 Admin_Info 中用户名为"wzd"的管理员邮箱修改为 wzd@163.com，代码如下。

```
update Admin_Info set A_Email ='wzd@163.com' where A_UserName ='wzd';
```

运行结果如图 8.18 所示。

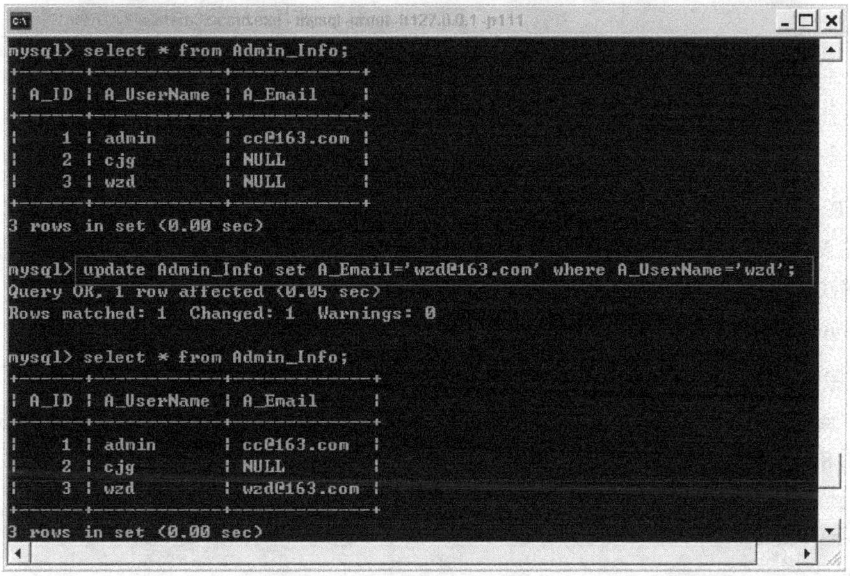

图 8.18　修改指定条件的数据

8.4.3 删除数据表中的数据

使用 delete 语句删除数据表中满足指定查询条件的数据信息，语法格式如下。

```
delete from 表名 where 查询条件
```

参数说明如下。

where 查询条件：表示只有满足查询条件的数据行才会被删除。如果没有查询条件，表中所有的数据行都会被删除。

【案例 8.12】

本案例使用 delete 语句将管理员信息表 Admin_Info 中用户名为"cjg"的管理员记录删除，代码如下。

```
delete from Admin_Info where A_UserName ='cjg';
```

运行结果如图 8.19 所示。

```
mysql> select * from Admin_Info;

+------+-------------+--------------+
| A_ID | A_UserName  | A_Email      |
+------+-------------+--------------+
|    1 | admin       | cc@163.com   |
|    2 | cjg         |              |
|    3 | wzd         | wzd@163.com  |
+------+-------------+--------------+
3 rows in set (0.00 sec)

mysql> delete from admin_Info where A_UserName='cjg';
Query OK, 1 row affected (0.05 sec)

mysql> select * from Admin_Info;

+------+-------------+--------------+
| A_ID | A_UserName  | A_Email      |
+------+-------------+--------------+
|    1 | admin       | cc@163.com   |
|    3 | wzd         | wzd@163.com  |
+------+-------------+--------------+
```

图 8.19　删除指定数据

【案例 8.13】

如果在 MySQL 数据库中保存中文数据内容，经常会遇到中文字符变成乱码的问题，本案例讲解如何解决 MySQL 中的中文乱码问题。

往 Admin_Info 表中插入一条含有中文字符的记录，例如：

```
insert into Admin_Info values (4, '船长', '123', 'captain@ 163. com') ;
```

使用"select * from Admin_Info"语句查询 Admin_Info 表，可以看到用户名"船长"变成乱码了，如图 8.20 所示。

```
mysql> select * from Admin_Info;

+------+-------------+------------+-----------------+
| A_ID | A_UserName  | A_Pwd      | A_Email         |
+------+-------------+------------+-----------------+
|    1 | admin       | cc@163.com | NULL            |
|    2 | cjg         |            | NULL            |
|    3 | wzd         |            | NULL            |
|    4 | 鑸瑰綊鏅      | 123        | captain@163.com |
+------+-------------+------------+-----------------+
4 rows in set (0.00 sec)
```

图 8.20　解决 MySQL 中的中文乱码问题

这是因为 MySQL 服务端和客户端的字符编码的原因，首先使用如下语句查看下 MySQL 的编码格式：

```
show variables like '% char% ';
```

从查询结果可以看到 MySQL 的服务端和客户端的编码格式，如图 8.21 所示。

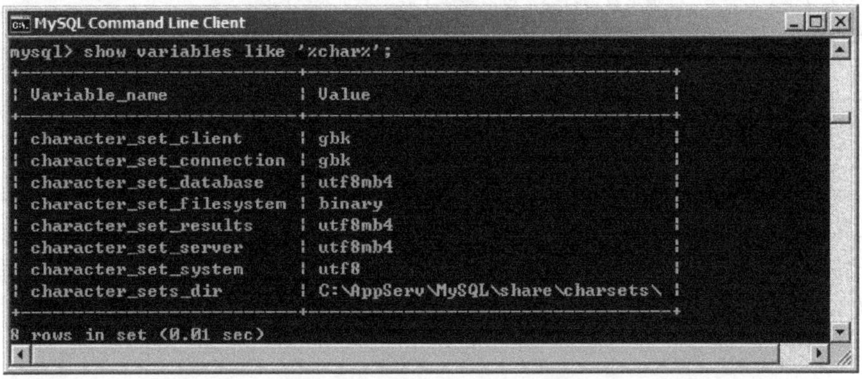

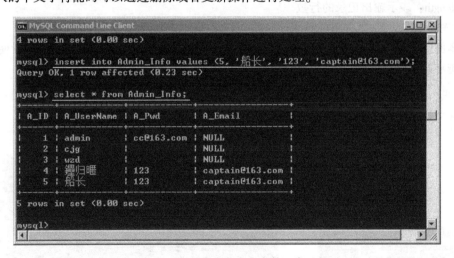

图 8.21　MySQL 的服务端和客户端的编码格式

使用以下语句将 MySQL 的服务端和客户端的编码格式统一设置为 utf8：

```
set character_set_client = utf8;
set character_set_connection = utf8;
set character_set_database = utf8;
set character_set_results = utf8;
set character_set_server = utf8;
```

接着重新向数据表中插入中文字符，此时可以正常保存并显示中文字符，如图 8.22 所示。之前插入的中文字符乱码可以通过删除或者更新操作进行处理。

图 8.22　MySQL 中的中文字符正常显示

8.4.4　查询数据

表数据的查询是数据库操作中使用频率非常高的操作，select 查询语句用于从表中查找满足条件的信息，并按指定格式整理成"结果集"，语法格式如下。

```
select  *  [列名]        //设置查询内容（列的信息），即结果集的格式
from 表名 [,表 2]         //指定查询目标，可以是单个表、多个表或视图
where 查询条件            //查询的条件
group by 分组条件         //查询结果分组的条件
order by 排序条件         //查询结果排序的条件，可以为多个条件，取值范围为 [asc | desc]
having 分组过滤条件       //查询时需要分组过滤的条件
limit count             //限定查询结果的行数
```

【案例 8.14】

本案例使用 select 语句从管理员信息表 Admin_Info 中查找出管理员编号大于 0 且邮箱不为空的记录，并对查询结果根据管理员编号进行降序排列，代码如下。

```
select *  from Admin_Info
  where A_Email < >" and A_ID >0
  order by A_ID desc;
```

运行结果如图 8.23 所示。

在数据查询过程中，有时需要限制查询记录数，比如返回查询结果的前几条记录或中间几条记录。此时可以使用关键字 limit 进行限制，语法格式如下。

```
select … limit[start,] length
```

参数说明如下。

➢ limit 子句写在 select 查询语句的最后面。

➢ start：表示从第几行记录开始输出，0 表示第 1 行。

➢ length：表示输出记录的行数。

【案例 8.15】

本案例使用 select 语句从管理员信息表 Admin_Info 中查找出所有用户信息，然后使用带有 limit 关键字的 select 语句查找出编号最高的两位用户信息，代码如下。

```
select *  from Admin_Info order by A_ID desc limit 2;
```

limit 关键字查询结果如图 8.24 所示。

图 8.23　数据查询的应用

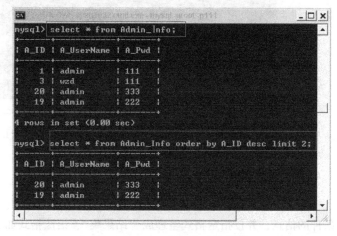

图 8.24　limit 关键字查询结果

8.4.5 复杂数据查询

1. 多表查询

在实际项目开发过程中，经常需要将不同的信息存储在不同的表中，表与表之间通过某个字段相互关联，从而使表的指针形成一种联动关系，进而可以通过 SQL 的 select 实现多表查询。实现多表查询的语法有多种，语法格式之一为：

```
select 字段名 from 表1, 表2, ⋯ where 表1. 字段 = 表2. 字段 and 其他查询条件
```

【案例 8.16】

本案例通过 select 语句进行多表查询，从新闻信息表、栏目信息表中查找出指定栏目的所有新闻信息。首先创建栏目信息表并插入数据；接着创建新闻信息表并插入数据；最后使用查询语句实现多表查询。

【实现步骤】

进入命令提示符窗口，启动 MySQL 服务，连接 MySQL 服务，在 MyWeb_DB 数据库中创建栏目信息表并插入数据，接着创建新闻信息表并插入数据，具体 SQL 代码如下。

```
create table Channel_Info                          //创建栏目信息表
(C_ID int auto_increment  primary key,             //栏目编号, 主键, 自增长
Parent_ID int,                                     //父级编号
C_Name varchar(20) ) ;                             //栏目名称

//为栏目信息表添加数据
insert into Channel_Info (Parent_ID,C_Name) value (0,'公司新闻') ;
insert into Channel_Info (Parent_ID,C_Name) value (0,'行业动态') ;
insert into Channel_Info (Parent_ID,C_Name) value (0,'客服中心') ;

create table Article_Info                          //创建新闻信息表
(A_ID int auto_increment  primary key,             //新闻编号、主键、自增长
C_ID int,                                          //所属栏目编号
A_Title varchar(100) ) ;                           //新闻标题

//为新闻信息表添加数据
insert into Article_Info (C_ID,A_Title) value (1,'公司成功上市! ') ;
insert into Article_Info (C_ID,A_Title) value (1,'NT2012 新型商品研制成功! ') ;
insert into Article_Info (C_ID,A_Title) value (2,'市领导对软件行业提出要求! ') ;
insert into Article_Info (C_ID,A_Title) value (2,'软件行业面临新挑战') ;
insert into Article_Info (C_ID,A_Title) value (3,'今年客户投诉率同比去年下降3% ') ;
```

运行结果如图 8.25 所示。

接着分别查询栏目信息表、新闻信息表，查看各自表中的数据，然后使用多表查询语句查询出各栏目对应的新闻信息，代码如下。

```
select *  from Channel_Info; //查询栏目信息表
select *  from Article_Info; //查询新闻信息表
select A_ID,A_Title, a.C_ID, c.C_Name from Article_Info as a, Channel_Info as c where a.C_ID =
c.C_ID
order by a.A_ID;                  //多表查询
```

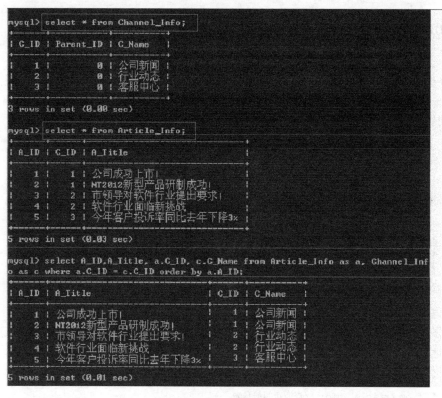

图 8.25　创建栏目信息表和新闻信息表（拼接图）

运行结果如图 8.26 所示。

图 8.26　多表查询

2. 嵌套子查询

在数据库系统开发过程中，嵌套子查询得到了广泛的应用。嵌套子查询是指将一个查询的结果作为另一个查询的条件，继续完成查询的功能。

【案例 8.17】

本案例在案例 8.16 的基础上，通过嵌套子查询实现查询所有一级栏目（父级编号为 0）的所有新闻信息，查询语句如下。

```
select A_ID,A_Title, a.C_ID, c.C_Name from Article_Info as a, Channel_Info as c where a.C_ID =
c.C_ID and a.C_ID in (select C_ID from Channel_Info where Parent_ID=0) ;
```

运行结果如图 8.27 所示。

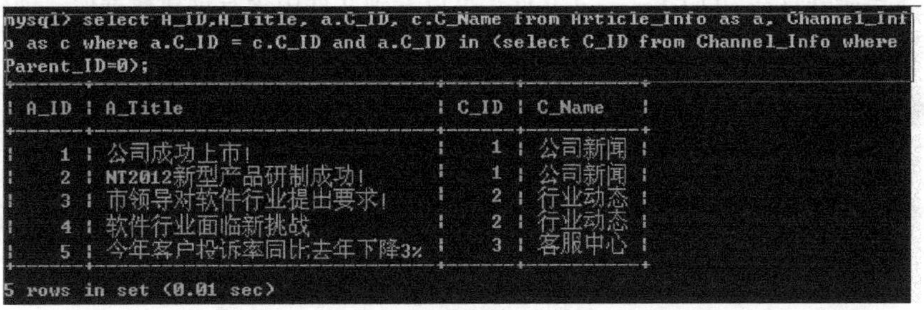

```
mysql> select A_ID,A_Title, a.C_ID, c.C_Name from Article_Info as a, Channel_Inf
o as c where a.C_ID = c.C_ID and a.C_ID in (select C_ID from Channel_Info where
Parent_ID=0);
+------+------------------------------+------+----------+
| A_ID | A_Title                      | C_ID | C_Name   |
+------+------------------------------+------+----------+
|    1 | 公司成功上市!                | 1    | 公司新闻 |
|    2 | NT2012新型产品研制成功!      | 1    | 公司新闻 |
|    3 | 市领导对软件行业提出要求!    | 2    | 行业动态 |
|    4 | 软件行业面临新挑战           | 2    | 行业动态 |
|    5 | 今年客户投诉率同比去年下降3% | 3    | 客服中心 |
+------+------------------------------+------+----------+
5 rows in set (0.01 sec)
```

图 8.27　嵌套子查询

8.5 MySQL 数据库高级管理

8.5.1 MySQL 数据的导出和备份

MySQL 数据的导出和备份功能主要用于不同数据库之间的数据复制和转移。

1. 使用 mysqldump 工具

mysqldump 是用于转存储数据库的 MySQL 工具，将创建一个 SQL 脚本并且保存到指定目录下的文件中，脚本中将会新建相应的数据库或者数据表，并且将数据内容从原始的表复制到一个新建表，其语法格式如下。

```
mysqldump [OPTIONS] database [tables]
OR     mysqldump [OPTIONS] --databases [OPTIONS] DB1 [DB2 DB3...]
OR     mysqldump [OPTIONS] --all-databases [OPTIONS]
```

导出所有数据库：

```
cd C:/AppServ/MySQL/data      //进入 MySQL 安装目录的 data 文件夹中
mkdir tmp                     //创建一个临时文件夹
mysqldump --no-defaults -h localhost -u root -p --all-databases >tmp/alldatabase.sql
//生成数据导出文件
```

执行以上语句，将会在 C:\AppServ\MySQL\data\tmp 目录中创建一个 alldatabase.sql 文件，如图 8.28 所示。

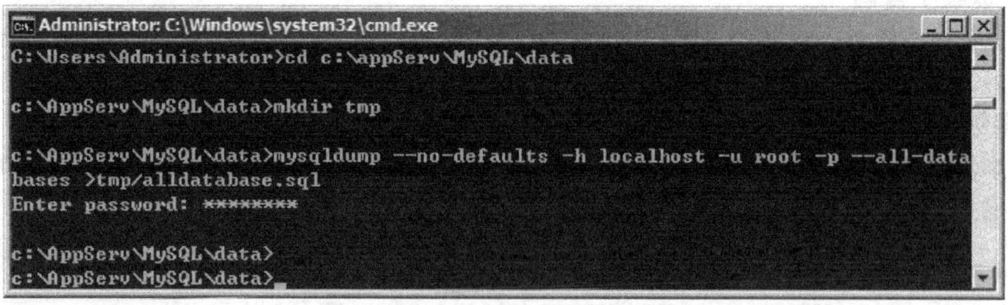

图 8.28　使用 mysqldump 导出数据

使用文本编辑器打开 alldatabase. sql 文件，可以看到文件中含有创建数据库、创建数据表以及插入数据等许多 SQL 语句，如图 8.29 所示。

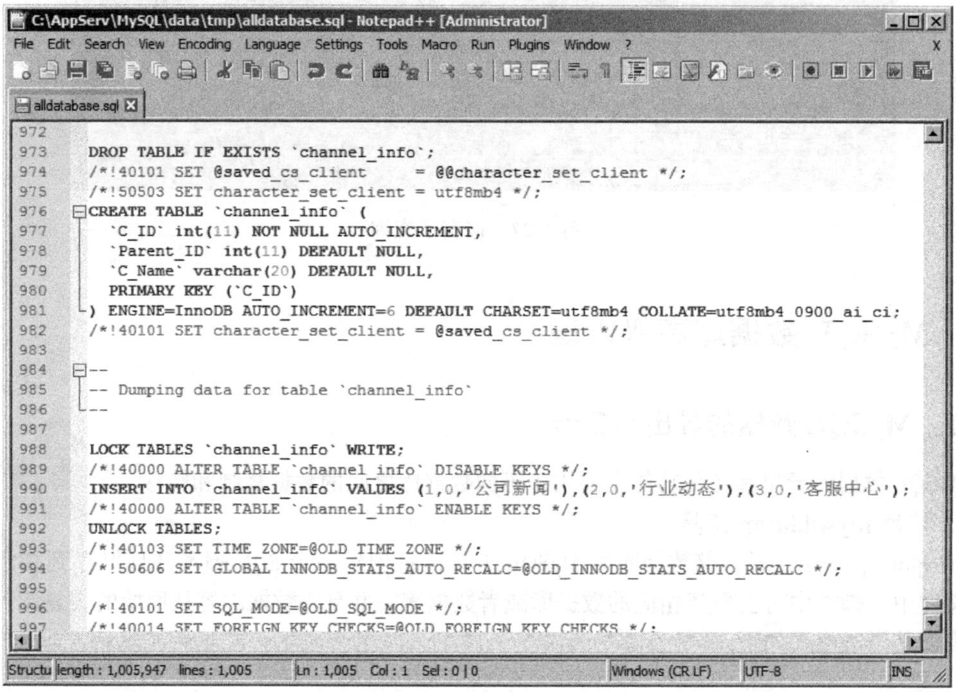

图 8.29　导出含有数据的 SQL 文件

接下来就可以对 alldatabase. sql 文件进行保存，也可以复制到需要数据导入的机器中执行数据导入操作，实现数据的备份和转移。

与导出全部数据库的操作相似，mysqldump 也可以导出指定数据库的所有数据表或者指定数据表的数据。例如下面的操作

导出 myweb_db 数据库中的所有数据表：

```
mysqldump - -no-defaults -h localhost -u root -p - -databasesmyweb_db >tmp/myweb_db.sql
```

导出 myweb_db 数据库中的 Admin_Info 和 Channel_Info 数据表及内容：

```
mysqldump - - no - defaults - h localhost - u root - p - - databasesmyweb_db - - tables Admin
_Info
  Channel_Info > tmp/myweb_db_2tables. sql
```

导出 myweb_db 数据库中的 Admin_Info 表中 A_ID 大于 2 的数据：

```
mysqldump - - no - defaults - h localhost - u root - p - - databasesmyweb_db - - tables Admin
_Info
  - - where = "A_ID > 2"   > tmp/myweb_db_A_ID2. sql
```

2. 使用 select into outfile 命令

除了使用 mysqldump 工具将 MySQL 数据库和数据表内容导出为 SQL 文件外，也可以使用 select into outfile 命令将表中的数据导出为文本文件，即使用正常的 select 查询语句将满足查询条件的数据导出到指定路径下的文本文件中，语法如下：

```
select *  from 数据表 [where 查询条件]
  into outfile '保存路径/文件名. txt'
```

该命令的特点总结如下：

➢ 输出文件直接由 MySQL 服务器创建，因此，文件名应该指明其在服务器主机上的保存位置。

➢ 必须拥有 MySQL 的文件操作权限，才能执行该命令。

➢ 输出文件不能是已有文件，以防重要文件被覆盖。

例如，将 Channel_Info 表中的所有数据保存到 tmp/Channel_Info. txt 文件中，代码如下。

```
select *  from Channel_Info into outfile 'tmp/Channel_Info. txt'
```

运行该代码，出现错误提示 "ERROR 1290 (HY000)：The MySQL server is running with the - - secure - file - priv option so it cannot execute this statement"，如图 8. 30 所示。

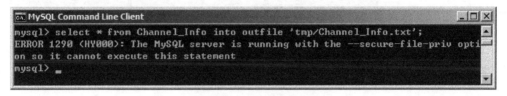

图 8. 30　错误提示

➢ secure-file-priv 参数用于限制 Load Data、Select into outfile，Load_file( )等命令传递到哪个指定目录。

➢ secure-file-priv = NULL：表示限制 MySQL 不允许导入或导出。

➢ secure-file-priv = '/tmp'：表示限制 MySQL 只能在 "/tmp" 目录中执行数据导入和导出操作。

➢ secure-file-priv = ""（空字符）：表示不限制 MySQL 在任意目录中执行数据导入和导出操作。

由于 secure-file-priv 参数是只读参数，不能使用 set global 命令修改，因此只能打开 MySQL 安装目录（C:\AppServ\MySQL）下的 my. ini 文件，找到 "secure-file-priv"，将此值设置为""。

```
secure - file - priv = ""
```

secure-file-priv 参数设置如图 8. 31 所示。

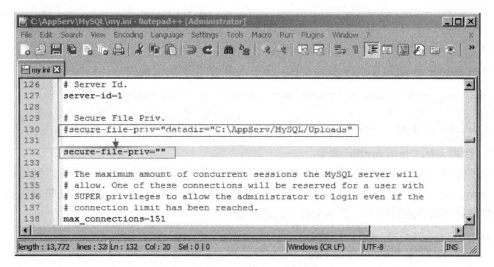

图 8.31　secure-file-priv 参数设置

　　修改后重新启动 MySQL 服务，并且重新执行 select into outfile 命令。命令执行成功后，将会在 C:\AppServ\MySQL\data\tmp 目录下生成一个 Channel_Info. txt 文件。打开此文件，可以看到文件的内容，如图 8.32 所示。

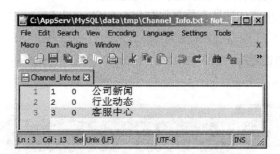

图 8.32　导出的 Channel_Info. txt 文件内容

8.5.2　MySQL 数据的导入和还原

　　数据导入操作主要用于数据库的还原，有 3 种导入方式，分别是使用 mysql 命令导入、使用 source 命令导入、使用 load data local infile 命令导入。

1. 使用 mysql 命令导入数据

　　mysql 命令用于将之前导出的数据（以.sql 保存的 SQL 脚本）导入到当前 MySQL 服务器中，语法格式为：

```
mysql -u用户名 -p密码 < 要导入的数据库数据(*.*.sql)
```

　　例如，将导出的 myweb_db. sql 导入到当前 MySQL 服务器，语句为：

```
mysql -u root -p  < C:/AppServ/MySQL/data/tmp/myweb_db.sql
```

　　运行结果如图 8.33 所示。

图 8.33　使用 mysql 命令导入数据

2. 使用 source 命令导入数据表

source 命令用于将之前导出的数据表（以 . sql 保存的 SQL 脚本）导入到目标数据库。source 命令需要先连接 MySQL 服务器，并且进入目标数据库，再执行数据表的导入，语法格式如下。

```
create database 数据库名称;      //创建数据库
use 数据库名称;                 //使用已创建的数据库
source  "SQL 脚本文件路径"        //导入备份数据库
```

例如，将 myweb_db 数据库中的 Admin_Info 表和 Channel_Info 表导入到新的数据库 myweb_db2。

```
create database myweb_db2;
use myweb_db2;
source  C:/AppServ/MySQL/data/tmp/ myweb_db_2tables. sql
```

运行结果如图 8.34a 所示，接着可以使用"show tables"查看该数据库中的数据表，可以看到数据表已经成功导入到 myweb_db2 数据库中，如图 8.34b 所示。

a)　source 导入命令　　　　　　　　　　　　　　　b)　数据表导入成功

图 8.34　使用 source 命令导入数据表

3. 使用 load data local infile 命令 导入数据

使用 load data local infile 语句将之前导出的数据（以 . txt 保存的数据）导入到 MySQL 数据库中的目标数据表内，语法格式如下。

```
load data local infile '要导入的数据文件路径' into table 目标数据表名;
```

例如，将导出的 Channel_ Info. txt 文件导入 Channel_Info 表中，代码如下。

```
load data local infile 'C:/AppServ/MySQL/data/tmp/Channel_Info. txt' into table Channel_Info;
```

执行语句时，出现错误提示"ERROR 1148（42000）：The used command is not allowed with this MySQL version"，如图 8.35 所示。

这是因为 MySQL 客户端中的 local_infile 默认是关闭的，因此在使用的时候需要打开。可以使用以下语句查看 local_infile 的状态：

```
show global variables like 'local_infile';
```

```
MySQL Command Line Client                                              _ □ ×
mysql> load data local infile 'C:/AppServ/MySQL/data/tmp/Channel_Info.txt' into
table Channel_Info;
ERROR 1148 (42000): The used command is not allowed with this MySQL version
mysql>
```

图 8.35　错误提示

执行命令，可以看到 local_infle = OFF，如图 8.36 所示。

```
MySQL Command Line Client                                              _ □ ×
mysql> load data local infile 'C:/AppServ/MySQL/data/tmp/Channel_Info.txt' into
table Channel_Info;
ERROR 1148 (42000): The used command is not allowed with this MySQL version
mysql> show global variables like 'local_infile';
+---------------+-------+
| Variable_name | Value |
+---------------+-------+
| local_infile  | OFF   |
+---------------+-------+
1 row in set (0.10 sec)
```

图 8.36　查看 local_infile 参数状态

使用命令"set global local_infile = 'ON';"将该参数状态设置为开启，也可以到 MySQL 安装目录（C:\AppServ\MySQL）中的 my. ini 文件中将 local_infile 参数的值设置为"ON"，如果 my. ini 文件中没有 local_infile 参数，可直接添加语句"local_infile = 'ON';"。

接着重新启动 MySQL 服务，并使用下面语句连接 MySQL 服务器：

```
mysql - -local-infile=1 -u root -p
```

运行结果如图 8.37 所示。

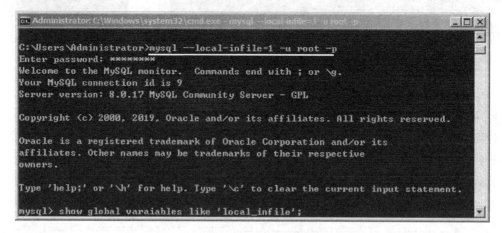

```
Administrator: C:\Windows\system32\cmd.exe - mysql  --local-infile=1  u root -p    _ □ ×
C:\Users\Administrator>mysql --local-infile=1 -u root -p
Enter password: ********
Welcome to the MySQL monitor.  Commands end with ; or \g.
Your MySQL connection id is 9
Server version: 8.0.17 MySQL Community Server - GPL

Copyright (c) 2000, 2019, Oracle and/or its affiliates. All rights reserved.

Oracle is a registered trademark of Oracle Corporation and/or its
affiliates. Other names may be trademarks of their respective
owners.

Type 'help;' or '\h' for help. Type '\c' to clear the current input statement.

mysql> show global varaiables like 'local_infile';
```

图 8.37　连接 MySQL 服务器

由于使用 source 命令导入数据时 Channel_Info 表中已经存在数据了，因此可以先将表中数据删除，再使用 load data local infile 命令导入数据，并且查看数据导入结果，如图 8.38 所示。

```
C:\. Administrator: C:\Windows\system32\cmd.exe - mysql --local-infile=1 -u root -p

mysql> delete from Channel_Info;
Query OK, 3 rows affected (0.26 sec)

mysql> select * from Channel_Info;
Empty set (0.00 sec)

mysql> Load data local infile 'C:/AppServ/MySQL/data/tmp/Channel_Info.txt' into
Table Channel_Info;
Query OK, 3 rows affected (0.21 sec)
Records: 3  Deleted: 0  Skipped: 0  Warnings: 0

mysql> select * from Channel_Info;
+------+-----------+-----------+
| C_ID | Parent_ID | C_Name    |
+------+-----------+-----------+
|    1 |         0 | 公司新闻  |
|    2 |         0 | 行业动态  |
|    3 |         0 | 客服中心  |
+------+-----------+-----------+
3 rows in set (0.00 sec)
```

图 8.38　使用 load data local infile 命令导入数据

8.5.3　phpMyAdmin 图形化管理工具

phpMyAdmin 是一款 MySQL 的图形化管理工具，包括数据库管理、数据表管理和数据管理等。访问 phpMyAdmin 管理平台的方法是：单击 AppServ 主页（http://localhost:8090/）最上方的 phpMyAdmin Database Manager Version 4.9.1，进入登录界面，如图 8.39 所示。输入在安装 AppServ 时设置的 MySQL 服务器的用户名和密码（用户名为 root，密码为 88888888），即可登录到 phpMyAdmin 图形化管理界面。

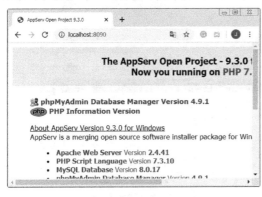

a）AppServ 主面　　　　　　　　　　　　　　b）phpMyAdmin 登录界面

图 8.39　phpMyAdmin 管理界面入口

1. phpMyAdmin 管理数据库

在 phpMyAdmin 的主界面，单击"Databases"可以看到当前 MySQL 服务器中的所有数据库。用户可以对这些数据库进行查看和管理，可以通过管理平台对数据库进行综合管理，如修改数据库名、删除数据库、创建数据表等，也可以通过管理平台创建新的数据库，如图 8.40 所示。

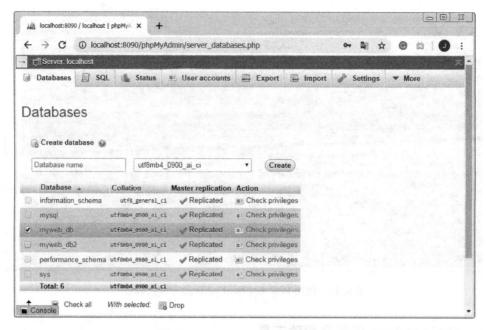

图 8.40　phpMyAdmin 管理数据库

2. phpMyAdmin 管理数据表

当选中某个数据库后，单击该数据库名称，即可查看该数据库中的所有数据表，如图 8.41 所示。在该界面中，可以对这些数据表进行综合管理，包括修改表结构、重命名表等操作，也可以在数据库中创建数据表，在管理页面中输入数据表名和字段数量，单击"执行"按钮，进入字段详细信息输入页面，包括字段名、数据类型、长度值、编码格式、是否为空、主键等，最后单击"保存"按钮，完成数据表的创建。

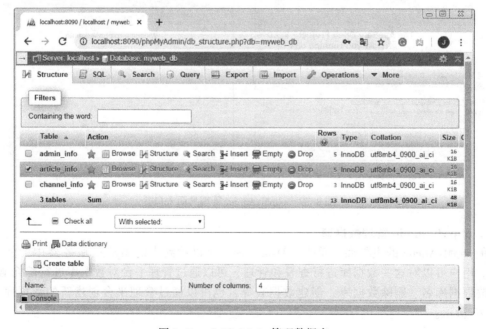

图 8.41　phpMyAdmin 管理数据表

3. phpMyAdmin 管理数据

单击某个数据表时，进入该表的数据管理界面，如图 8.42 所示。在该界面中，可以向表中添加数据，也可以对表中数据进行修改、删除和查询等操作。单击管理页面中的"SQL"按钮进入 SQL 语句编辑区，通过输入完整的 SQL 语句来实现数据的插入、修改、查询和删除操作。

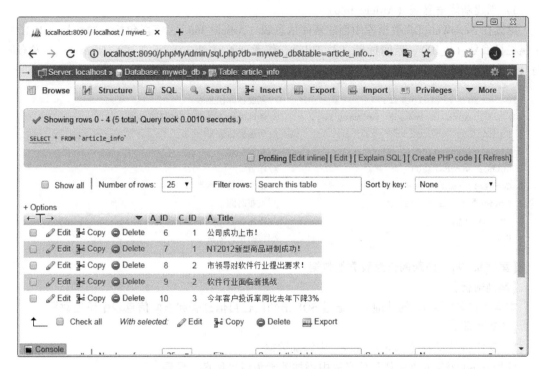

图 8.42　phpMyAdmin 管理数据

8.6　综合案例

【案例 8.18】　创建新闻网站数据库

【案例剖析】

本案例创建一个新闻网站数据库，并在数据库中分别创建栏目信息表和新闻信息表。

【实现步骤】

1) 创建新闻网站数据库 NewsWeb_DB。

进入命令提示符窗口，启动并连接 MySQL 服务器，创建新闻网站数据库，命名为 NewsWeb_DB，代码如下。

```
create database NewsWeb_DB;
use NewsWeb_DB;
```

2) 创建网站栏目信息表 Channel_Info。

在 NewsWeb_DB 数据库中创建栏目信息表（Channel_Info），字段包括栏目编号（C_ID）、父级编号（Parent_ID）、栏目名称（C_Name）、排序（C_Order），代码如下。

```
create table Channel_Info                      //创建栏目信息表
(C_ID int auto_increment  primary key,         //栏目编号, 主键, 自增长
Parent_ID int,                                 //父级编号
C_Name varchar(20),                            //栏目名称
C_Order int);                                  //栏目排序
```

3）创建新闻信息表（Article_Info）。

继续在 NewsWeb_DB 数据库中创建新闻信息表（Article_Info），字段包括新闻编号（A_ID）、所属栏目编号（C_ID）、新闻标题（A_Title）、作者（A_Author）、正文（A_Contents）、发布时间（A_CreateDate）、新闻状态（A_Status）、访问量（A_Hits），代码如下。

```
create table Article_Info                      //创建新闻信息表
(A_ID int auto_increment  primary key,         //新闻编号, 主键, 自增长
C_ID int,                                      //所属栏目编号
A_Title varchar(100),                          //新闻标题
A_Author varchar(20),                          //作者
A_Contents text,                               //正文, 长文本类型
A_CreateDate datetime,                         //发布时间
A_Status int,                                  //新闻状态, 数字, 取值为 0 或 1
A_Hits int);                                   //访问量, 数字
```

【案例 8.19】　向新闻信息表添加数据

【案例剖析】

本案例在案例 8.18 的基础上，通过 SQL 语句向栏目信息表和新闻信息表中添加数据。

【实现步骤】

1）向栏目信息表（Channel_Info）中添加数据。

使用 insert 语句分别向栏目信息表中添加若干条栏目信息，代码如下。

```
//为栏目信息表添加数据
//父级编号为 0, 表一级栏目
insert into Channel_Info (Parent_ID,C_Name,C_Order) value (0,'公司新闻',1);
insert into Channel_Info (Parent_ID,C_Name,C_Order) value (0,'行业动态',2);
insert into Channel_Info (Parent_ID,C_Name,C_Order) value (0,'客服中心',3);
```

2）向新闻信息表（Article_Info）中添加数据。

使用 insert 语句分别向新闻信息表中添加若干条新闻信息，代码如下。

```
//为新闻信息表添加数据
insert into Article_Info value (1,'公司成功上市! ','作者','内容','2012 -1 -1 00:00:00',1,1);
insert into Article_Info value (1,'NT2012 新型商品研制成功! ','作者','内容','2012 -1 -1 00:00:00',
1,1);
insert into Article_Info value (2,'市领导对软件行业提出要求! ','作者','内容','2012 -1 -1 00:00:00',
1,1);
insert into Article_Info value (2,'软件行业面临新挑战','作者','内容','2012 -1 -1 00:00:00',1,100);
insert into Article_Info value (3,'今年客户投诉率同比去年下降 3% ','作者','内容','2012 -1 -1 00:00:
00',1,88);
```

最后，使用 select 语句查询添加的栏目信息表和新闻信息表中的数据。

【案例 8.20】 多条件排序查询

【案例剖析】

项目开发过程中，有时需要对查询结果按照不同的业务需要进行排序。本案例在案例 8.19 的基础上，通过 select 语句查询新闻信息表数据，要求查询结果按发布时间、访问量降序显示。

【实现步骤】

使用 select 语句查询新闻信息表数据，排序条件为按发布时间、访问量降序，代码如下。

```
select * from Article_Info order by A_CreateDate desc,A_Hits desc;
```

运行结果如图 8.43 所示，从图中可以看到公司新闻文章 1、2 的发布时间不同，根据发布时间降序显示。行业动态文章 1、2 的发布时间相同，因此要根据访问量降序显示。

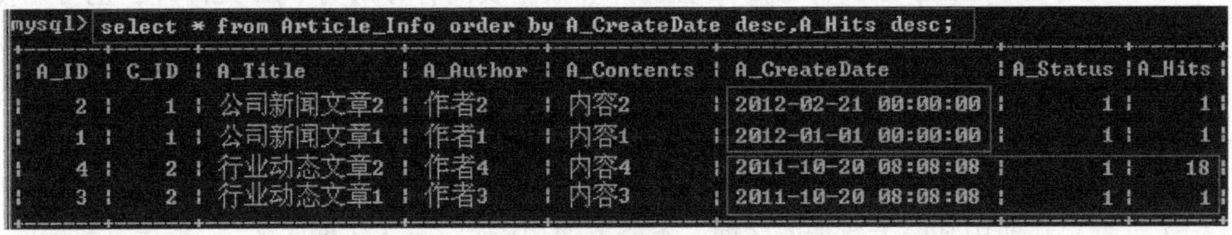

mysql> select * from Article_Info order by A_CreateDate desc,A_Hits desc;

A_ID	C_ID	A_Title	A_Author	A_Contents	A_CreateDate	A_Status	A_Hits
2	1	公司新闻文章2	作者2	内容2	2012-02-21 00:00:00	1	1
1	1	公司新闻文章1	作者1	内容1	2012-01-01 00:00:00	1	1
4	2	行业动态文章2	作者4	内容4	2011-10-20 08:08:08	1	18
3	2	行业动态文章1	作者3	内容3	2011-10-20 08:08:08	1	1

图 8.43 多条件排序查询结果

【学习笔记】

查询数据使用 select 语句，排序使用 order by 关键字，语法格式如下。

```
select * [列名] from 表名 [where 查询条件] [order by 排序条件1,排序条件2,…]
```

> **说明：** 排序条件有两个及以上时，先根据排序条件 1 进行排序，当排序条件 1 相同时，条件相同的记录再根据排序条件 2 进行排序，以此类推。

8.7 课后习题

一、选择题

1. 以下（　　）选项不是 MySQL 的特点。

（A）不支持跨平台　　（B）运行速度快　　（C）关系数据库　　（D）免费软件

2. 以下（　　）选项不是 MySQL 8.0 的新特点。

（A）数据表的默认字符集由 latin1 变为 utf8mb4

（B）自增变量 AUTO_INCREMENT 值持久化，MySQL 重启后，该值将不会改变

（C）不支持在线修改全局参数并持久化，重启 MySQL 时加载最新配置参数

（D）对 group by 字段不再隐式排序，如果需要排序，必须显式加上 order by 子句

3. 以下（　　）SQL 语句用于创建数据库。

（A）create database MyWeb_DB;　　（B）delete MyWeb_DB;

（C）create table MyWeb_DB;　　（D）create value MyWeb_DB;

4. 清除一个表结构的 SQL 语句是（　　）。

（A）delete　　（B）drop　　（C）update　　（D）truncate

5. 下列 （　　） 不是向数据表中插入 （添加） 数据的语句格式。

（A） insert into 表名 values （值1，值2，…）

（B） insert into 表名 （字段1，字段2，…） values （值1，值2，…）

（C） insert into 表名 set 字段1 = 值1，字段2 = 值2，…

（D） insert 表名 （值1，值2，…）

二、填空题

1. 在命令行启动 MySQL 8.0 服务器的命令为＿＿＿＿＿＿。

2. 在命令行连接 MySQL 8.0 服务器的命令为＿＿＿＿＿＿。

3. 在命令行中关闭 MySQL 8.0 服务器的命令为＿＿＿＿＿＿。

4. 用于删除一个表数据的 SQL 语句是＿＿＿＿＿＿。

5. 除了使用 mysqldump 工具将 MySQL 数据库和数据表内容导出为 SQL 文件外，也可以使用＿＿＿＿＿＿命令将表中的数据导出为文本文件。

三、判断题

1. （　　） 启动 MySQL 服务器的命令是 "net stop mysql8；"。

2. （　　） 链接 MySQL 服务器的命令是 "mysql – h localhost – u root – p"。

3. （　　） 在使用某一个数据库之前，不需要使用语句 "use 数据库名；" 来指定数据库。

4. （　　） MySQL 数据的导出和导入功能主要用于不同数据库之间的数据复制和转移。

5. （　　） 数据导入操作主要用于数据库的还原，有 3 种导入方式，分别是使用 mysql 命令导入、使用 source 命令导入、使用 load data local infile 命令导入。

四、简答题

某系统现需要存储用户信息，存储信息包括用户名、姓名、密码、性别、年龄、生日、民族。

1） 请合理设计该表的名称、字段名称以及各字段的数据类型。

2） 写出创建该数据表的 SQL 语句。

3） 写出查询所有年龄在30 ~ 45 岁之间的女性用户的 SQL 语句。

4） 写出统计每一个民族的用户的数量。

第 9 章　PHP 与 MySQL 数据库编程技术

【本章要点】
- ☞ PHP 操作 MySQL 数据库的步骤
- ☞ PHP 连接 MySQL 服务器
- ☞ PHP 操作 MySQL 数据库
- ☞ PHP 操作数据

9.1　PHP 操作 MySQL 数据库的步骤

PHP 支持与大部分数据库（如 SQL Server、Oracle、MySQL 等）的交互操作，但与 MySQL 结合最好，PHP 与 MySQL 数据库的交互步骤如图 9.1 所示。

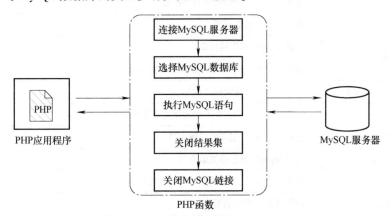

图 9.1　PHP 与 MySQL 数据库的交互步骤

PHP7 版本支持使用两种方式连接 MySQL：①MySQLi extension；②PDO（PHP Data Objects）。其中，MySQLi 又进一步分为面向对象和面向过程两种连接方式。MySQLi（面向对象）、MySQLi（面向过程）、PDO 这 3 种连接方式的语法稍有不同，但执行步骤是基本相同的，具体说明如下。

1）连接 MySQL 服务器：使用 MySQLi 或 PDO( )函数建立与 MySQL 服务器的连接。

2）选择 MySQL 数据库：使用 MySQLi 或 PDO( )函数选择 MySQL 数据库服务器上的数据库，并与数据库建立连接。

3）执行 MySQL 语句：在选择的数据库中使用函数执行 MySQL 语句，包括 4 种操作。

➢ 查询数据：使用 select 语句实现数据的查询功能。

➢ 添加数据：使用 insert 语句向数据库中添加数据。

➢ 更新数据：使用 update 语句修改数据库中的数据。

➢ 删除数据：使用 delete 语句删除数据库中的数据。

4）关闭结果集：数据库操作完成后需要关闭结果集，使用函数释放资源。

5）关闭 MySQL 连接：每使用一次数据库连接和执行 MySQL 操作都会消耗系统资源，在少量用户访问 Web 网站时问题还不大，但如果用户连接超过一定数量时，就会造成系统性能的下降，甚至死机。为了避免这种现象的发生，在完成数据库的操作后，应使用函数关闭与 MySQL 服务器的连接，以节省系统资源。

　　PHP 中提供了很多操作 MySQL 数据库的函数，使用这些函数可以对 MySQL 数据库执行各种操作，使程序开发变得更加简单、灵活。表 9.1 为一些常用的 MySQL 数据库函数。

表 9.1　MySQL 数据库函数

函 数 名 称	说　　　明
mysqli::init	初始化 MySQLi 并返回一个资源类型的值，这个值可以作为 mysqli_real_connect( ) 函数的传入参数
mysqli::$connect_errno	返回上一次连接调用的错误代码
mysqli::$connect_error	返回最后一次连接错误的字符串描述
mysqli::close	关闭先前打开的数据库连接
mysqli::errno	返回最近函数调用的错误代码
mysqli::$error_list	返回上一个执行命令的错误列表
mysqli::$error	返回最后一个错误的字符串描述
mysqli::get_charset	返回一个字符集对象
mysqli::$client_info	获取 MySQL 客户端信息
mysqli_get_client_version	作为一个整数返回 MySQL 客户端的版本
mysqli::get_connection_stats	返回客户端连接的统计数据
mysqli::$host_info	返回一个字符串，表示当前使用的连接类型
mysqli::$protocol_version	返回 MySQL 使用的协议版本号
mysqli::$server_info	返回 MySQL 服务器的版本号
mysqli::$server_version	作为一个整数返回 MySQL 服务器的版本
mysqli::get_warnings	获取显示警告的结果
mysqli::query	对数据库执行一次查询
mysqli::multi_query	执行查询
mysqli::$affected_rows	获取上一个 MySQL 操作中受影响的行数
mysqli::$field_count	返回最近查询的列数
mysqli::more_results	检查批量查询中是否还有查询结果
mysqli::next_result	为读取 multi_query 并执行之后的下一个结果集做准备
mysqli::character_set_name	返回当前数据库连接的默认字符编码
mysqli::commit	提交一个事务
mysqli::$info	返回最近执行的 SQL 语句的信息
mysqli::$insert_id	返回最后一条插入语句产生的自增 ID
mysqli::prepare	准备执行一个 SQL 语句
mysqli::real_connect	建立一个 MySQL 服务器连接
mysqli::real_escape_string	根据当前连接的字符集，对 SQL 语句中的特殊字符进行转义

（续）

函 数 名 称	说　明
mysqli∷real_query	执行一个 MySQL 查询
mysqli∷select_db	选择用于数据库查询的默认数据库
mysqli∷send_query	发送请求并返回结果
mysqli∷set_charset	设置默认字符编码
mysqli∷$sqlstate	返回上一次 SQL 操作的 SQLSTATE 错误信息

9.2　PHP 连接 MySQL 服务器

要在 PHP 中操作 MySQL 数据库，必须先与 MySQL 服务器建立连接，也就是建立一条从 PHP 程序到 MySQL 数据库之间的通道。

1. MySQLi（面向对象）

mysqli()函数是用于连接 MySQL 服务器的 MySQLi 的面向对象方法，其语法格式如下。

```
//连接 MySQL 服务器
$conn = new mysqli($servername, $username, $password, [$databasename]);
//关闭连接
$conn -> close();
```

参数说明：

➢ "$servername" 表示 MySQL 服务器的主机名或 IP 地址。

➢ "$username" 表示登录 MySQL 数据库服务器的用户名。

➢ "$password" 表示登录 MySQL 数据库服务器的密码。

➢ "$databasename" 是可选参数，表示要连接的 MySQL 数据库名称。如果未指定 databasename，则只连接到 MySQL 服务器，可以在服务器上执行创建数据库等操作。如果指定 databasename 参数值，则直接连接到指定的 MySQL 数据库，可以在该数据库中执行各种操作。

➢ "conn" 表示函数返回值，用于表示这个数据库连接。如果连接成功，则函数返回一个连接标识，失败则返回失败原因。

2. MySQLi（面向过程）

mysqli_connect()函数是用于连接 MySQL 服务器的 MySQLi 的面向过程方法。该函数不需要使用 new 进行实例化即可使用，其语法格式如下。

```
//连接 MySQL 服务器
$conn = mysqli_connect($servername, $username, $password, [$databasename]);
//关闭连接
mysqli_close($conn);
```

其参数与 mysqli()相似。

3. PDO

PDO()函数用于连接 MySQL 服务器，其语法格式如下。

```
//连接 MySQL 服务器
$conn = new PDO("mysql:host = $servername; [dbname = $databasename]", $username, $password)
;

//关闭连接
$conn = null
```

参数 [dbname = $databasename] 是可选参数，表示要连接的数据库名称。

【案例 9.1】

本案例分别使用 3 种连接方式连接本地 MySQL 服务器，并介绍各种连接错误的提示。

【实现步骤】

在 Zend Studio 软件中创建一个 PHP 项目，命名为 PHP09，用于实现本章的所有案例代码。在 PHP09 项目中创建一个 PHP 文件并命名为 "0901. php"，分别使用 3 种连接方式连接第 8 章安装使用的 MySQL 数据库服务器，编写 PHP 代码如下。

```php
<? php
$servername = "localhost";
$username = "root";
$password = "88888888";

echo "执行 MySQLi(面向对象) 连接：<br/>";
$conn1 = new mysqli($servername, $username, $password) ; // 创建连接
if ($conn1 -> connect_error) {
    echo "连接失败：". $conn1 -> connect_error;
} else {
    echo "连接成功";
}

echo "<br/>执行 MySQLi(面向过程) 连接：<br/>";
$conn2 = mysqli_connect($servername, $username, $password) ; // 创建连接
if (! $conn2) {
    echo "连接失败：".mysqli_connect_error();
} else {
    echo "连接成功";
}

echo "<br/>执行 PDO 连接：<br/>";
try {
    $conn3 = new PDO ("mysql: host = $servername;", $username, $password) ; // 创建连接
    echo "连接成功";
} catch (PDOException $e) {
    echo "连接失败：" .$e -> getMessage();
}
? >
```

浏览 0901. php 页面，当 MySQL 服务启动，而且连接参数都正确时，显示 MySQL 服务器连接成功，运行效果如图 9.2a 所示。为了方便查询因为连接问题而出现的错误，本案例演示几种常见的 MySQL 连接不成功情况。

1）如果连接服务器地址输入错误（例如，将服务器名称写成 $servername = "localhost222"），那么 PHP 程序也无法连接到该 MySQL 服务器，MySQLi 函数将提示错误信息："php_network_getaddresses：getaddrinfo failed：No such host is known."，PDO（）函数将提示 "SQLSTATE [HY000] [2002] php_network_getaddresses：getaddrinfo failed：No such host is known."，运行结果如图 9.2b 所示。

2）如果连接函数的用户名或密码输入错误（例如，将密码写成 $password = "88888888 abc"），那么 PHP 程序也无法连接到该 MySQL 服务器，3 个函数都将提示错误信息 "Access denied for user 'root2'@ 'localhost'（using password：YES）"，运行结果如图 9.2c 所示。

3）如果 MySQL 服务器未启动（例如，先停止 MySQL 服务器，再运行本页面），那么 PHP 程序肯定无法连接到该 MySQL 服务器，程序将提示错误信息 "No connection could be made because the target machine actively refused it."，运行结果如图 9.2d 所示。

a）MySQL 连接成功

b）服务器地址错误

c）用户名或密码错误

d）MySQL 服务停止

图 9.2　PHP 连接 MySQL 服务器

9.3　PHP 操作 MySQL 数据库

通过 PHP 程序连接到 MySQL 服务器之后，可以对 MySQL 数据库执行相应的操作，包括创建数据库和连接数据库（使用数据库）等。

9.3.1　创建数据库

1. MySQLi（面向对象）

使用 MySQLi 的 $conn -> query()函数可以执行各种 SQL 语句，包括数据库创建和管理、数据表创建和管理，以及数据增删改操作和数据查询等操作。以创建数据库为例，其语法格式如下。

```
//创建数据库的 SQL 语句
$sql = "create database 数据名称";
//执行 SQL 语句,返回 bool 类型结果
$result = $conn -> query($sql);
```

根据 SQL 语句的返回结果 $result 可以判断语句是否执行成功。

2. MySQLi（面向过程）

MySQLi 面向过程的函数 mysqli_query( ) 与 MySQLi 面向对象的函数名称不同，但执行原理和调用方式相同，其语法格式如下。

```
//创建数据库的 SQL 语句
$sql = "create database 数据名称";
//执行 SQL 语句,返回 bool 型结果
$result = mysqli_query($conn, $sql);
```

该函数的返回值也是 bool 类型。

3. PDO

PDO 使用 exec( ) 函数来执行各种 SQL 语句，包括数据库创建和管理、数据表创建和管理，以及数据增删改操作等操作。以创建数据库为例，其语法格式如下。

```
//创建数据库的 SQL 语句
$sql = "create database 数据名称";
//使用 exec()函数, 没有结果返回
$conn -> exec ($sql);
```

由于 exec( ) 函数没有返回值，因此可以使用 try...catch 语句来判断 SQL 语句是否成功执行。

【案例 9.2】

本案例分别使用 3 种连接方式连接本地 MySQL 服务器，并介绍各种连接错误的提示。

【实现步骤】

在 PHP09 项目中创建一个 PHP 文件并命名为 "0902.php"，使用 3 种函数分别创建相应的数据库，PHP 代码如下。

```php
<? php
$servername ="localhost";
$username ="root";
$password ="88888888";

echo "MySQLi(面向对象) 方式:<br/>";
$conn1 = new mysqli($servername, $username, $password) ; // 创建连接
if ($conn1 -> connect_error) {
    echo "MySQLi(面向对象) 连接失败:". $conn1 -> connect_error;
} else {
    $sql = "create database My_DB1";
    $result = $conn1 -> query ($sql) ;
    if($result == TRUE)
        echo "My_DB1 数据库创建成功.";
```

```
    else
        echo "My_DB1 数据库创建失败:". $conn1 ->error;
}

echo "<br/>MySQLi(面向过程) 方式:<br/>";
$conn2 = mysqli_connect($servername, $username, $password); // 创建连接
if (! $conn2) {
    echo "连接失败:".mysqli_connect_error();
} else {
    $sql = "create database My_DB2";
    $result = mysqli_query ($conn2, $sql);
    if ($result == TRUE)
        echo "My_DB2 数据库创建成功.";
    else
        echo "My_DB2 数据库创建失败:".mysqli_error ($conn2);
}

echo " <br/>PDO方式: <br/>";
try {
    $conn3 = new PDO (" mysql: host = $servername;", $username, $password); // 创建连接
    $sql = "create database My_DB3";
    $conn3 ->exec ($sql);
    echo "My_DB3 数据库创建成功.";
} catch (PDOException $e) {
    echo "My_DB3 数据库创建失败:" . $e ->getMessage();
}
? >
```

浏览0902. php 页面，可以看到 3 个数据库都创建成功，运行结果如图 9.3a 所示。接着进入 MySQL 客户端，通过"show databases;"命令查看数据库，如图 9.3b 所示。

a) PHP创建MySQL数据库成功   b) 查看所创建的数据库

图 9.3 PHP 创建 MySQL 数据库

9.3.2 连接数据库

当需要对具体的 MySQL 数据库进行数据表操作或者数据访问操作时，首先需要连接到具体

的数据库中。MySQL 数据库的连接函数与 MySQL 服务器的连接函数相同，即在连接函数中指定要连接的数据库的名称即可，3 种连接方式的语法格式分别介绍如下。

1. MySQLi（面向对象）

```
//连接 MySQL 服务器和数据库
$conn = new mysqli($servername, $username, $password, $databasename);
```

参数 $databasename 表示要连接的数据库名称。

2. MySQLi（面向过程）

```
//连接 MySQL 服务器和数据库
$conn = mysqli_connect($servername, $username, $password, $databasename);
```

3. PDO

```
//连接 MySQL 服务器和数据库
$conn = new PDO("mysql:host = $servername; dbname = $databasename", $username, $password);
```

9.4　PHP 操作数据

在连接到具体的 MySQL 数据库之后，可以对数据库中的数据表和数据执行相应的 SQL 操作，包括创建数据表、修改及管理数据表、向数据表中插入数据、修改数据、删除数据，以及查询数据等操作。

9.4.1　数据增删改操作

在 PHP 程序中，执行 MySQL 的数据增删改操作的原理和第 9.3.1 小节中的 MySQL 数据库创建相同，都是将指定的 SQL 语句传入到 MySQL 服务器中执行，并且返回执行结果。3 种连接方式的语法结构也与 9.3.1 小节相同。

【案例 9.3】

本案例演示使用 3 种连接方式分别对 MySQL 数据表执行数据添加、修改和删除操作。首先使用 MySQLi（面向对象）方法在 My_DB1 数据库中创建一个 Admin_Info 数据表，接着使用 MySQLi（面向过程）方法向 Admin_Info 表中添加一条用户信息，最后使用 PDO 连接方式将刚刚添加的用户名进行修改。

【实现步骤】

在 PHP09 项目中创建一个 PHP 文件并命名为 "0903.php"，编写 PHP 代码如下。

```
<? php
$servername = "localhost";
$username = "root";
$password = "88888888";
$databasename = "My_DB1";

echo "MySQLi(面向对象) 方式:<br/>";
$conn1 = new mysqli($servername, $username, $password, $databasename); // 创建连接
if ($conn1 ->connect_error) {
```

```
        echo "MySQLi(面向对象)连接失败:". $conn1->connect_error;
    } else {
        $sql = "create table Admin_Info (A_ID int primary key, A_UserName varchar(20), A_Pwd var-
char(20))";
        $result = $conn1->query($sql);
        if($result == TRUE)
            echo "Admin_Info 表创建成功.";
            else
                echo "Admin_Info 表创建失败:". $conn1->error;
    }

echo "<br/>MySQLi(面向过程)方式:<br/>";
    $conn2 = mysqli_connect($servername, $username, $password, $databasename); // 创建连接
    if (! $conn2) {
        echo "连接失败:".mysqli_connect_error();
    } else {
        $sql = " insert into Admin_Info values (1, '旧管理员', '123456789')";
        $result = mysqli_query ($conn2, $sql);
        if ($result == TRUE)
            echo " 数据添加成功.";
            else
                echo " 数据添加失败:".mysqli_error ($conn2);
    }

echo " <br/>PDO 方式:<br/>";
    try {
        $conn3 = new PDO (" mysql: host = $servername; dbname = $databasename", $username, $pass-
word,);
    // 创建连接
        $sql = " update Admin_Info set A_UserName ='新管理员' where A_ID =1";
        $conn3->exec ($sql);
        echo " 数据修改成功.";
    } catch (PDOException $e) {
        echo " 数据修改失败:". $e->getMessage();
    }
?>
```

运行 0903.php 页面，结果显示 Admin_Info 表创建成功，数据添加且修改成功，如图 9.4a 所示。为了验证用户是否真正添加到数据库中，进入 MySQL 客户端界面，进入 My_DB1 数据库，使用 "select * from Admin_Info;" 查询表中数据，可以看到该表中存在一条记录，如图 9.4b 所示。

a）数据表及数据操作结果　　　　　　　　　　b）查询表中数据

图 9.4　用户注册处理页面

237

9.4.2　执行多条命令

如果需要向 MySQL 数据库中执行多条命令，可以将语句逐条传递到 MySQL 服务器进行执行，也可以将多条命令一起传递到 MySQL 服务器进行批量执行，还可以使用事务的方式进行执行。

1. MySQLi（面向对象）

multi_query( )函数可用来执行多条 SQL 语句。首先将要执行的多条 SQL 数据操作语句连接成一个字符串，注意每条语句之间使用分号"；"间隔，接着使用 multi_query( )函数将这些 SQL 语句一起传递到 MySQL 服务器进行批量执行，并返回 bool 型结果。

```
//多条 SQL 数据操作语句, 组成一个字符串
$sql = "SQL 数据操作语句1;";
$sql. = "SQL 数据操作语句2;";
$sql. = "SQL 数据操作语句3";
//执行 SQL 语句, 返回 bool 型结果
$result = $conn ->multi_query($sql);
```

2. MySQLi（面向过程）

mysqli_multi_query( )函数与 multi_query( )函数的功能和语法结构相似，说明如下。

```
//多条 SQL 数据操作语句, 组成一个字符串
$sql = "SQL 数据操作语句1;";
$sql. = "SQL 数据操作语句2;";
$sql. = "SQL 数据操作语句3";
//执行 SQL 语句, 返回 bool 型结果
$result =mysqli_multi_query($conn, $sql);
```

3. PDO

PDO 采用事务的方式执行多条 SQL 语句，首先使用"$conn -> beginTransaction( );"函数开启事务，接着使用"$conn -> exec ('SQL 数据操作语句');"分别执行各条 SQL 语句，最后使用"$conn -> commit( );"提交事务，具体语法格式如下：

```
//开启事务
$conn ->beginTransaction();
//执行多条 SQL 语句
$conn ->exec ("SQL 数据操作语句1");
$conn ->exec ("SQL 数据操作语句2");
$conn ->exec ("SQL 数据操作语句3");
//提交事务
$conn ->commit();
```

4. 使用预处理（MySQLi）

除了以上介绍的 3 种连接方式外，MySQLi 和 PDO 都支持预处理的方式执行多条 SQL 语句。该方式主要用于对同一个数据表执行相同的操作。例如，当向同一个表中插入多条不同的记录时，其语法格式如下。

```
//预处理 SQL 并绑定参数
$stmt = $conn ->prepare("insert into Admin_Info values (?,?,?) ") ;
$stmt ->bind_param("iss", $aid, $ausername, $apwd) ;
//插入第一条数据
$aid = 1;
$ausername = "用户1";
$apwd = "111";
$stmt ->execute();

//插入第二条数据
$aid = 2;
$ausername = "用户2";
$apwd = "222";
$stmt ->execute();
...
```

上述语法格式中，第一行 SQL 语句中的问号"?"表示 3 个参数，第二行代码将参数与变量名进行绑定，其中"iss"表示 3 个参数的数据类型，"i"表示第一个参数的数据类型为整型（int），"s"表示第二个和第三个参数的数据类型为字符串。MySQLi 支持以下 4 种参数类型。

➢ i：整型（int）。

➢ d：双精度浮点型（double）。

➢ s：字符串（string）。

➢ b：布尔型（bool）。

5. 使用预处理（PDO）

PDO 和预处理函数的语法与 MySQLi 相似，其语法格式如下。

```
//预处理 SQL 并绑定参数
$stmt = $conn ->prepare("insert into Admin_Info values (:aid, :ausername, :apwd) ") ;
$stmt ->bindParam(':aid', $aid) ;
$stmt ->bindParam(':ausername', $ausername) ;
$stmt ->bindParam(':apwd', $apwd) ;
//插入第一条数据
$aid = "1";
$ausername = "用户1";
$apwd = "111";
$stmt ->execute();

//插入第二条数据
$aid = " 2";
$ausername = " 用户2";
$apwd = " 222";
$stmt ->execute();
...
```

上述语法格式中，先定义数据插入语句，并设置预留值（:aid, :ausername, :apwd），接着将预留值和参数变量分别进行绑定，最后将实际的数据赋给各个参数，并使用 execute() 函数执行操作。

【案例 9.4】

本案例演示使用 5 种方式分别对 MySQL 数据表执行多条数据添加操作。

【实现步骤】

在 PHP09 项目中创建一个 PHP 文件并命名为 "0904. php"，编写 PHP 代码如下。

```php
<? php
$servername ="localhost";
$username ="root";
$password = "88888888";
$databasename ="My_DB1";

echo "(1) MySQLi(面向对象) 方式:<br/>";
$conn1 = new mysqli($servername, $username, $password, $databasename) ; // 创建连接
if ($conn1 ->connect_error) {
    echo "MySQLi(面向对象) 连接失败:". $conn1 ->connect_error;
} else {
    $sql = "insert into Admin_Info values(2, '用户2', '222') ;";
    $sql . = "insert into Admin_Info values(3, '用户3', '333') ;";
    $sql . = "insert into Admin_Info values(4, '用户4', '444') ;";
    $result = $conn1 ->multi_query($sql) ;
    if($result = = TRUE)
        echo "各 Admin_Info 表成功添加 3 条数据.";
        else
            echo "数据添加失败:". $conn1 ->error;
}

echo "<br/> (2) MySQLi(面向过程) 方式:<br/>";
$conn2 = mysqli_connect($servername, $username, $password, $databasename) ; // 创建连接
if (! $conn2) {
    echo "连接失败:".mysqli_connect_error();
} else {
    $sql = "insert into Admin_ Info values (5, '用户5', '555') ;";
    $sql . = "insert into Admin_ Info values (6, '用户6', '666') ;";
    $sql . = "insert into Admin_ Info values (7, '用户7', '777') ;";
    $result = mysqli_ multi_ query ($conn2, $sql) ;
    if ($result = = TRUE)
        echo "数据添加成功.";
        else
            echo "数据添加失败:".mysqli_ error ($conn2) ;
}

echo "<br/> (3) PDO 方式: <br/>";
try {
    $conn3 = new PDO ("mysql: host = $servername; dbname = $databasename", $username, $password) ; // 创建连接
```

```php
    //开启事务
    $conn3 ->beginTransaction();
    //执行多条 SQL 语句
    $conn3 ->exec ("insert into Admin_ Info values (8, '用户 8', '888') ;") ;
    $conn3 ->exec ("insert into Admin_ Info values (9, '用户 9', '999') ;") ;
    $conn3 ->exec ("insert into Admin_ Info values (10, '用户 10', '000') ;") ;
    //提交事务
    $conn3 ->commit();
    echo "数据添加成功.";
} catch (PDOException $e) {
    echo "数据添加失败:". $e ->getMessage();
}

echo "<br/> (4) 预处理方式 (MySQLi) : <br/>";
//预处理 SQL 并绑定参数
$stmt = $conn1 ->prepare ("insert into Admin_ Info values (?,?,?) ;") ;
$stmt ->bind_ param ("iss", $aid, $ausername, $apwd) ;
//插入第一条数据
$aid = 11;
$ausername = "用户 11";
$apwd = " 1111";
$stmt ->execute();

//插入第二条数据
$aid = 12;
$ausername = " 用户 12";
$apwd = "1212";
$stmt ->execute();

echo "<br/> (5) 预处理方式 (PDO) : <br/>";
//预处理 SQL 并绑定参数
$stmt = $conn3 ->prepare ("insert into Admin_ Info values (: aid, : ausername, : apwd) ;") ;
$stmt ->bindParam (': aid', $aid) ;
$stmt ->bindParam (': ausername', $ausername) ;
$stmt ->bindParam (': apwd', $apwd) ;
//插入第一条数据
$aid = "13";
$ausername = "用户 13";
$apwd = "1313";
$stmt ->execute();

//插入第二条数据
$aid = "14";
$ausername = "用户 14";
$apwd = "1414";
$stmt ->execute();
? >
```

运行0903. php 页面，结果显示 Admin_Info 表创建成功，数据添加且修改成功，如图9.5a 所示。为了验证用户是否真正添加到数据库中，进入 MySQL 客户端界面，进入 My_DB1 数据库，使用"select ＊ from Admin_Info;"查询表中数据，可以看到该表中存在一条记录，如图9.5b 所示。

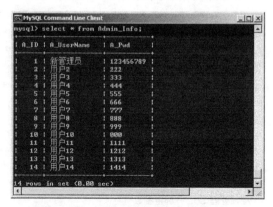

a) 5种多条命令批量执行函数 　　　　　　　　　b) 查询表中数据

图9.5　多条命令批量执行

9.4.3　PHP 数据查询

在 PHP 网站开发过程中经常使用 MySQL 数据查询功能，可以使用以下3种方式实现。

1. MySQLi（面向对象）

MySQLi 使用 $conn -> query()函数执行数据查询操作，其返回值为 DataTable 格式，可以使用 $result -> fetch_assoc()遍历并且输出查询结果，其语法格式如下。

```
//数据查询语句
$sql = "select * from 数据表名 [where ... ]";
$result = $conn->query($sql) ;
//显示查询结果
if ($result->num_rows > 0) {
    while($row = $result->fetch_assoc()) {
        echo $row ["字段名称1"] .",". $row ["字段名称2"] ."...;
    }
}
```

2. MySQLi（面向过程）

MySQLi 面向过程的数据查询函数与面向对象相似，只是函数名称不同，使用 mysqli_query（ $conn，$sql）函数进行查询，语法格式如下。

```
//数据查询语句
$sql = "select * from 数据表名 [where ... ]";
$result = mysqli_query($conn, $sql) ;
//显示查询结果
if (mysqli_num_rows($result) > 0) {
    while($row = mysqli_fetch_assoc($result) ) {
        echo $row["A_ID"]." - ". $row["A_UserName"]." - ". $row["A_Pwd"]."<br/>";
    }
}
```

3. PDO

PDO 的数据查询函数与 MySQLi 不同，先使用 setFetchMode( ) 函数设置数据的获取方式，接着通过 fetchAll( ) 函数获取整个查询结果（以数据表格的形式），最后遍历数据表中每一行每一列的值，其语法格式如下。

```
//数据查询语句
$stmt = $conn ->prepare("select * from 数据表名 [where... ]");
$stmt ->execute();
$result = $stmt ->setFetchMode (PDO:: FETCH_ASSOC);
//显示查询结果
foreach ($stmt ->fetchAll()as $k = > $v) {
    foreach ($v as $a) {
        echo $a;
    }
}
```

【案例 9.5】

本案例分别使用 3 种方式进行 MySQL 的数据查询。

【实现步骤】

在 PHP09 项目中创建一个 PHP 文件并命名为 "0905. php"，分别使用 3 种方式从 My_DB1 数据库中的 Admin_Info 表查询所有的数据，并且分别显示在当前页面中，具体 PHP 代码如下。

```
<html >
<body >
<table border ="1" >
<tr >
 <td >(1) MySQLi(面向对象) 方式 </td >
 <td >(2) MySQLi(面向过程) 方式 </td >
 <td >(3) PDO 方式 </td >
</tr >
<tr >
<? php
$servername ="localhost";
$username ="root";
$password ="88888888";
$databasename ="My_DB1";

echo "<td >";
$conn1 = new mysqli($servername, $username, $password, $databasename); //创建连接
if ($conn1 ->connect_error) {
    echo "MySQLi(面向对象) 连接失败：". $conn1 ->connect_error;
} else {
    $sql = "select * from Admin_Info;";
    $result = $conn1 ->query($sql);
    //显示查询结果
    if ($result ->num_rows > 0) {
```

```php
            while($row = $result->fetch_assoc()) {
                echo $row ["A_ID"]."-".$row ["A_UserName"]."-".$row ["A_Pwd"]." <br/>";
            }
        } else {
            echo "查询结果为空.";
        }
    }
    echo "</td>";

    echo "<td>";
    $conn2 = mysqli_connect ($servername, $username, $password, $databasename); // 创建连接
    if (! $conn2) {
        echo "连接失败:".mysqli_connect_error();
    } else {
        $sql = "select * from Admin_Info;";
        $result = mysqli_query ($conn2, $sql);
        //显示查询结构
        if (mysqli_num_rows ($result) > 0) {
            while ($row = mysqli_fetch_assoc ($result)) {
                echo $row ["A_ID"]."-".$row ["A_UserName"]."-".$row ["A_Pwd"]." <br/>";
            }
        } else {
            echo "查询结果为空.";
        }
    }
    echo "</td>";

    echo "<td>";
    try {
    // 创建连接
        $conn3 = new PDO ("mysql: host = $servername; dbname = $databasename", $username, $password);
        $stmt = $conn3->prepare ("select * from Admin_Info;");
        $stmt->execute();
        $result = $stmt->setFetchMode (PDO::FETCH_ASSOC);
        foreach ($stmt->fetchAll()as $k => $v) {
            foreach ($v as $a) echo $a;
            echo "<br/>";
        }
    } catch (PDOException $e) {
        echo "数据查询失败:".$e->getMessage();
    }
    echo "</td>";
    ?>
    </tr>
```

```
</table>
</body>
</html>
```

该程序运行结果如图 9.6 所示，从图中可以看到，3 种数据查询方式都能从数据表中成功查询到所有记录并且显示在页面中。

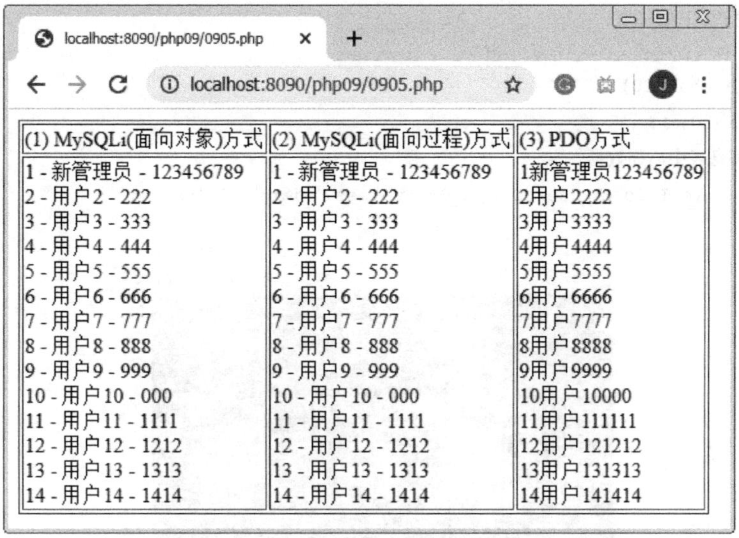

(1) MySQLi(面向对象)方式	(2) MySQLi(面向过程)方式	(3) PDO方式
1 - 新管理员 - 123456789 2 - 用户2 - 222 3 - 用户3 - 333 4 - 用户4 - 444 5 - 用户5 - 555 6 - 用户6 - 666 7 - 用户7 - 777 8 - 用户8 - 888 9 - 用户9 - 999 10 - 用户10 - 000 11 - 用户11 - 1111 12 - 用户12 - 1212 13 - 用户13 - 1313 14 - 用户14 - 1414	1 - 新管理员 - 123456789 2 - 用户2 - 222 3 - 用户3 - 333 4 - 用户4 - 444 5 - 用户5 - 555 6 - 用户6 - 666 7 - 用户7 - 777 8 - 用户8 - 888 9 - 用户9 - 999 10 - 用户10 - 000 11 - 用户11 - 1111 12 - 用户12 - 1212 13 - 用户13 - 1313 14 - 用户14 - 1414	1新管理员123456789 2用户2222 3用户3333 4用户4444 5用户5555 6用户6666 7用户7777 8用户8888 9用户9999 10用户10000 11用户111111 12用户121212 13用户131313 14用户141414

图 9.6　案例 9.5 运行结果

9.5　综合案例

【案例 9.6】　网站后台用户登录功能

【案例剖析】

本案例综合应用 PHP 与 MySQL 数据库编程知识，开发网站后台用户登录功能，包括数据库创建，系统登录表单页面开发，登录处理页和系统管理主页开发。

【实现步骤】

步骤 1：MySQL 服务器中创建数据库 88KengDao_DB，在 88KengDao_DB 数据库中创建一张管理员信息表 Admin_Info 和一张商品信息表，然后向管理员信息表中添加一条用户记录，创建的语句如下：数据库执行界面如图 9.7 所示。

```
--创建数据库
create database 88KengDao_DB;
--使用数据库
use 88KengDao_DB;
--创建商品信息表
create table Product_Info
(P_ID int primary key auto_increment,
P_Name varchar(50),
```

```
P_Image varchar(100),
P_Intro text null,
P_Price float,
P_CreateTime datetime,
P_Status int );
--创建管理员信息表
create table Admin_Info
(A_ID int primary key auto_increment,
A_UserName varchar(20),
A_Pwd varchar(20) );
--向管理员信息表中添加数据
insert into Admin_Info (A_UserName,A_Pwd)values('admin','111');
```

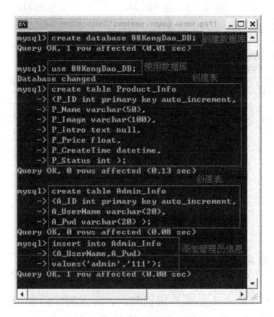

图9.7 创建数据库及表

步骤2：在 PHP09 项目中创建一个 PHP 文件并命名为"login. php"，制作系统登录表单页面，具体代码如下：

```html
<html>
<head><title>88 坑道名酒网站系统登录</title></head>
<body>
<form action="login_do. php" method="post">
<table border="1">
    <tr><td colspan="2" align="center">88 坑道名酒网站系统登录</td></tr>
    <tr>
        <td>用户名：</td>
        <td><input type="text" name="txt_username" /></td>
    </tr>
```

```
    <tr>
        <td>密码: </td>
        <td> <input type = "password" name = "txt_pwd"/> </td>
    </tr>
    <tr> <td colspan = "2"  align = "center"> <input type = "submit" value = "登录"/> </td> </tr>
    </table>
    </form>
    </body>
    </html>
```

步骤 3: 在 PHP09 项目中继续创建 "login_do.php" 文件, 接收由 login.php 页面提交的数据, 连接数据库进行数据查询, 判断用户信息是否正确, 并作出相应的响应。编写 PHP 代码如下:

```
<html>
<head> <title>系统登录处理页</title> </head>
<body>
<? php
if( $_POST["txt_username"]! ="" && $_POST["txt_pwd"]! ="" )
{
$name = $_POST["txt_username"];   //获取提交的用户名
$pwd = $_POST["txt_pwd"];         //获取提交的密码
$conn = mysql_connect("localhost", "root" ,"111");  //连接 MySQL 服务器
$select = mysql_select_db("88KengDao_DB" ,$conn);   //选择数据库
if($select)
  {
    $str = "select *  from Admin_Info where A_UserName ='$name' and A_Pwd ='$pwd'";
    //echo $str; //用于调试,输出查询语句

    $result = mysql_query($str);       //查询语句
    if( mysql_num_rows($result) >0 )   //查看返回的行数
    {
      session_start();                 //登录成功,设置 SESSION 值
      $_SESSION['user'] = $_POST['txt_username'];
      echo "<script>window.location ='main.php'; </script>";
    }
    else
    {
      echo "<script>alert('用户名或密码错误! '); window.location ='login.php'; </script>";
    }
  }
  else
  {
    echo "<script>alert('数据库选择失败,请联系系统管理员! '); window.location ='login.php'; </
script>";
```

247

```
    }
}
else
{
echo "<script>alert('请填写用户名和密码! '); window. location ='login. php'; </script>";
}
?>
</body>
</html>
```

步骤4：在当前项目下继续创建"main. php"文件，作为网站管理平台主页，通过 SESSION 值判断用户是否登录，如果登录，显示用户名；否则，跳转到登录页面，代码如下：

```
<html>
<head><title>88 坑道名酒网站 – –网站管理平台</title></head>
<body style="margin:0px 0px 0px 0px;">
<table border="1" style="width:100%">
<tr><td colspan="2">88 坑道名酒网站 – –网站管理平台</td></tr>
<tr><td colspan="2">
<?php
if($_SESSION['user']! ="")   //登录判断，如果登录，则输出用户信息
{
    echo $_SESSION['user']. ",欢迎来到系统管理平台!";
}
else   //如果没有登录，则跳转到登录页面
{
  echo "<script>alert('登录超时，请重新登录! ');
window. location. href ='login. php'; </script>";
}
?>
</td>
</tr>
<tr>
    <td width="80px" valign="top">
        <a href="product_add. php" target="mainframe">添加商品</a>   <br/>
        <a href="product_list. php" target="mainframe">商品管理</a>   <br/>
    </td>
    <td><iframe name="mainframe" style="width:100%; height:300px"></iframe></td>
</tr>
</table>
</body>
</html>
```

步骤5：保存 login. php、login_do. php 和 main. php 页面，浏览 login. php 文件，系统登录页面效果如图9.8所示。

步骤6：在 login. php 页面中分别填写用户名及密码(例如：用户名为"admin"，密码为"123")，单击"登录"按钮，将表单数据提交到 login_do. php 页面，在 login_do. php 页面中连接数据库服务

器，选择指定数据库，执行 SQL 语句，完成数据查询操作，并根据操作结果给出相应提示，如果用户名和密码正确，则跳转到管理平台主页 main. php，运行效果如图 9.9 所示。

图 9.8　系统登录页面　　　　　　　　　图 9.9　网站管理平台主页

【案例 9.7】　商品信息添加功能

【案例剖析】

本案例综合应用 PHP 与 MySQL 数据库编程知识，开发商品信息添加功能，包括商品添加表单页面开发，商品添加处理页的开发。

【实现步骤】

步骤 1：在 PHP09 项目中创建一个 PHP 文件并命名为 "product_add. php"，制作商品信息添加表单页面，编写 HTML 代码如下：

```
<html >
<head > <title >添加商品信息</title > </head >
<body style ="margin:0px 0px 0px 0px;">
<form action ="product_add_do. php" method ="post"  enctype ="multipart/form - data">
<table border ="1" width ="100% ">
  <tr > <td colspan ="2" align ="center"> 添加商品信息</td > </tr >
  <tr >
    <td > <font color ="red">* </font >商品名称：</td >
    <td > <input type ="text" name ="txt_name"/> </td >
  </tr >
  <tr >
    <td > <font color ="red">* </font >商品图片</td >
    <td > <input type ="file" name ="txt_image"/ > </td >
  </tr >
  <tr >
    <td > <font color ="red">* </font >价格</td >
    <td > <input type ="text" name ="txt_price"/ > </td
  </tr >
  <tr >
```

```html
    <td>简介:</td>
    <td><textarea name="txt_intro" rows="8" cols="30"></textarea></td>
  </tr>
  <tr><td colspan="2" align="center"><input type="submit" value="保存"/></td></tr>
</table>
</form>
</body>
</html>
```

步骤2：在当前项目中继续创建"product_add_do. php"文件，接收由 product_add. php 页面提交的数据，连接数据库，执行数据添加操作，并作出相应的响应。编写 PHP 代码如下：

```php
<html>
<head><title>商品信息添加处理页</title></head>
<body>
<? php
if($_POST["txt_name"]! ="" && $_FILES["txt_image"]! ="" && $_POST["txt_price"]! ="")
{
$name  = $_POST["txt_name"];
$image = $_FILES["txt_image"];
$intro = $_POST["txt_intro"];
$price = $_POST["txt_price"];
$datetime=date('y-m-d h:i:s');
echo $intro;
//上传图片
  if($image['size'] > 0 && $image['size'] < 1024 * 8000)
  {
  $dir = 'upfiles/';           //设置保存目录
  $name2 = $image['name'];       //获取上传文件的文件名
  $rand = rand(0,8000000);       //生成一个从 0 到 8000000 之间的随机数
  $name2 = $rand. date('YmdHis'). $name2;  //重新组合文件名
  $path = $dir. $name2;    //组合成完整的保存路径(目录+文件名)
  if(! is_dir($dir))         //如果没有该目录
  {
     mkdir($dir);        //则创建该目录
  }
  $i= move_uploaded_file($image['tmp_name'],$path);  //复制文件,实现上传功能
  if($i == true)          //如果上传成功给出提示
  {
         //插入数据
         $conn = mysql_connect("localhost", "root","111");  //连接 MySQL 服务器
         $select = mysql_select_db("88KengDao_DB", $conn);  //选择数据库
         if($select)
         {
          mysql_query("set names utf8");
          $str = "insert into Product_Info (P_Name,P_Image,P_Intro,P_Price,P_CreateTime,
P_Status) values ('$name','$path','$intro', $price,'$datetime',1)";
```

```
                //echo $str;                  //用于调试,输出查询语句
                $result = mysql_query($str); //查询语句
                echo mysql_error();          //用于调试,输出错误信息
                if( mysql_affected_rows() >0 )
                {
echo "<script>alert('商品信息添加成功!'); window.location='product_add.php';</script>";
                }
                else
                {
echo "<script>alert('商品信息添加失败!'); window.location='product_add.php';</script>";
                }
            }
            else
            {
echo "<script>alert('数据库选择失败!'); window.location='product_add.php';</script>";
            }
        }
        else
        { echo "<script>alert('文件上传失败');</script>"; }
    }
    else
    { echo"<script>alert('文件大小不符合网站要求')</script>";        }
}
else
{
    echo "<script>alert('请填写商品名称、图片和价格!');
window.location='product_add.php';</script>";
}
?>
</body></html>
```

步骤3：保存 product_add.php、product_add_do.php 页面，在图9.10 中的网站管理平台主页左边菜单中，单击"添加商品"按钮，可浏览商品添加页面效果如图9.11 所示。

步骤4：在商品添加页面 product_add.php 页面中分别填写商品名称、价格、简介，选择商品图片，单击"保存"按钮，将表单数据提交到 product_add_do.php 页面，运行效果如图9.11 所示。

图 9.10　商品信息添加表单页

图 9.11　商品信息添加处理页

9.6　课后习题

一、填空题

1. 用于删除一个表的数据的 SQL 语句是_____。

2. MySQLi 面向对象函数 "new mysqli（$servername，$username，$password，$databasename）；" 是链接 MySQL 数据库函数，其中 $servername 是_____，$username 是_____，$password 是_____，$databasename 是_____。

3. MySQLi 面向对象类中，用于显示 MySQL 错误的函数是_____。

4. mysql_query( ) 函数用于执行 MySQL 操作。对于插入、删除、更新，返回_____；对于查询（select），返回一个_____。

5. 用于连接 MySQL 服务器的 MySQLi 的面向过程方法是_____。

二、判断题

1. （　　）PHP7 版本支持使用两种方式连接 MySQL：MySQLi extension；PDO（PHP Data Objects）。

2. （　　）要在 PHP 中操作 MySQL 数据库，必须先与 MySQL 服务器建立连接。

3. （　　）multi_query( ) 函数是用来执行多条 SQL 语句的 MySQLi 面向对象方法。

4. （　　）MySQLi 使用 $conn -> query( ) 函数执行数据查询操作，其返回值为 DataTable 格式。

5. （　　）PDO 的数据查询原理是：先使用 setFetchMode( ) 函数设置数据的获取方式，接着通过 fetchAll( ) 函数获取整个查询结果。

三、简答题

某系统需要删除图书信息，现编写删除处理页面 PHP 代码，（使用 POST 方法向该页面提供图书编号 B_ID），根据图书编号从图书信息表（Book_Info）中删除相应信息，删除成功时弹出提示，删除失败时返回图书列表页（book_list. php）。

第10章　电子商务网站开发——数据库开发

本章在第7章的基础上综合应用 PHP 与 MySQL 数据库编程知识，对电子商务网站的前后台功能模块进行数据库开发，包括系统数据库创建，管理员信息、商品信息、新闻信息的综合管理和前台展示功能。

10.1　网站数据库设计

本节根据需求分析和系统设计的成果进行系统数据库结构分析，并为其设计合理的数据库。根据第7章实现的功能模块，该电子商务网站的数据库主要包括管理员信息表、商品类别表、商品信息表、新闻类别表和新闻信息表，项目数据库关系图如图10.1所示。

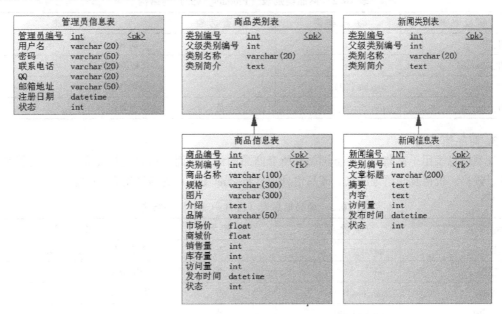

图 10.1　数据库关系图

1. 管理员信息表

管理员信息表用于存储电子商务网站的后台管理平台的用户信息。一个电子商务网站可以由多个管理员进行网站后台的管理。在创建管理员信息表时需要先添加一个管理员信息以用于系统登录。其他管理员信息可以通过网站后台的管理员信息管理模块进行添加和维护。管理员信息表（Admin_Info）的结构见表 10.1。

表 10.1　管理员信息表（Admin_Info）的结构

字 段 名 称	字 段 类 型	是否为空	备　　注
A_ID	int	否	管理员编号（主键，标识）
A_UserName	varchar(20)	否	用户名

（续）

字 段 名 称	字 段 类 型	是 否 为 空	备 注
A_Password	varchar(50)	否	密码
A_Tel	varchar(20)	是	联系电话
A_QQ	varchar(20)	是	QQ
A_Email	varchar(50)	是	邮箱
A_CreateTime	datetime	否	注册日期
A_Status	int	否	状态

2. 商品类别表

商品类别表用于存储电子商务网站的商品类别。商品类别表可以存放多级类别信息，通过父级类别编号进行区分。其中，顶级类别的父级类别编号为0。商品类别表将被显示在网站前台的栏目中。商品类别表（Product_Type）的结构见表10.2。

表 10.2　商品类别表（Product_Type）的结构

字 段 名 称	字 段 类 型	是 否 为 空	备 注
PT_ID	int	否	类别编号（主键，标识）
PT_ParentID	int	否	父级类别编号
PT_Name	varchar(20)	否	类别名称
PT_Intro	text	是	类别简介

3. 商品信息表

商品信息表用于存储电子商务网站的所有商品的信息。商品信息包括商品名称、所属类别、图片、规格、价格及介绍等信息。商品信息表（Product_Info）的结构见表10.3。

表 10.3　商品信息表（Product_Info）的结构

字 段 名 称	字 段 类 型	是 否 为 空	备 注
P_ID	int	否	商品编号（主键，标识）
PT_ID	int	否	类别编号
P_Name	varchar(100)	否	商品名称
P_Model	varchar(300)	是	规格
P_Image	varchar(300)	否	图片
P_Intro	text	是	介绍
P_Brand	varchar(50)	是	品牌
P_MPrice	float	否	市场价
P_VPrice	float	否	商城价
P_SellNum	int	否	销售量
P_StoreNum	int	否	库存量
P_Hits	int	否	访问量
P_CreateTime	datetime	否	发布时间
P_Status	int	否	状态

4. 新闻类别表

新闻类别表用于存储电子商务网站的新闻类别。新闻类别表可以存放多级类别信息,通过父级类别编号进行区分。其中,顶级类别的父级类别编号为0。新闻类别表将和商品类别表一起被显示在网站前台的栏目中。新闻类别表(News_Type)的结构见表10.4。

表 10.4 新闻类别表(News_Type)的结构

字 段 名 称	字 段 类 型	是否为空	备 注
NT_ID	int	否	类别编号(主键,标识)
NT_ParentID	int	否	父级类别编号
NT_Name	varchar(20)	否	类别名称
NT_Intro	text	是	类别简介

5. 新闻信息表

新闻信息表用于存储电子商务网站的所有新闻的信息。每条新闻信息包括新闻标题、所属类别、摘要、内容等信息。新闻信息表(News_Info)的结构见表10.5。

表 10.5 新闻信息表(News_Info)的结构

字 段 名 称	字 段 类 型	是否为空	备 注
N_ID	int	否	新闻编号(主键,标识)
NT_ID	int	否	类别编号
N_Title	varchar(200)	否	新闻标题
N_Intro	text	是	摘要
N_Contents	text	否	内容
N_Hits	int	否	访问量
N_CreateTime	datetime	否	发布时间
N_Status	Int	否	状态

电子商务网站数据库的 MySQL 创建代码如下。

```
create database WebShop_DB;

use WebShop_DB;

//表1管理员信息表
create table Admin_Info
(A_ID  int  auto_increment  primary key,
A_UserName  varchar(20)    not null,
A_Password  varchar(50)  not null,
A_Tel    varchar(20) ,
A_QQ     varchar(20) ,
A_Email  varchar(50) ,
A_CreateTime datetime,
A_Status int
);
```

```
//表 2 商品类别表
create table Product_Type
(PT_ID   int   auto_increment   primary key,
PT_ParentID   int   not null,
PT_Name   varchar(20)   not null,
PT_Intro text
);


//表 3 商品信息表
create table Product_Info
(P_ID     int     auto_increment   primary key,
PT_ID     int     not null,
P_Name    varchar(100) not null,
P_Model   varchar(300) ,
P_Image   varchar(300) ,
P_Intro   text,
P_Brand   varchar(50) ,
P_MPrice   float,
P_VPrice   float,
P_SellNum    int,
P_StoreNum    int,
P_Hits    int,
P_CreateTime    datetime,
P_Status    int
);


//表 4 新闻类别表
create table News_Type
(NT_ID    int    auto_increment   primary key,
NT_ParentID    int not null,
NT_Name    varchar(20)    not null,
NT_Intro    text
);


//表 5 新闻信息表
create table News_Info
(N_ID    int    auto_increment   primary key,
NT_ID    int    not null,
N_Title    varchar(200) not null,
N_Intro    text,
N_Contents    text,
N_Hits    int,
N_CreateTime datetime,
N_Status    int
);
```

10.2　创建项目文件

创建 PHP 项目，可以在第 7 章所创建的 PHP07 项目上继续开发，也可以重新创建一个 PHP 项目文件（命名为 PHP10），并将 PHP07 项目中的文件复制过来。本章新增加的项目文件清单见表 10.6。

表 10.6　本章新增加的项目文件清单

	根目录文件	子目录文件	说明
1	conn	Conn_DB. php	数据库连接文件
2		admin_update. php	管理员信息修改页面
3		newstype_update. php	新闻类别修改页面
4		news_update. php	新闻修改页面
5		producttype_update. php	商品类别修改页面
6		product_update. php	商品修改页面
7		admin_delete_do. php	管理员信息删除处理
8		admin_update_do. php	管理员信息修改处理
9	Admin/action	newstype_delete_do. php	新闻类别删除处理
10		newstype_update_do. php	新闻类别修改处理
11		news_action_do. php	新闻状态处理（删除、发布、放入回收站）
12		news_update_do. php	新闻修改处理
13		producttype_delete_do. php	商品类别删除处理
14		producttype_update_do. php	商品类别修改处理
15		product_action_do. php	商品状态处理（发布、放入回收站）
16		product_update_do. php	商品修改处理

10.3　网站后台开发

10.3.1　网站后台登录功能实现

电子商务网站后台管理平台的登录模块由 4 个文件组成，分别是系统登录页、系统登录处理页、SESSION 登录判断页 session_check. php 和后台管理主页。网站后台登录模块的具体流程如图 10.2所示。

1. 公共数据库访问操作（conn/Conn_DB. php）

公共文件的作用是将系统中多处使用到的相同功能代码编写在单独的文件中，然后在使用时调用该文件。这样不需要重复编写相同的代码，避免了代码冗余的问题，而且有利于代码维护和管理。由于在网站后台和前台的各个功能模块中都需要使用 MySQL 数据库连接和数据操作功能，因此可以将 MySQL 数据库连接操作的代码编写在 Conn_DB. php 文件中，然后在需要使用数据库连接时包含该文件。

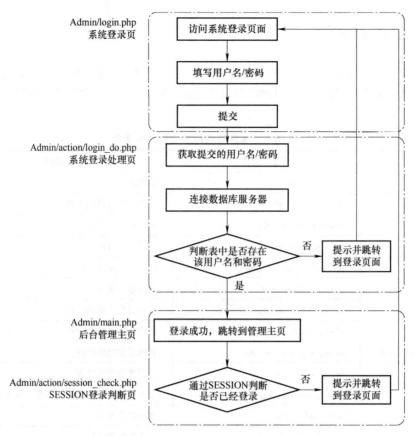

图 10.2　系统登录模块流程图

在 conn 目录下创建一个 Conn_DB. php 文件，在文件中分别定义 MySQL 服务器的地址、服务器用户名、服务器密码以及数据库名称。接着使用 MySQLi 面向对象的方式连接服务器，并将连接对象赋给变量 $conn，具体代码如下：

```php
<? php
$host = "localhost";        //MySQL 服务器地址
$username = "root";         //服务器用户名
$password = "88888888";     //服务器密码
$dbname = "WebShop_DB";     //数据库名称

//连接 MySQL 服务器和数据库
$conn = new mysqli($host, $username, $password, $dbname);
if ($conn -> connect_error) {
    echo "MySQL 连接失败:". $conn -> connect_error;
}
? >
```

2. 系统登录处理页（Admin/action/login_do. php）

在 7.3.1 小节中已经对网站后台登录页面（Admin/login. php）的表单控件和登录处理页面（Admin/action/login_do. php）的部分业务逻辑代码进行了实现，本步骤继续完善后台登录功能。

在 Admin/action/login _ do. php 文件中，首先使用 " require _ once (" .. / .. / conn/Conn _

DB. php") ;"语句包含数据库连接文件，实现 MySQL 服务器数据库的连接。

接着获取由系统登录页（Admin/login. php）提交的用户名和密码信息，通过数据查询语句判断管理员信息表 Admin_Info 中是否存在该用户名和密码的记录。如果存在，则登录成功，为 SESSION 赋值，跳转到后台管理主页 main. php。如果不存在，则弹出提示对话框并返回系统登录页面 login. php，具体代码如下。

```php
<? php
require_once("../../conn/Conn_DB.php") ; //包含数据库连接文件

//判断用户名和密码是否为空
if($_POST["txt_username"]! ="" && $_POST["txt_pwd"]! ="") {
        //获取提交的用户名和密码
        $name = $_POST["txt_username"];
        $pwd = $_POST["txt_pwd"];

        //判断用户名和密码
        $sql ="select *  from Admin_Info where A_UserName='$name' and A_Password='$pwd'";
        $result = $conn->query($sql) ;
        //显示查询结果
        if ($result->num_rows > 0) {
                session_start();                      //登录成功，设置 SESSION 值
                $_SESSION ['user'] = $_POST ['txt_username'];
                echo "<script> self. location ='../main. php'; </script>"; //跳转到管理平台主页
        } else {  //登录失败，弹出提示对话框，返回登录页
                echo "<script>alert ('用户名或密码错误! ') ; self. location ='../login. php'</script>";
        }
} else {  //用户名和密码为空，弹出提示对话框，返回登录页
        echo "<script>alert ('请输入用户名和密码! ') ; self. location ='../login. php'</script>";
}
? >
```

3. 系统登录判断页（admin/action/session_check. php）

登录成功后进入后台管理主页 main. php，还需要进一步通过 SESSION 判断是否已经登录，防止非法用户通过输入管理主页地址（http://localhost:8090/PHP10/Admin/main. php）直接进入网站后台管理主页。由于网站后台含有许多功能模块和页面，每个页面都需要通过判断 SESSION 判断当前用户是否已经登录，因此可以将 SESSION 判断的代码统一编写在一个文件中，供各个后台管理页面调用。在 Admin/action/session_check. php 文件中编写代码如下。

```php
<? php
session_start();
if(! isset($_SESSION['user']) || $_SESSION['user'] == "") {
    echo "<script>alert('登录超时') ; self. location ='login. php'; </script>";
}
? >
```

4. 后台管理主页（Admin/main. php）

后台管理主页（Admin/main. php）的代码已经在 7. 3. 2 小节中讲解，这里对该页面的代码进行完善。在该页面中，首先需要包含（action/session_check. php）文件进行登录判断，即执行该

文件中的代码。如果用户已经登录成功，则会话变量 $_SESSION［'user'］的值被显示在当前用户位置，具体代码如下。

```
...
<body>
<? php include 'action/session_check.php'; //登录判断　? >
<table>
    <tr><td colspan="2">中国鲜花网-网站管理平台</td></tr>
<tr><td colspan="2">
        当前用户：<? php echo $_SESSION['user'];? >
...
```

网站系统登录页面和后台管理主页的登录判断功能运行效果如图10.3所示。

a) 网站系统登录页面

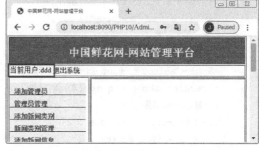
b) 网站后台管理主页

图10.3　网站后台登录判断功能运行效果

10.3.2　管理员信息管理功能实现

管理员信息管理模块由6个文件组成，分别是管理员信息添加表单页面和处理页、管理员信息管理页、管理员信息删除处理页、管理员信息修改表单页面和修改处理页，其操作流程如图10.4所示。

工作原理如下。

（1）管理员信息添加

1）管理员访问管理员信息添加表单页面（admin_add.php），填写用户名和密码等信息，然后单击"保存"按钮，将管理员信息提交到管理员信息添加处理页（admin_add_do.php）。

2）在管理员信息添加处理页中获取提交的管理员信息，连接数据库服务器，使用插入语句向 Admin_Info 表中添加数据，接着判断添加是否成功，成功则进入管理员信息管理页面（admin_manager.php），否则弹出提示对话框并返回管理员信息添加表单页面（admin_add.php）。

（2）管理员信息管理

管理员访问管理员信息管理页面（admin_manager.php），查看管理员信息列表，可以单击管理员信息右侧的"编辑"或"删除"超链接对管理员信息进行操作。

（3）删除管理员信息

1）管理员在管理员信息管理页面（admin_manager.php）单击管理员信息右侧的"删除"超链接，系统跳转到管理员信息删除处理页（admin_delete_do.php）。

2）在删除处理页中获取提交的管理员编号，连接数据库服务器，使用删除语句从 Admin_Info 表中删除数据，接着判断删除是否成功，成功则返回管理员信息管理页面（admin_ manager. php），否则弹出提示对话框并返回管理员信息管理页面（admin_manager. php）。

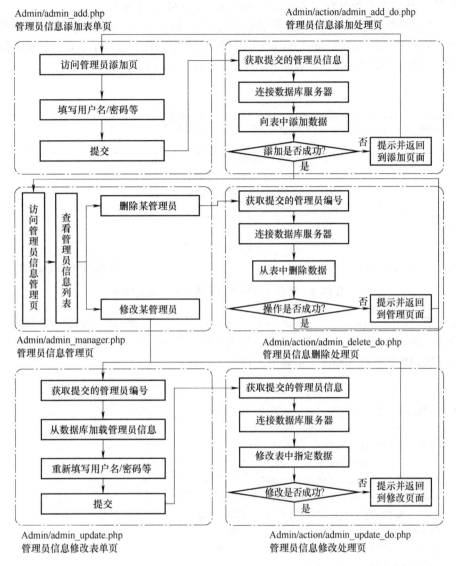

图10.4　管理员信息管理模块操作流程图

（4）修改管理员信息

1）管理员在管理员信息管理页面（admin_manager. php）单击管理员信息右侧的"编辑"超链接，系统跳转到管理员信息修改表单页（admin_update. php）。

2）在管理员信息修改表单页中获取提交的管理员编号，连接数据库服务器，从 Admin_Info 表中查询相应管理员信息并加载到页面表单控件中，然后根据需要重新填写用户名和密码等信息，最后单击"保存"按钮，将修改后的管理员信息提交到修改处理页（admin _update _ do. php）。

3）在修改处理页中获取提交的管理员信息，连接数据库服务器，使用更新语句修改 Admin_ Info 表中指定数据，接着判断修改是否成功，成功则进入管理员信息管理页面（admin _ manager. php），否则弹出提示对话框并返回管理员信息修改表单页面（admin_update. php）。

管理员信息管理模块的具体功能实现过程如下。

（1）管理员信息添加处理（Admin/action/admin_add_do.php）

在7.3.3 小节中已经对管理员信息添加表单页面（admin/admin_add.php）的表单控件和添加处理页面（Admin/action/admin_add_do.php）的部分业务逻辑代码进行了实现，这里继续完善信息添加功能。管理员信息添加处理页面的运行结果如图10.5 所示。

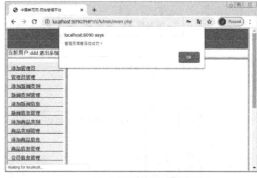

a）管理员信息添加表单页面   b）管理员信息添加成功提示

图10.5 管理员信息添加处理页面的运行结果

首先使用"require_once（"../../conn/Conn_DB.php"）；"语句包含数据库连接文件，实现MySQL 服务器数据库的连接，接着获取由添加表单页面提交的管理员信息，生成数据添加语句并将信息添加到数据库的 Admin_Info 表中，具体代码如下。

```php
<? php
//包含数据库连接文件
require_once("../../conn/Conn_DB.php") ;
//判断用户名和密码是否为空
if($_POST["txt_username"]! ="" && $_POST["txt_password"]! ="") {
    $username = $_POST["txt_username"]; //用户名
    $password = $_POST["txt_password"]; //密码
    $tel = $_POST["txt_tel"];           //联系电话
    $qq = $_POST["txt_qq"];             //QQ
    $email = $_POST["txt_email"];       //邮箱
    //数据添加语句
    $sql = "insert into Admin_Info (A_UserName,A_Password,A_Tel,A_QQ,A_Email) values('$username','$password','$tel','$qq','$email') ";
    $result = $conn->query($sql) ;      //执行 SQL 语句
    if($result == TRUE) {               //判断执行结果
        echo "<script>alert('管理员信息添加成功! ') ; self.location ='../admin_add.php'</script>";
    } else {
        echo "<script>alert('管理员信息添加失败!". $conn->error.") ;
self.location ='../admin_add.php'</script>";
    }
} else {
    echo "<script>alert('请输入用户名和密码! ') ;self.location ='../admin_add.php'</script>";
```

```
    }
? >
```

（2）管理员信息管理（Admin/admin_manager. php）

在 7.3.4 小节中已经编写了管理员信息管理页面的 HTML 代码，其中的管理员信息列表是静态数据。这里从 MySQL 数据库中的 Admin_Info 表中加载所有管理员信息并显示到页面中，实现管理员信息的数据动态加载功能，管理员信息管理页面的运行效果如图 10.6 所示。

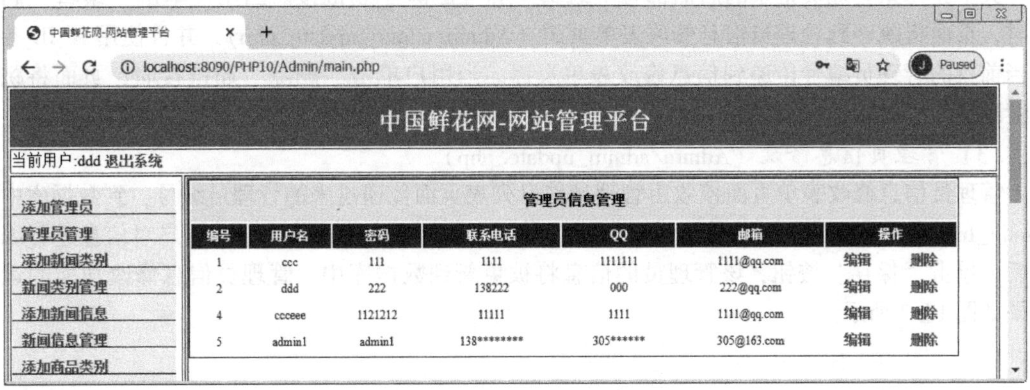

图 10.6　管理员信息管理页面的运行效果

管理员信息管理页面的数据查询和加载功能的代码如下。

```
...
< body >
< ? php include 'action/session_check. php'; //登录判断   ? >
< table >
  < tr > < td colspan = "8" >管理员信息管理 </td> </tr>
  < tr >
      < td >编号 </td>    < td >用户名 </td>    < td >密码 </td>    < td >联系电话 </td>
      < td >QQ </td>    < td >邮箱 </td>    < td colspan = "2" >操作 </td>
  </tr>
  < ? php
      require_once(".. /conn/Conn_DB. php") ;
      $sql = "select *  from  Admin_Info order by A_ID";
      $result = $conn -> query($sql) ;
      //遍历查询结果的每一行
      if ($result -> num_rows > 0) {
          while($row = $result -> fetch_array()) {
  ? >
  < tr class = "tr_content" >
      < td > < ? echo $row["A_ID"];? > </td>
      < td > < ? echo $row["A_UserName"];? > </td>
      < td > < ? echo $row["A_Password"];? > </td>
      < td > < ? echo $row["A_Tel"];? > </td>
      < td > < ? echo $row["A_QQ"];? > </td>
      < td > < ? echo $row["A_Email"];? > </td>
```

263

```
    <td > <a href ="admin_update. php? A_ID= <? echo $row["A_ID"];? >">编辑 </a > </td >
    <td > <a href ="action/admin_delete_do. php? A_ID= <? echo $row["A_ID"];? >">删除 </a >
</td >
    </tr >
<? php } } ? >
    </table >
```

其中，每条管理员记录的后面都有"编辑"和"删除"超链接。当用户单击"编辑"超链接时，页面将跳转到管理员信息修改表单页面（Admin/admin_update. php），并且使用 A_ID 参数将当前行的管理员编号传递到信息修改表单页面。当用户单击"删除"超链接时，页面将跳转到管理员信息删除处理页（Admin/action/admin_delete. php），同时传递当前行的管理员编号。

（3）管理员信息修改（Admin/admin_update. php）

管理员信息修改表单页面接收由管理员信息列表页面传递过来的管理员编号，到数据库中的 Admin_Info 表中查询该管理员信息并且显示到页面中的相应表单控件中。当用户对信息进行编辑之后，单击"保存"按钮，该管理员的信息将被更新到数据库中。管理员信息修改功能的运行效果如图 10.7 所示。

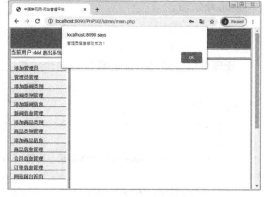

a）管理员信息修改表单页面　　　　　　　　　　　　b）管理员信息修改成功提示

图 10.7　管理员信息修改功能的运行效果

管理员信息修改表单页面的数据查询和加载功能的代码如下。

```
<html >
<head >
    <title >编辑管理员信息 </title >
</head >
<body >
<? php include 'action/session_check. php'; //登录判断  ? >
<form action ="action/admin_update_do. php" method ="POST">
<? php
  require_once("../conn/Conn_DB. php") ;
  //获取传递的管理员编号
  if( $_GET["A_ID"] ! ="" ) {
    $aid =$_GET["A_ID"];
```

```
$sql="select * from Admin_Info where A_ID=". $aid; //查询语句
$result=$conn->query($sql);
//获取查询结果的第1行(一个管理员编号只对应一行记录)
if ($result->num_rows > 0) {
  $row=$result->fetch_assoc();
?>
<table>
  <tr><td colspan="2">编辑管理员信息</td></tr>
  <tr><td>用户名：</td> <td><? echo $row['A_UserName'] ?></td></tr>
  <tr><td><font color="red">* </font>密码：</td>
    <td><input type="password" name="txt_password" value="<? echo $row['A_Password'] ?>"/></td>
  </tr>
  <tr><td>联系电话：</td>
    <td><input type="text" name="txt_tel" value="<? echo $row['A_Tel'] ?>"/></td>
  </tr>
  <tr><td>QQ：</td>
    <td><input type="text" name="txt_qq" value="<? echo $row['A_QQ'] ?>"/></td>
  </tr>
  <tr><td>邮箱：</td>
    <td><input type="text" name="txt_email" value="<? echo $row['A_Email'] ?>"/></td>
  </tr>
  <tr><td colspan="2" align="center">
      <input type="hidden" name="txt_id" value="<? echo $row['A_ID'] ?>"/>
      <input type="submit" value="保存"/>
      <input type="reset" value="清空"/>
    </td>
  </tr>
</table>
<?php
  }
} else {
  echo "<script>alert('请选择要编辑的管理员信息！');self.location='admin_manager.php'</script>";
}
?>
</form>
</body>
</html>
```

在以上代码中创建了一个隐藏控件 "<input type="hidden" name="txt_id">"，用于存储当前管理员的编号，该编号将在提交修改管理员信息时和各个表单控件中的值一起传递到处理页，用于修改当前管理员编号的信息。

（4）管理员信息修改处理（Admin/action/admin_update_do.php）

在 admin_update_do.php 文件中获取由修改表单页面提交的管理员信息，判断管理员编号是否存在（即上述隐藏控件中的值）。如果管理员编号存在，则生成数据更新语句，并到数据库的 Admin_Info 表中执行数据更新操作，具体代码如下。

```php
<? php
require_once("../../conn/Conn_DB.php") ;
//获取传递的管理员信息
if($_POST["txt_password"]! = "") {
    $aid = $_POST["txt_id"];            //管理员编号
    $password = $_POST["txt_password"]; //密码
    $tel = $_POST["txt_tel"];           //联系电话
    $qq = $_POST["txt_qq"];             //QQ
    $email = $_POST["txt_email"];       //Email
    //执行数据更新
    $sql = "update Admin_Info set A_Password ='$password', A_Tel ='$tel', A_QQ ='$qq', A_Email =
'$email' where A_ID =". $aid;
    $update = $conn -> query($sql) ;
    //判断执行结果
    if($update) {
        echo "<script>alert('管理员信息修改成功! ') ; self.location ='../admin_manager.php'</
script>";
    } else {
        echo "<script>alert('管理员信息修改失败! ') ;
    self.location ='../admin_update.php? A_ID =". $aid. "'</script>";
    }
} else {
    echo "<script>alert('请输入管理员密码! ') ;
self.location ='../admin_update.php? A_ID =". $aid. "'</script>";
}
? >
```

（5）管理员信息删除（admin/action/admin_delete_do.php）

管理员信息删除处理页接收由信息列表页面传递过来的管理员编号，到数据库中的 Admin_Info 表中执行数据删除操作，并且弹出相应的提示对话框，运行效果如图 10.8 所示。

图 10.8　管理员信息删除处理页的运行效果

管理员信息删除处理页的具体代码如下。

```php
<? php
   require_once("../../conn/Conn_DB.php") ;
   //获取传递的管理员编号
   if($_GET["A_ID"]! ="") {
       $aid=$_GET["A_ID"];
        //执行数据删除语句
       $sql="delete from Admin_Info where A_ID=". $aid;
       $delete=$conn->query($sql) ;
       //判断执行结果
       if($delete) {
           echo "<script>alert('管理员信息删除成功! ') ; self.location ='../admin_manager.php'</
script>";
       } else {
           echo "<script>alert('管理员信息删除失败! ') ; self.location ='../admin_manager.php'</
script>";
       }
   } else {
     echo "<script>alert('请选择要删除的管理员信息! ') ; self.location ='../admin_manager.php'</
script>";
   }
? >
```

10.3.3 商品类别管理功能实现

商品类别管理模块与文章类别管理模块相似，也由6个文件组成，分别是商品类别添加表单页和处理页、商品类别管理页、商品类别删除处理页、商品类别修改表单页和处理页，其管理流程如图10.9所示。

工作原理如下。

（1）添加商品类别

1）管理员访问商品类别添加表单页面（producttype_add.php），选择父级类别、填写类别名称和简介，然后单击"保存"按钮，将类别信息提交到添加处理页（producttype_add_do.php）。

2）在添加处理页中获取提交的类别信息，连接数据库服务器，使用插入语句向Product_Type表中添加数据，接着判断添加是否成功，成功则进入商品类别管理页面（producttype_manager.php），否则弹出提示对话框并返回添加表单页面（producttype_add.php）。

（2）商品类别管理

管理员访问商品类别管理页面（producttype_manager.php），查看商品类别信息列表，可以单击类别信息右侧的"修改"或"删除"超链接，对类别信息进行操作。

（3）删除商品类别

1）管理员在商品类别管理页面（producttype_manager.php）单击类别信息右侧的"删除"超链接，系统跳转到类别删除处理页（producttype_delete_do.php）。

2）在商品类别删除处理页中获取提交的类别编号，连接数据库服务器，使用删除语句从Product_Type表中删除数据，接着判断删除是否成功，成功则返回商品类别管理页面（producttype_manager.php），否则弹出提示对话框并返回商品类别管理页面（producttype_manager.php）。

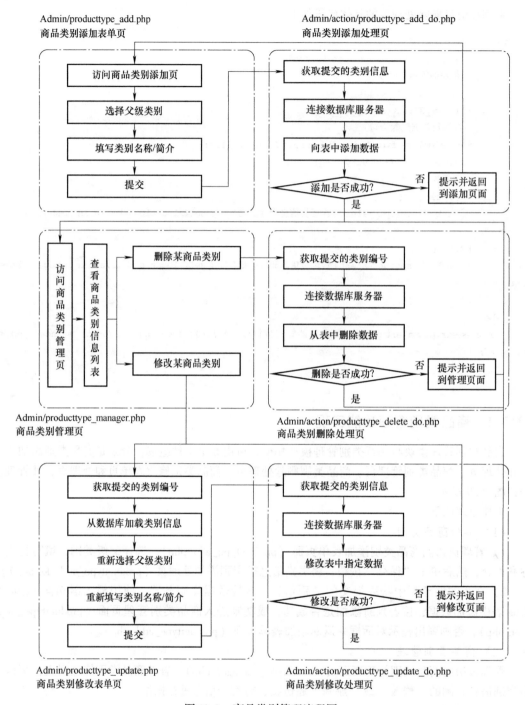

Admin/producttype_add.php
商品类别添加表单页

Admin/action/producttype_add_do.php
商品类别添加处理页

访问商品类别添加页 → 获取提交的类别信息

选择父级类别 → 连接数据库服务器

填写类别名称/简介 → 向表中添加数据

提交 → 添加是否成功？ —否→ 提示并返回到添加页面
是

访问商品类别管理页 | 查看商品类别信息列表 → 删除某商品类别 → 获取提交的类别编号

连接数据库服务器

从表中删除数据

删除是否成功？ —否→ 提示并返回到管理页面
是

修改某商品类别

Admin/producttype_manager.php
商品类别管理页

Admin/action/producttype_delete_do.php
商品类别删除处理页

获取提交的类别编号 → 获取提交的类别信息

从数据库加载类别信息 → 连接数据库服务器

重新选择父级类别 → 修改表中指定数据

重新填写类别名称/简介 → 修改是否成功？ —否→ 提示并返回到修改页面
是
提交

Admin/producttype_update.php
商品类别修改表单页

Admin/action/producttype_update_do.php
商品类别修改处理页

图 10.9　商品类别管理流程图

（4）修改商品类别

1）管理员在商品类别管理页面（producttype_manager.php）单击类别信息右侧的"修改"超链接，系统跳转到类别修改表单页（producttype_update.php）。

2）在类别修改表单页中获取提交的类别编号，连接数据库服务器，从 Product_Type 表中查询相应类别信息并加载到页面表单控件中，然后根据需要重新选择父级类别、重新填写类别名称和简介，然后单击"保存"按钮，将修改后的类别信息提交到修改处理页（producttype_update_do. php）。

3）在修改处理页中获取提交的类别信息，连接数据库服务器，使用更新语句修改 Product_Type 表中的指定数据，接着判断修改是否成功，成功则进入商品类别管理页面（producttype_manager. php），否则弹出提示对话框并返回修改表单页面（producttype_update. php）。

商品类别管理模块的具体功能实现过程展示如下。

（1）商品类别添加（Admin/producttype_add. php）

在 7.3.5 小节中已经对商品类别添加表单页面（Admin/ producttype_add. php）的表单控件和处理页面（Admin/action/producttype_add_do. php）的部分业务逻辑代码进行了实现，这里继续完善数据添加功能。商品类别添加功能运行效果如图 10.10 所示。

a）商品类别添加表单页面（选择父级类别）　　　　b）商品类别添加成功提示

图 10.10　商品类别添加功能运行效果

商品类别添加表单页面的表单控件代码已经在 7.3.5 小节中实现，但其"父级类别"下拉列表框中的数据是静态的。这里实现从商品类别中动态加载商品类别数据到"父级类别"下拉列表框中，以实现多级商品类别的功能，具体代码如下。

```
...
<table>
  <tr><td colspan="2">添加商品类别</td></tr>
  <tr><td><font color="red">*</font>父级类别</td>
      <td><select name="txt_parentid">
          <option value='0'>顶级类别</option>
          <?php
              require_once("../conn/Conn_DB.php");
              static $line="|--"; //声明静态变量

              //定义函数，加载类别
              function GetProductType($conn, $parentid){
                global $line; //声明全局静态变量
                $sql="select * from Product_Type where PT_ParentID=". $parentid;
                $result=$conn->query($sql); //执行 SQL 语句
              if($result->num_rows > 0){
                  while($row=$result->fetch_array()){
```

```
                                    echo "<option value ='". $row['PT_ID']. "'>". $line. $row['PT_Name']. "
</option>";

                                    $line. = "---";
                                    //递归调用, 加载子类别
                                    GetProductType($conn, $row['PT_ID']);
                                    $line = substr($line,0,strlen($line) -3);
                                }
                            }
                        }
                        GetProductType($conn, '0'); //调用函数
                    ?>
                </select>
            </td>
        </tr>
...
```

(2) 商品类别添加处理 (Admin/action/producttype_add_do. php)

在商品类别添加处理页中, 首先使用 "require_once ("../../conn/Conn_DB. php");" 语句包含数据库连接文件, 实现 MySQL 服务器数据库的连接。接着获取由添加表单页面提交的商品类别信息, 生成数据添加语句并将信息添加到数据库的 Product_Type 表中, 具体代码如下。

```
<?php
    require_once("../../conn/Conn_DB. php");
    //判断类别名称是否为空
    if($_POST["txt_name"]! = "") {
        $name = $_POST["txt_name"];   //类别名称
        $parentid = $_POST["txt_parentid"]; //父级编号
        $intro = $_POST["txt_intro"];    //类别简介
        //执行数据添加语句
        $sql = "insert into Product_Type (PT_ParentID, PT_Name, PT_Intro) values ($parentid, '$
name', '$intro') ";
        $insert = $conn -> query($sql);
        if($insert){
                echo "<script>alert('商品类别添加成功! ') ; self. location ='../producttype_add. php'
</script>";
        } else {
                echo "<script>alert('商品类别添加失败! ') ; self. location ='../producttype_add. php'
</script>";
        }
    } else {
        echo "<script>alert('请输人商品类别名称! ') ; self. location ='../producttype_add. php'</
script>";
    }
    ?>
```

(3) 商品类别管理 (Admin/producttype_mamager. php)

在 7. 3. 6 小节中已经编写了商品类别管理页面的 HTML 代码, 其中的商品类别列表是静态数

据。这里从 MySQL 数据库中的 Product_Type 表中加载所有商品类别信息并显示到页面中，商品
类别管理页面的运行效果如图 10.11 所示。

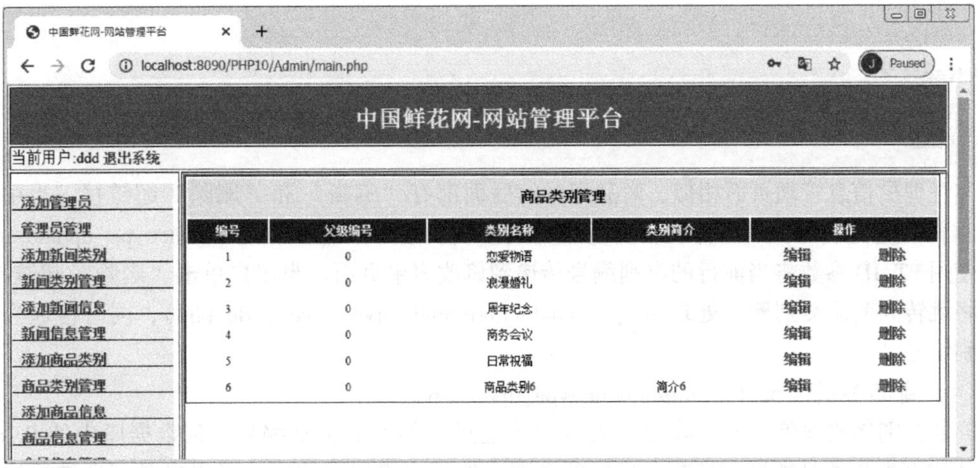

图 10.11 商品类别管理页面的运行效果

商品类别管理页面的数据查询和加载功能的代码如下。

```
<html>
<head>
  <title>商品类别管理</title>
</head>
<body>
<? php include 'action/session_check.php'; //登录判断 ? >
<table>
  <tr> <td colspan ="6">商品类别管理 </td> </tr>
  <tr> <td>编号</td> <td>父级编号</td> <td>类别名称</td>
       <td>类别简介</td> <td colspan ="2">操作</td>
  </tr>
  <? php
  require_once("../conn/Conn_DB.php");
  //执行数据查询语句
  $sql ="select *  from Product_Type order by PT_ParentID , PT_ID";
  $result = $conn -> query($sql);
  //遍历查询结果的每一行
  while ($row = $result -> fetch_array())
  {
? >
<tr>
  <td> <? echo $row["PT_ID"];? > </td>
  <td> <? echo $row["PT_ParentID"];? > </td>
  <td> <? echo $row["PT_Name"];? > </td>
  <td> <? echo $row["PT_Intro"];? > </td>
  <td> <a href ="producttype_update.php? PT_ID = <? echo $row["PT_ID"];? >">编辑</a> </td>
```

```
    <td > <a" href ="action/producttype_delete_do. php? PT_ID = <? echo $row["PT_ID"];? >">删除
</a > </td >
    </tr >
<? } ? >
</table >
</body >
</html >
```

与管理员信息管理页面相似，商品记录的后面都有"编辑"和"删除"超链接。当用户单击"编辑"超链接时，页面将跳转到商品类别修改表单页面（Admin/ producttype_update. php），并且使用 PT_ID 参数将当前行的类别编号传递到修改表单页面。当用户单击"删除"超链接时，页面将跳转到商品类别删除处理页（Admin/action/producttype_delete_do. php），同时传递当前行的类别编号。

（4）商品类别修改（Admin/producttype_update. php）

商品类别修改表单页面接收由列表页面传递过来的商品类别编号，到数据库中的 Product_Type 表中查询该商品类别信息并且显示到页面中的相应表单控件中。当用户对信息进行编辑之后，单击"保存"按钮，该商品类别的信息将被更新到数据库中。商品类别修改功能的运行效果如图 10.12 所示。

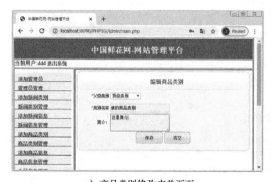

a）商品类别修改表单页面　　　　　　　　　　b）商品类别修改成功提示

图 10.12　商品类别修改功能的运行效果

商品类别修改表单页面的数据查询和加载功能的代码如下。

```
<html >
<head >
    <title >编辑商品类别 </title >
</head >
<body >
<? php include 'action/session_check. php'; //登录判断 ? >
< form action ="action/producttype_update_do. php" method ="POST" >
<? php
    require_once("../conn/Conn_DB. php") ;
    //获取传递的类别编号
    if($_GET["PT_ID"] ! ="") {
        $ntid = $_GET["PT_ID"];
        //执行数据查询语句
```

```php
        $sql ="select * from Product_Type where PT_ID =". $ntid;
        $result = $conn -> query($sql);
        //获取查询结果的第一行(一个类别编号只对应一条记录)
        if ($result -> num_rows > 0) {
            $row = $result -> fetch_assoc();
            //将父级类别编号赋值给变量$parentid2,用于定位所属类别下拉列表框的选中项
            $parentid2 = $row["PT_ParentID"];
?>
<table>
    <tr> <td colspan ="2">编辑商品类别</td> </tr>
    <tr> <td> <font color ="red">* </font>父级类别</td>
        <td> <select name ="txt_parentid">
                <option value ='0'>顶级类别</option>
                <? php
                    static $line ="|--"; //声明静态变量
                    //定义函数,加载类别
                    function GetProductType($conn, $parentid){
                        global $line; //声明全局静态变量
                        global $parentid2;
                        $sql ="select * from Product_Type where PT_ParentID =". $parentid;
                        $result = $conn -> query($sql);
                        if ($result -> num_rows > 0) {
                            while($row = $result -> fetch_array()) {
                                echo "<option value ='$row['PT_ID']'".($parentid2 = = $row['PT_ID']? "selected":"") >".$line. $row['PT_Name']."</option>";
                                $line. = "— --";
                                //递归调用,加载子类别
                                GetProductType($conn, $row['PT_ID']);
                                $line  = substr($line,0,strlen($line) -3);
                            }
                        }
                    }
                    GetProductType($conn, '0'); //调用函数
                ? >
        </select>
    </td>
    </tr>
    <tr> <td> <font color ="red">* </font>类别名称</td>
        <td> <input type ="text" name ="txt_name" value ="<? echo $row['PT_Name'] ? >"/> </td>
    </tr>
    <tr> <td>简介:</td>
        <td> <textarea name ="txt_intro"> <? echo $row['PT_Intro'] ? > </textarea> </td>
    </tr>
    <tr> <td colspan ="2">
        <input type ="hidden" name ="txt_id" value ="<? echo $row['PT_ID'] ? >"/>
        <input type ="submit" value ="保存"/>
```

```
            < input type = "reset" value = "清空"/ >
          </td >
      </tr >
   </table >
   <? php
     }
   } else {
      echo "< script > alert('请选择要编辑的商品类别!'); self. location ='producttype_manager. php'</
script >";
   }
   ? >
   </form >
   </body >
   </html >
```

在以上代码中创建一个隐藏控件"< input type = " hidden" name = " txt_id" >",用于存储当前商品类别的编号,该编号将在提交修改商品类别信息时和各个表单控件中的值一起传递到处理页,用于修改当前商品类别编号的信息。

(5)商品类别修改处理(Admin/action/producttype_update_do. php)

在 producttype_update_do. php 文件中获取由修改页面提交的商品类别信息,判断类别编号是否存在(即上述隐藏控件中的值)。如果编号存在,则生成数据更新语句,并到数据库中的 Product_Type 表中执行数据更新操作,具体代码如下。

```
   <? php
   require_once("../../conn/Conn_DB. php") ;
   //判断类别名称是否为空
   if($_POST["txt_name"]! = "") {
       $ptid = $_POST["txt_id"];              //类别编号
       $name = $_POST["txt_name"];            //类别名称
       $parentid = $_POST["txt_parentid"];    //父级编号
       $intro = $_POST["txt_intro"];          //类别简介
       //执行数据更新语句
       $sql = "update Product_Type set PT_ParentID = $parentid, PT_Name ='$name', PT_Intro ='$intro
' where PT_ID =". $ptid;
       $update = $conn -> query($sql) ;
       //判断执行结果
       if($update){
           echo "< script > alert('商品类别修改成功!'); self. location ='../producttype_manager. php'
</script >";
       } else {
           echo "< script > alert('商品类别修改失败!'); self. location ='../producttype_update. php?
PT_ID =". $ptid. "'</script >";
       }
   } else {
           echo "< script > alert('请输入商品类别名称!'); self. location ='../producttype_up-
date. php? PT_ID =". $ptid. "'</script >";
   }
   ? >
```

274

（6）商品类别删除（Admin/action/producttype_delete_do. php）

商品类别删除处理页接收由信息列表页面传递过来的商品类别编号，到数据库中的 Product_Type 表中执行数据删除操作，并且弹出相应的提示对话框，具体代码如下。

```php
<? php
    require_once(".. /.. /conn/Conn_DB.php");
    //获取传递的商品类别编号
    if($_GET["PT_ID"]! = "") {
        $ptid = $_GET["PT_ID"];
        //执行数据查询语句，先查询该类别下是否含有子类别
        $sql = "select *  from Product_Type where PT_ParentID =". $ptid;
        $result = $conn -> query($sql);
        //判断查询结果行数,判断是否含有子类别
        if ($result -> num_rows > 0){
            echo "< script > alert ('该类别有子类别，请先删除子类别! ') ;
self. location ='../producttype_manager. php'</script >";
        } else {
            //如果当前类别没有子类别，则执行数据删除语句
            $sql = "delete from Product_Type where PT_ID =". $ptid;
            $delete = $conn -> query($sql) ;
            if($delete){
                echo "< script > alert ('商品类别删除成功! ') ;
self. location ='../producttype_manager. php'</script >";
            } else {
                echo "< script > alert ('商品类别删除失败! ') ;
self. location ='../producttype_manager. php'</script >";
            }
        }
    } else {
        echo "< script > alert ('请选择要删除的商品类别! ') ;
    self. location ='../producttype_manager. php'</script >";
    }
? >
```

10.3.4　商品信息管理功能实现

商品信息管理模块与商品类别管理模块相似，由 6 个文件组成，分别是商品信息添加表单页面和处理页、商品信息管理页面、商品信息修改表单页面和修改处理页、商品状态处理页，其管理操作流程如图 10.13 所示。

工作原理如下。

（1）添加商品信息

1）管理员访问商品信息添加表单页面（product_add. php），选择所属类别，填写商品名称、摘要和内容，然后单击"保存"按钮，将商品信息提交到添加处理页（product_add_do. php）。

2）在添加处理页中获取提交的商品信息，连接数据库服务器，使用插入语句向 Product_Info 表中添加数据，接着判断添加是否成功，成功则进入商品信息管理页面 product_manager. php，否则弹出提示对话框并返回添加表单页面（product_add. php）。

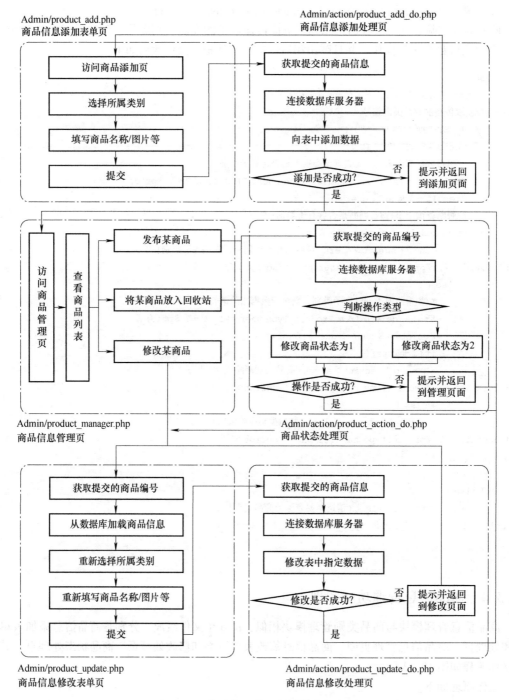

图 10.13　商品信息管理模块操作流程图

（2）商品信息管理

管理员访问商品信息管理页面（product_manager. php），查看商品信息列表，可以单击商品信息右侧的 "发布" "放入回收站" 和 "编辑" 超链接对商品信息进行操作。

（3）修改商品状态

1）管理员在商品信息管理页面（product_manager.php）单击商品信息右侧的"发布"或"放入回收站""编辑"超链接，系统跳转到商品状态处理页（product_action_do.php）。

2）在信息处理页中获取提交的类别编号，连接数据库服务器，根据提交的处理类型选择相应的SQL语句对Product_Info表数据进行操作，接着判断操作是否成功，成功则返回商品信息管理页面（product_manager.php），否则弹出提示对话框并返回商品信息管理页面（product_manager.php）。

（4）修改商品信息

1）在商品信息管理页面（product_manager.php）单击商品信息右侧的"修改"超链接，系统跳转到商品信息修改表单页（product_update.php）。

2）在商品信息修改页表单中获取提交的商品编号，连接数据库服务器，从Product_Info表中查询相应商品信息并加载到页面表单控件中，然后根据需要重新选择所属类别，重新填写商品名称、摘要和内容，然后单击"保存"按钮，将修改后的商品信息提交到修改处理页（product_update_do.php）。

3）在修改处理页中获取提交的商品信息，连接数据库服务器，使用更新语句修改Product_Info表中指定数据，接着判断修改是否成功，成功则进入商品信息管理页面（product_manager.php），否则弹出提示对话框并返回修改表单页面（product_update.php）。

商品信息管理模块的具体功能实现过程展示如下。

（1）商品信息添加（Admin/product_add.php）

在7.3.7小节中已经对商品信息添加表单页面的表单控件和处理页面（Admin/action/product_add_do.php）的部分业务逻辑代码进行了实现，这里继续完善数据添加功能。商品信息添加的运行效果如图10.14所示。

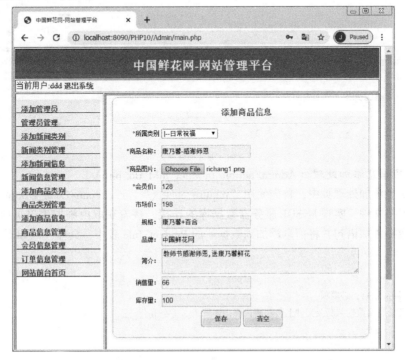

图10.14 商品信息添加的运行效果

PHP 程序设计案例教程 第2版

商品信息添加表单页面的表单控件代码已经在7.3.7小节中实现，但其类别下拉列表框中的数据是静态的。这里实现从数据库中的商品类别表中动态加载商品类别数据到下拉列表框中，具体代码如下。

```
...
<table>
    <tr><td colspan="2">添加商品信息</td></tr>
        <tr><td><font color="red">*</font>所属类别</td>
            <td><select name="txt_parentid">
        <?php
            require_once ("../conn/Conn_DB.php");
            static $line=" | --"; //声明静态变量
            //定义函数，加载类别
            function GetProductType ($conn, $parentid) {
                global $line; //声明全局静态变量
                global $parentid2;
                $sql=" select * from Product_Type where PT_ParentID=". $parentid;
                $result=$conn->query ($sql); //执行SQL语句
                if ($result->num_rows > 0) {
                    while ($row=$result->fetch_array ()) {
                        echo "<option value=". $row ['PT_ID']." "". ($parentid2 == $row ['PT_ID
']?" selected":"") ." >". $line. $row ['PT_Name']." </option>";
                        $line.=" ---";
                        //递归调用，加载子类别
                        GetProductType ($conn, $row ['PT_ID']);
                        $line = substr ($line, 0, strlen ($line) -3);
                    }
                }
            }
        GetProductType ($conn, '0'); //调用函数
        ?>
        </select>
    </td>
</tr>
...
```

(2) 商品信息添加处理（Admin/action/product_add_do.php）

在商品信息添加处理页中，首先使用"require_once ("../../conn/Conn_DB.php");"语句包含数据库连接文件，实现MySQL服务器数据库的连接。接着获取由添加表单页面提交的商品信息，生成数据添加语句并将信息添加到数据库的Product_Info表中，具体代码如下。

```
<?php
    require_once ("../../conn/Conn_DB.php");
    //判断商品信息，必填项
    ...//此处省略数据判断及文件上传功能代码，详见7.3.7小节

        //执行数据添加语句
```

278

```
        $sql = "insert into Product_Info (PT_ID, P_Name, P_Image, P_Model, P_Brand, P_Intro, P_
MPrice, P_VPrice, P_SellNum, P_StoreNum, P_Hits, P_CreateTime, P_Status) values ($ptid, '$name', '$
path', '$model', '$brand', '$intro', $mprice, $vprice, $sellnum, $storenum, 1, '$createtime', 1) ";
        $insert = $conn -> query ($sql) ;
        //判断执行结果
        if ($insert) {
            echo "<script>alert ('商品信息添加成功! ') ; window. location ='../product_add. php';
</script>";
        } else {
            echo "<script>alert ('商品信息添加失败! ') ; window. location ='../product_add. php';
</script>";
        }
        ...
    ? >
```

（3）商品信息管理（Admin/product_manager. php）

在7.3.8小节中已经编写了商品信息管理页面的HTML代码，其中的商品信息列表是静态数据。这里从MySQL数据库中的Product_Info表中加载所有商品信息并显示到页面中，商品信息管理页面的运行效果如图10.15所示。

图10.15　商品信息管理页面的运行效果

商品信息管理页面的数据查询和加载功能的代码如下。

```
<html>
<head>
  <title>商品信息管理</title>
</head>
<body>
<? php include 'action/session_check. php'; //登录判断　? >
```

279

```
<table >
    <tr > <td colspan ="10">商品信息管理 </td> </tr>
    <tr > <td>编号</td> <td>所属类别</td> <td>商品名称</td> <td>图片</td>
        <td>会员价</td> <td>状态</td> <td>发布时间</td> <td colspan ="3">操作</td>
    </tr>
    <? php
        require_once("../conn/Conn_DB.php") ;
        //执行数据查询语句
        $sql ="select p. * ,pt. PT_ID,pt. PT_Name from Product_Info p,Product_Type pt where p. PT_ID =
pt. PT_ID order by P_CreateTime desc";
        $result = $conn -> query( $sql) ;
        //遍历查询结果的每一行
        while( $row = $result -> fetch_array( ) ) {
    ? >
    <tr >
        <td > <? echo $row["P_ID"];? > </td>
        <td > <? echo $row["PT_Name"];? > </td>
        <td > <? echo $row["P_Name"];? > </td>
        <td > <img src ='../ <? echo $row["P_Image"];? >' width ="39" height ="39"/ > </td>
        <td > <? echo $row["P_VPrice"];? >    </td>
        <td > <? echo $row["P_Status"] == '1'? '< font color =blue >已发布 </font >':'< font color =
red >未发布 </font >';? > </td>
        <td > <? echo $row["P_CreateTime"];? > </td>
        <td > <a href ="action/product_action_do. php? Type =1&P_ID = <? echo $row["P_ID"];? >">
发布 </a > </td>
        <td > <a href ="action/product_action_do. php? Type =2&P_ID = <? echo $row["P_ID"];? >">
放入回收站 </a > </td>
        <td > <a href ="product_update. php? P_ID = <? echo $row["P_ID"];? >">编辑 </a > </td>
    </tr>
    <? } ? >
    </table >
</body >
</html >
```

每条商品记录的后面都有"发布""放入回收站""编辑"超链接。考虑到电子商务网站中的商品信息涉及历史订单和交易记录,一般不对商品进行删除操作。可以通过修改商品信息的状态来控制商品是否上架销售(发布)或者下架(放入回收站)。

(4)商品信息修改(Admin/product_update. php)

当用户单击"编辑"超链接时,页面将跳转到商品信息修改表单页面(Admin/ product_update. php),并且使用 P_ID 参数将当前行的商品编号传递到修改表单页面。商品信息修改表单页面接收由列表页面传递过来的商品编号,到数据库中的 Product_Info 表中查询该商品信息并且显示到页面中的相应表单控件中。当用户对信息进行编辑之后,单击"保存"按钮,该商品的信息将被更新到数据库中。商品信息修改表单页面的运行效果如图 10.16 所示。

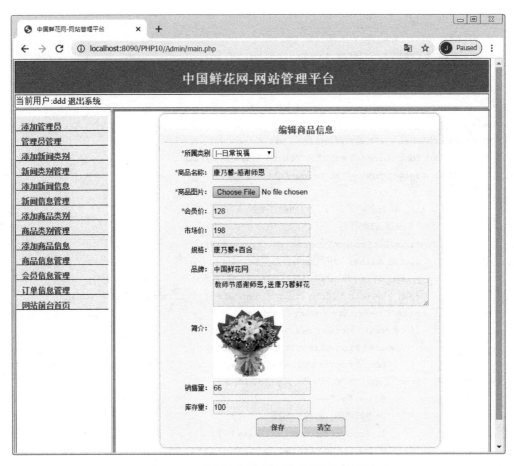

图 10.16 商品信息修改表单页面的运行结果

商品信息修改表单页面的数据查询和加载功能的代码如下。

```
< html >
< head >
    < title >编辑商品信息 </title >
< /head >
< body >
< ? php include 'action/session_check.php'; //登录判断 ? >
< form action = "action/product_update_do.php" method = "POST" enctype = "multipart/form - data" >
< ? php
    //获取传递的商品编号
    if($_GET["P_ID"] ! = "") {
        require_once("../conn/Conn_DB.php") ;
        $pid = $_GET["P_ID"];
        //执行数据查询语句,加载商品信息
        $sql = "select *  from Product_Info where P_ID =". $pid;
        $result = $conn -> query($sql) ;
        //获取查询结果的第一行(一个商品编号只对应一条记录)
```

```php
        if ($result ->num_rows > 0) {
            $row = $result ->fetch_assoc();
            //将类别编号赋值给变量$parentid2，用于定位所属类别下拉列表框的选中项
            $parentid2 = $row['PT_ID'];
?>
<table>
    <tr> <td colspan = "2">编辑商品信息</td> </tr>
    <tr> <td> <font color = "red">* </font>所属类别</td>
        <td> <select name = "txt_parentid">
        <? php
            static $line = "|--"; //声明静态变量
            //定义函数，加载类别
            function GetProductType($conn, $parentid){
                global $line; //声明全局静态变量
                global $parentid2;
                $sql = "select *  from Product_Type where PT_ParentID =". $parentid;
                $result = $conn ->query($sql);
                if ($result ->num_rows > 0) {
                    while($row = $result ->fetch_array()) {
                        echo "<option value =". $row['PT_ID']."". ($parentid2 = = $row['PT_ID']? "
selected":"")." >". $line. $row['PT_Name']."</option>";
                        $line. = "---";
                        //递归调用，加载子类别
                        GetProductType($conn, $row['PT_ID']);
                        $line  = substr($line,0,strlen($line) -3);
                    }
                }
            }
            GetProductType($conn, '0') ; //调用函数
        ?>
        </select>
    </td>
    </tr>
    <tr> <td> <font color = "red">* </font>商品名称:</td>
        <td> <input type = "text" name = "txt_name" value = "<? echo $row['P_Name'] ? >"/> </td>
    </tr>
    <tr> <td> <font color = "red">* </font>商品图片:</td>
        <td> <input type = "file" name = "txt_image"/> </td>
    </tr>
    <tr> <td> <font color = "red">* </font>会员价:</td>
        <td> <input type = "text" name = "txt_vprice" value = "<? echo $row['P_VPrice'] ? >"/> </td>
    </tr>
    <tr> <td>市场价:</td>
        <td> <input type = "text" name = "txt_mprice" value = "<? echo $row['P_MPrice'] ? >"/> </td>
```

```
        </tr>
        <tr><td>规格: </td>
            <td><input type="text" name="txt_model" value="<? echo $row['P_Model'] ? >"/></td>
        </tr>
        <tr><td>品牌: </td>
            <td><input type="text" name="txt_brand" value="<? echo $row['P_Brand'] ? >"/></td>
        </tr>
        <tr><td>简介: </td>
            <td><textarea name="txt_intro"><? echo $row['P_Intro'] ? ></textarea>
              <img src='../<? echo $row["P_Image"];? >' width="130" height="130"/>
              <input type="hidden" name="txt_image2" value='<? echo $row["P_Image"];? >'/>
            </td>
        </tr>
        <tr><td>销售量: </td>
            <td><input type="text" name="txt_sellnum" value="<? echo $row['P_SellNum'] ? >"/></td>
        </tr>
        <tr><td>库存量: </td>
          <td><input type="text" name="txt_storenum" value="<? echo $row['P_StoreNum'] ? >"/></td>
        </tr>
        <tr><td colspan="2">
                <input type="hidden" name="txt_id" value="<? echo $row['P_ID'] ? >"/>
              <input type="submit" value="保存"/>
              <input type="reset" value="清空" />
            </td>
        </tr>
    </table>
    <? php
        }
    } else {
      echo "<script>alert('请选择要编辑的商品信息! ') ; self. location = 'product_manager.php'</script>";
    }
    ? >
    </form>
    </body>
    </html>
```

在以上代码中创建一个隐藏控件 " < input type = " hidden" name = " txt_id" > ", 用于存储当前商品的编号, 该编号将在提交修改商品信息时和各个表单控件中的值一起传递到处理页, 用于修改当前商品编号的信息。

(5) 商品信息修改处理 (Admin/action/product_update_do. php)

在 product_update_do. php 文件中获取由修改表单页面提交的商品信息, 判断编号是否存在 (即上述隐藏控件中的值)。如果编号存在, 则生成数据更新语句, 并到数据库中 Product_Info 表

执行数据更新操作, 具体代码如下。

```php
<? php
require_once("../../conn/Conn_DB. php") ;
//判断商品信息的必填项
... //此处省略数据判断及文件上传功能代码, 详见7.3.8 小节


    //执行数据更新语句
    $sql = "update Product_Info set PT_ID = $pt.id, P_Name ='$name', P_Image ='$path', P_Model ='$model', P_Brand ='$brand', P_Intro ='$ intro', P_MPrice = $mprice, P_VPrice = $vprice, P_SellNum = $sellnum, P_StoreNum = $storenum, P_CreateTime ='$createtime' where P_ID =". $pid;
    $update = $conn ->query($sql) ;
    if($update){
        echo "<script>alert('商品信息修改成功! ') ; window. location ='../product_manager. php'; </script>";
    } else {
        echo "<script>alert('商品信息修改失败! ') ; window. location ='../product_update. php? P_ID =". $pid. "'; </script>";
    }
...
```

(6) 商品状态处理 (Admin/action/product_action_do. php)

当用户单击"发布"或者"放入回收站"超链接时, 页面将跳转到商品状态处理页, 同时传递当前行的商品编号。商品状态处理页接收由信息列表页面传递过来的商品编号, 根据操作类型 (type =1 为发布操作, type =2 为放入回收站操作) 到数据库中的 Product_Info 表中执行数据更新操作, 并且弹出相应的提示对话框, 具体代码如下。

```php
<? php
require_once("../../conn/Conn_DB. php") ;          //包含数据库连接文件
//获取传递的商品编号和操作类型
if($_GET["P_ID"]! = "" && $_GET["Type"]! = "") {
    $pid = $_GET["P_ID"];
    $type = $_GET["Type"];
    $sql = "";
    switch ($type) {
        case "1":
            $sql = "update Product_Info set P_Status =1 where P_ID =". $pid;   //发布(状态为1)
            break;
        case "2":
            $sql = "update Product_Info set P_Status =2 where P_ID =". $pid;   //放入回收站(状态为2)
            break;
    }
    //执行数据更新语句
    $update = $conn ->query($sql) ;
    if($update){
        echo "<script>alert('操作成功! ') ;self. location ='../product_manager. php'</script>";
```

```
        } else {
            echo "<script>alert('操作失败！');self.location ='../product_manager.php'</script
>";
        }
    } else {
        echo "<script>alert('请选择要操作的商品信息！');self.location ='../product_manager.php'</
script>";
    }
    ?>
```

商品状态修改页面的运行效果如图 10.17 所示。

图 10.17　商品状态修改页面的运行效果

10.3.5　新闻类别管理功能实现

新闻类别管理模块的功能实现过程与商品类别管理模块相似，详细见 10.3.3 小节。

10.3.6　新闻信息管理功能实现

新闻信息管理模块与商品信息管理模块相似，由 6 个文件组成，分别是新闻信息添加表单页面和处理页、新闻信息管理页面、新闻信息修改表单页面和修改处理页、新闻状态处理页。

（1）新闻信息添加（Admin/news_add.php）

在 7.3.10 小节中已经对新闻信息添加页面的表单控件和处理页面（Admin/action/product_add_do.php）的部分业务逻辑代码进行了实现，这里继续完善数据添加功能。新闻信息添加表单页面的运行效果如图 10.18 所示。

新闻信息添加表单页面的表单控件代码已经在 7.3.10 小节中实现，但其类别下拉列表框中的数据是静态的。这里实现从数据库中的新闻类别表中动态加载类别数据到下拉列表框中，具体代码如下。

285

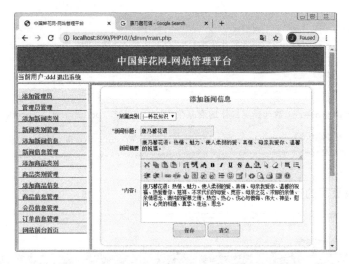

图 10.18 新闻信息添加表单页面的运行效果

```
...
  < table >
    < tr > < td colspan ="2" >添加新闻信息 </td > </tr >
    < tr > < td > < font color ="red" >* </font >所属类别 </td >
        < td > < select name ="txt_parentid" >
          <? php
              require_once ("../conn/Conn_DB.php") ;
              static $line ="|--"; //声明静态变量
              //定义函数,加载类别
              function GetNewsType ($conn, $parentid){
                global $line; //声明全局静态变量
                global $parentid2;
                $sql ="select * from News_Type where NT_ParentID =". $parentid;
                $result = $conn ->query ($sql) ;
                if ($result ->num_rows > 0) {
                    while ($row = $result ->fetch_array()) {
                    echo "< option value ="". $row['NT_ID]. "". ($parentid2 == $row['NT_ID']?"
selected":"")." >". $line. $row['NT_Name]."</option >";
                      $line. = "---";
                      //递归调用
                      GetNewsType ($conn, $row['NT_ID]) ;
                      $line = substr ($line,0,strlen ($line) -3) ;
                    }
                }
              }
          GetNewsType ($conn,'0') ; //调用函数
          ? >
          </select >
      </td >
    </tr >
...
```

（2）新闻信息添加处理页（Admin/action/news_add_do.php）

在新闻信息添加处理页中，首先使用"require_once（"../../conn/Conn_DB.php"）；"语句包含数据库连接文件，实现 MySQL 服务器数据库的连接。接着获取由添加表单页面提交的新闻信息，生成数据添加语句并将信息添加到数据库的 News_Info 表中，具体代码如下。

```php
<?php
    require_once("../../conn/Conn_DB.php");
    //判断新闻标题及所属栏目是否为空
    if($_POST["txt_title"]! = "" && $_POST["txt_parentid"]! = "") {
        $ntid = $_POST["txt_parentid"];   //所属类别编号
        $title = $_POST["txt_title"];        //新闻标题
        $intro = $_POST["txt_intro"];        //摘要
        $contents = $_POST["txt_contents"];  //内容
        $createtime = date('Y-m-d H:i:s');   //发布日期
        //执行数据添加语句
        $sql = "insert into News_Info (NT_ID, N_Title, N_Intro, N_Contents, N_Hits, N_CreateTime, N_Status) values ($ntid, '$title', '$intro', '$contents', 1, '$createtime', 1)";
        $insert = $conn -> query($sql);
        if($insert){
            echo "<script>alert('新闻信息添加成功!'); self.location ='../news_add.php'</script>";
        } else {
            echo "<script>alert('新闻信息添加失败!'); self.location ='../news_add.php'</script>";
        }
    } else {
        echo "<script>alert('所属类别和新闻标题不能为空!'); self.location ='../news_add.php'</script>";
    }
?>
```

（3）新闻信息管理页面（Admin/news_manager.php）

在 7.3.11 小节中已经编写了新闻信息管理页面的 HTML 代码，其中的新闻信息列表是静态数据。这里从 MySQL 数据库中的 News_Info 表中加载所有商品信息并显示到页面中，新闻信息管理页面的运行效果如图 10.19 所示。

图 10.19　新闻信息管理页面的运行效果

新闻信息管理页面的数据查询和加载功能的代码如下。

```html
<html>
<head>
    <title>新闻信息管理</title>
</head>
<body>
<? php include 'action/session_check.php'; //登录判断   ?>
<table>
    <tr> <td colspan="16">新闻信息管理</td> </tr>
    <tr>
        <td>编号</td>   <td>所属类别</td>   <td>新闻标题</td>   <td>状态</td>
        <td>发布时间</td>   <td>发布</td>   <td>放入回收站</td>   <td colspan="2">操作</td>
    </tr>
    <? php
        include("../conn/Conn_DB.php");
        $sql="select n. * ,nt.NT_Name from  News_Info n, News_Type nt where n.NT_ID=nt.NT_ID order by N_CreateTime desc";
        $result=$conn->query($sql);
        //遍历查询结果的每一行
        while($row=$result->fetch_array())
        {
    ?>
    <tr>
        <td> <? echo $row["N_ID"];? > </td>
        <td> <? echo $row["NT_Name"];? > </td>
        <td> <? echo $row["N_Title"];? > </td>
        <td> <? echo $row["N_Status"]=='1'?'<font color=blue>已发布</font>':'<font color=red>未发布</font>';? >   </td>
        <td> <? echo $row["N_CreateTime"];? > </td>
        <td> <a href="action/news_action_do.php? Type=1&N_ID=<? echo $row["N_ID"];? >">发布</a> </td>
        <td> <a href="action/news_action_do.php? Type=2&N_ID=<? echo $row["N_ID"];? >">放入回收站</a> </td>
        <td> <a href="news_update.php? N_ID=<? echo $row["N_ID"];? >">编辑</a> </td>
        <td> <a href="action/news_action_do.php? Type=3&N_ID=<? echo $row["N_ID"];? >">删除</a> </td>
    </tr>
    <? } ?>
</table>
</body>
</html>
```

和商品信息管理功能相似，每条新闻信息的后面都有"发布""放入回收站""编辑"和"删除"超链接。

（4）新闻信息修改表单页面（Admin/news_update.php）

当用户单击"编辑"超链接时，页面将跳转到新闻信息修改表单页面（Admin/news_

update. php)，并且使用 N_ID 参数将当前行的新闻编号传递到修改表单页面。新闻信息修改表单页面接收由列表页面传递过来的新闻编号，到数据库中的 News_Info 表中查询该新闻信息并且显示到页面中的相应表单控件中。当用户对信息进行编辑之后，单击"保存"按钮，该新闻信息的信息将被更新到数据库中。新闻信息修改表单页面的运行效果如图 10.20 所示。

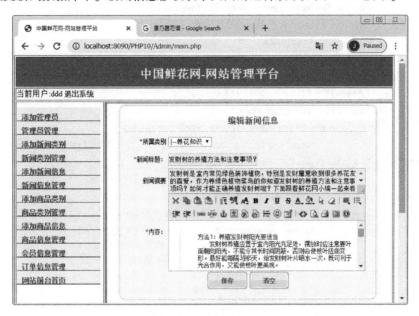

图 10.20　新闻信息修改表单页面的运行效果

新闻信息修改表单页面的数据查询和加载功能的代码如下。

```
...
< body >
<? php include 'action/session_check. php'; //登录判断　? >
< form action = "action/news_update_do. php" method = "POST" >
<? php
    //获取传递的新闻编号
    if( $_GET["N_ID"] ! = "") {
        require_once ("../conn/Conn_DB. php") ;
        $nid = $_GET["N_ID"];
        //执行数据查询
        $sql = "select *  from News_Info where N_ID =". $nid;
        $result = $conn -> query( $sql) ;
        //获取查询结果的第一行 (每个新闻编号对应一条数据)
        if ( $result -> num_rows > 0) {
            $row = $result -> fetch_assoc() ;
            //将类别编号赋值给变量$parentid2，用于定位所属类别下拉列表框的选中项
            $parentid2 = $row["NT_ID"];
? >
< table >
    < tr > < td colspan = "2">编辑新闻信息 </td > </tr >
    < tr > < td > < font color = "red">* </font >所属类别 </td >
```

```
        <td><select name="txt_parentid">
      <? php
        static $line="|--"; //声明静态变量
        //定义函数,加载类别
        function GetNewsType($conn, $parentid){
          global $line; //声明全局静态变量
          global $parentid2;
          //查询新闻类别
          $sql="select *  from News_Type where NT_ParentID=". $parentid;
          $result=$conn->query($sql);
          if ($result->num_rows > 0) {
              while($row=$result->fetch_array()) {
                  echo "<option value=". $row['NT_ID']."". ($parentid2 = = $row['NT_ID
']?"selected":"")." >". $line. $row['NT_Name']."</option>";
                  $line. = "---";
                  //递归调用,加载子类别
                  GetNewsType($conn, $row['NT_ID']);
                  $line  = substr($line,0,strlen($line) -3);
              }
          }
      GetNewsType($conn,'0'); //调用函数
      ? >
      </select>
    </td>
  </tr>
  <tr><td><font color="red">* </font>新闻标题:</td>
      <td><input type="text" name="txt_title" value="<? echo $row['N_Title'] ? >"/></
td>
  </tr>
  <tr><td>新闻摘要</td>
      <td><textarea name="txt_intro"><? echo $row['N_Intro'] ? ></textarea>
      </td>
  </tr>
  <tr><td class="td_center1"><font color="red">* </font>内容:</td>
      <td><textarea name="txt_contents"><? echo $row['N_Contents'] ? ></textarea></
td>
  </tr>
  <tr><td colspan="2">
      <input type="hidden" name="txt_id" value="<? echo $row['N_ID'] ? >"/>
      <input type="submit" value="保存" />
      <input type="reset" value="清空" />
    </td>
  </tr>
</table>
<? php
    }
```

```
    } else {
       echo "<script>alert('请选择要编辑的新闻信息！') ; self. location ='news_manager. php'</script>";
    }
    ?>
</form>
</body>
</html>
```

在以上代码中创建一个隐藏控件"<input type ="hidden" name ="txt_id">"，用于存储当前新闻的编号。该编号将在提交修改新闻信息时和各个表单控件中的值一起传递到处理页，用于修改当前新闻编号的信息。

（5）新闻信息修改处理页（Admin/action/news_update_do. php）

在 news_update_do. php 文件中获取由修改表单页面提交的新闻信息，判断编号是否存在（即上述隐藏控件中的值）。如果编号存在，则生成数据更新语句，并到数据库中的 News_Info 表中执行数据更新操作，具体代码如下。

```
<? php
    require_once("../../conn/Conn_DB. php") ;
    //判断新闻标题和编号
    if($_POST["txt_title"]! ="" && $_POST["txt_id"]! ="") {
        $nid = $_POST["txt_id"];              //新闻编号
        $ntid = $_POST["txt_parentid"];       //所属类别编号
        $title = $_POST["txt_title"];         //新闻标题
        $intro = $_POST["txt_intro"];         //摘要
        $contents = $_POST["txt_contents"];   //内容
        $createtime = date('Y-m-d H:i:s') ;   //发布日期
        //执行数据更新语句
        $sql ="update News_Info set NT_ID = $ntid, N_Title ='$title', N_Intro ='$intro', N_Contents
='$contents', N_CreateTime ='$createtime' where N_ID =". $nid;
        $update = $conn -> query($sql) ;
        if($update){
            echo "<script>alert('新闻信息修改成功！') ; self. location ='../news_manager. php'</
script>";
        } else {
            echo "<script>alert('新闻信息修改失败！') ;
    self. location ='../news_update. php? N_ID =". $nid. "'</script>";
        }
    } else {
        echo "<script>alert('所属类别和新闻标题不能为空！') ; self. location ='../news_update. php?
N_ID =". $nid. "'</script>";
    }
    ?>
```

（6）新闻状态处理页（Admin/action/news_action_do. php）

当用户单击"发布"或者"放入回收站"超链接时，页面将跳转到新闻状态处理页，同时传递当前行的新闻编号。状态处理页接收由信息列表页面传递过来的商品编号，根据操作类型（type =1 为发布操作，type =2 为放入回收站操作，type =3 为删除操作）到数据库中的 News_

Info表中执行数据更新或者数据删除操作，并且弹出相应的提示对话框，具体代码如下。

```php
<? php
require_once("../../conn/Conn_DB.php") ;      //包含数据库连接文件
//获取传递的新闻编号和操作类型
if($_GET["N_ID"]! = "" && $_GET["Type"]! = "") {
    $nid = $_GET["N_ID"];
    $type = $_GET["Type"];
    $sql ="";
    switch ($type) {
      case "1":
        $sql ="update News_Info set N_Status =1 where N_ID =". $pid;   //发布（状态为1）
        break;
      case "2":
        $sql ="update News_Info set N_Status =2 where N_ID =". $pid;   //放入回收站（状态为2）
        break;
      case "3":
        $sql ="delete from News_Info where N_ID =". $nid;   //删除语句
        break;
    }
    //执行数据更新语句
    $update = $conn ->query($sql) ;
    if($update){
      echo "<script >alert('操作成功！') ;self. location ='../news_manager.php'</script >";
    } else {
      echo "<script >alert('操作失败！') ;self. location ='../news_manager.php'</script >";
    }
} else {
    echo "<script >alert('请选择要操作的新闻信息！') ;self. location ='../news_manager.php'</script >";
}
? >
```

新闻状态处理页的运行效果如图 10.21 所示。

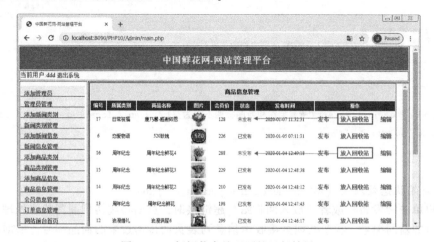

图 10.21　新闻状态处理页的运行结果

10.4 网站前台功能实现

网站前台由网站首页和商品展示模块、新闻展示模块、会员中心模块和在线购物模块组成，本节详细讲解网站首页、商品展示模块、新闻展示模块的开发，会员中心模块和在线购物模块的开发将在13.3节中详细讲解。网站前台业务流程如图10.22所示。

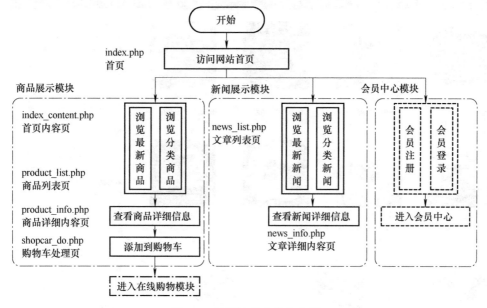

图 10.22 网站前台业务流程

10.4.1 网站前台主页

电子商务网站前台的主页和商品及新闻信息的静态展示页面已经在7.2节中实现。本小节实现数据的动态加载，包括网站栏目、商品信息和新闻信息。其中，网站前台栏目由商品类别和新闻类别的数据组成。网站前台主页的动态数据加载效果如图10.23所示。

（1）网站栏目动态加载（menu. php）

如图10.23所示，在网站栏目中，除了"首页""会员中心""客服中心"3个栏目之外，其他栏目信息则是商品类别和新闻类别。这些信息是分别从 MySQL 数据库中的商品类别表和新闻类别表动态加载显示的。另外，由于在网站前台的各个页面中都需要使用网站栏目信息，因此可以将栏目信息的动态加载功能单独编写在 menu. php 文件中，供网站前台中的各个页面调用。网站栏目的动态加载功能代码如下。

```
<table>
  <! --第1行 Logo -->
  <tr> <td> <img src ="images/logo2. jpg" /> </td> </tr>
  <! --第2行 菜单 -->
  <tr> <td>
    <table>
      <tr> <td> <a href ="index. php" target ="_self">首页 </a> </td>
```

PHP 程序设计案例教程 第2版

图 10.23 网站前台主页的动态数据加载效果

```php
<? php
//包含数据库连接文件
require_once("conn/Conn_DB.php") ;
//先加载商品类别作为菜单
$sql="select * from Product_Type";
$result=$conn->query($sql) ;
if($result->num_rows > 0) {
    while($row=$result->fetch_array()) {
        echo "<td> <a href ='product_list.php? PT_ID =". $row["PT_ID"]."' target ='_
self'>". $row["PT_Name"]. "</a> </td>";
    }
}
//再加载新闻类别作为菜单
$sql="select * from News_Type";
$result=$conn->query($sql) ;
```

294

```
                if ($result ->num_rows > 0) {
                    while($row = $result ->fetch_array( ) ) {
                        echo "<td> <a href ='news_list. php? NT_ID =". $row["NT_ID"]. '" target ='_self'
>". $row["NT_Name"]. "</a> </td>";
                        }
                    }
                    ? >
                    <td> <a href ='member_info. php' target ='_self'>会员中心 </a> </td>
                    <td> <a href ='#'>客服中心 </a> </td>
                </tr>
            </table>
        </td> </tr>
    </table>
```

（2）前台主页（index. php）

前台主页左侧用于显示 3 个商品类别，每个商品类别显示 4 项商品信息。主页右侧用于显示两个新闻类别，每个新闻类别显示 10 条新闻信息。对于网站左侧，首先从 MySQL 数据库中的商品类别表中读取前 3 个商品类别，并且获取各个类别的编号和类别名称。接着对于每一个商品类别，分别从商品信息表中读取最新的 4 条商品信息（按发布日期降序排列）。网站右侧的新闻类别和新闻信息的数据加载方式与左侧相似，具体代码如下。

```
<html >
<head >
    <title >中国鲜花网 </title >
</head >
<body >
<? php include_once ('menu. php') ; \\包含网站栏目 ? >
<table >
  <tr > <td width ="750px" valign ="top">
     <? php
     require_once ("conn/Conn_DB. php") ;
     //加载前 3 个商品类别
     $sql1 ="select *  from Product_Type limit 3";
     $result1 = $conn ->query($sql1) ;
     //分别加载前 3 个商品类别的最新商品信息
     while($row1 = $result1 ->fetch_array( ) ) {
         //显示商品类别名称
         echo "<table >";
         echo "<tr > <td colspan ='4'>". $row1["PT_Name"]. "</td> </tr >";
         echo "<tr >";
         //查询最新的 4 条商品信息
         $sql2 ="select *  from  Product_Info where PT_ID =". $row1["PT_ID"]." and P_Status =1 or-
der by P_CreateTime desc limit 4 ";
         $result2 = $conn ->query($sql2) ;
         //显示商品信息
         while($row2 = $result2 ->fetch_array( ) ) {
             echo "<td>";
```

```
                echo "<div><img src ='". $row2["P_Image"]."' width ='130px' height ='130px'/><br/>";
                echo $row2["P_Name"]."<br/>";
                echo "市场价:". $row2["P_MPrice"];
                echo "会员价:". $row2["P_VPrice"]."<br/>";
                echo "<a href ='product_info.php? P_ID =". $row2["P_ID"]."'>查看详情</a>";
          echo "<a href ='shopcar_info.php? P_ID =". $row2["P_ID"]."'>放入购物车</a></div>";
                echo "</td>";
            }
            echo "</tr></table>";
        }
        ?>
    </td>
    <td width ="250px" valign ="top">
      <? php
//加载前两个新闻类别
$sql3 ="select *  from News_Type limit 2";
$result3 = $conn ->query($sql3);
while($row3 = $result3 ->fetch_array()) {
    //显示新闻类别信息
    echo "<table>";
    echo "<tr><td>". $row3["NT_Name"]."</td></tr>";
    //查询最新的10条新闻信息
    $sql4 ="select *  from News_Info where NT_ID =". $row3["NT_ID"]." and N_Status =1 order by N_
CreateTime desc limit 10";
    $result4 = $conn ->query($sql4);
    //显示新闻信息
    while($row4 = $result4 ->fetch_array()) {
        echo "<tr><td>";
        echo "<a href ='news_info.php? N_ID =". $row4["N_ID"]."'>". $row4["N_Title"]."</a>";
        echo "</td></tr>";
    }
    echo "</table>";
}
?>
    </td>
  </tr>
</table>
</body>
</html>
```

10.4.2　商品信息展示

（1）商品列表页面（product_list.php）

当用户单击网站栏目中的各个商品类别名称时，其超链接将跳转到商品列表页面，同时传递商品类别编号。在商品列表页面中，根据传递的类别编号到数据库中的商品类别表和商品信息表中分别查询类别名称和商品信息，并且动态显示在页面中。商品列表页面的数据动态加载效果如图 10.24 所示。

图 10.24　商品列表页面的数据动态加载效果

　　商品列表页面的数据动态加载过程：首先获取传递的类别编号，到商品类别表中查询类别名称，并且显示在"当前位置"区域，形成网站页面位置导航；接着根据类别编号到商品信息表中查询该类别中的所有状态为"发布"的商品信息，并且使用循环语句将所查询的商品信息显示在页面中，具体代码如下。

```
<html>
<head>
    <title>商品列表页</title>
</head>
<body>
<? php include_once ('menu.php') ; //包含网站栏目 ? >
<table>
<tr> <td colspan = "4">当前位置： <a href = "index. php">首页</a> = = >
    <? php
        require_once("conn/Conn_DB.php") ;
        //加载商品类别名称
        if($_GET["PT_ID"]! = "") {
            $ptid = $_GET["PT_ID"]; //商品类别编号
            $sql = "select *  from Product_Type where PT_ID =". $ptid;
            $result = $conn -> query($sql) ;
            $row = $result -> fetch_array() ;
            echo $row["PT_Name"];
```

```
        } else {
            echo " < script > alert ('商品类别不存在! ') ; self. location ='index_content. php' </
script >";
        }
        ? >
        </td >
    </tr >
    <? php
    //加载商品信息列表
    if($_GET["PT_ID"]! ="") {
        $ptid = $_GET["PT_ID"];
        $sql ="select *  from  Product_Info where PT_ID =". $ptid. " and P_Status =1 order by P_Cre-
ateTime desc";
        $result = $conn -> query($sql) ;
        $i =1; //声明变量,用于商品分行显示
        while($row = $result -> fetch_array() ) {
            if($i == 1 || $i% 5 == 0)
                echo " < tr >";
            echo " < td align ='center' >";
            echo " < img src =". $row["P_Image"]. " width ='130px' height ='130px'/ > < br/ >";
            echo $row["P_Name"]. " < br/ >";
            echo "市场价:". $row["P_MPrice"];
            echo "会员价:". $row["P_VPrice"]. " < br/ >";
            echo " < a href ='product_info. php? P_ID =". $ row ["P_ID"]. "' > 查看详情 </a >  
   ";
            echo " < a href ='shopcar_info. php? P_ID =". $row["P_ID"]. "' >放入购物车 </a >";
            echo " </td >" ;
            if($i% 4 ==0) echo " </tr >";
            $i + +;
        }
    }
    ? >
    </table >
    </html >
```

（2）商品内容页面（product_info. php）

当用户在网站主页或者商品列表页面中单击某个商品信息中的 "查看详情" 超链接时，页面将跳转到商品内容页，同时传递商品编号。商品内容页面的数据动态加载效果如图 10.25 所示。

在商品内容页中，首先根据传递的商品编号到商品信息表和商品类别表中分别查询该商品所属的类别名称以及商品信息；接着将商品类别名称显示在 "当前位置" 区域，形成网站页面位置导航；最后将查询到的商品信息显示在页面中。具体代码如下。

```
< html >
< head >
    < title >商品内容页 </title >
</head >
```

图 10.25　商品内容页面的数据动态加载效果

```
<body>
<? php include_once ('menu.php'); //包含网站栏目 ?>
<table>
  <tr><td colspan="4">当前位置：<a href="index.php">首页</a> = = >
  <? php
     require_once("conn/Conn_DB.php");
     //加载商品信息
     if($_GET["P_ID"]! ="")  {
        $pid = $_GET["P_ID"]; //商品编号
        //执行数据查询语句
      $sql ="select *  from Product_Info pi, Product_Type pt where pi.PT_ID = pt.PT_ID and pi.P_ID
=". $pid;
        $result = $conn -> query($sql);
        $row = $result -> fetch_array();
        //显示商品类别
        echo "<a href ='product_list.php? PT_ID =". $row["PT_ID"]."'>". $row["PT_Name"]."</a>";
        //显示商品名称
        echo " = = > ". $row["P_Name"];
     ?>
   </td>
  </tr>
  <tr><td colspan="2 > <? echo $row["P_Name"];? > </td></tr>
  <tr><td rowspan="6">
        <img src ='<? echo $row["P_Image"];? >' width ="250px" height ="250px"/>
```

```
    </td></tr>
    <tr><td>市场价:<? echo $row["P_MPrice"];?></td></tr>
    <tr><td>会员价:<? echo $row["P_VPrice"];?></td></tr>
      <tr><td>销售量:<? echo $row["P_SellNum"];?></td></tr>
      <tr><td>库存量:<? echo $row["P_StoreNum"];?></td></tr>
      <tr><td><a href="shopcar_info.php?P_ID=<? echo $row["P_ID"];?>">放入购物车</a>
</td></tr>
        <tr><td colspan="2">商品详细介绍</td></tr>
        <tr><td colspan="2"><? echo $row["P_Intro"];?>   </td></tr>
        <tr><td colspan="2"><a href="javascript:history.back(-1);"target="_self">返回</a
></td></tr>
    <?php
      } else {
        echo "<script>alert('商品信息不存在!');self.location='index_content.php'</script>";
      }
    ?>
    </table>
    </body>
    </html>
```

10.4.3 新闻信息展示

（1）新闻列表页面（news_list.php）

当用户单击网站栏目中的各个新闻类别名称时，其超链接将跳转到新闻列表页面，同时传递新闻类别编号。在新闻列表页面中，根据传递的类别编号到数据库中的新闻类别表和新闻信息表中分别查询类别名称和新闻信息，并且动态显示在页面中。新闻列表页面的数据动态加载效果如图 10.26 所示。

图 10.26　新闻列表页面的数据动态加载效果

新闻列表页面的数据动态加载过程：首先获取传递的类别编号，到新闻类别表中查询类别名称，并且显示在"当前位置"区域，形成网站页面位置导航；接着根据类别编号到新闻信息表中查询该类别中的所有状态为"发布"的新闻信息，并且使用循环语句将所查询的新闻信息显示在页面中，具体代码如下。

```php
<html>
<head>
  <title>新闻列表页</title>
</head>
<body>
<? php include_once ('menu.php') ; //包含网站栏目 ? >
<table>
  <tr><td>当前位置：<a href ="index.php">首页</a> = = >
  <? php
      require_once("conn/Conn_DB.php") ;
      //加载新闻类别名称
      if($_GET["NT_ID"]! ="") {
        $ntid = $_GET["NT_ID"];
        $sql ="select *  from News_Type where NT_ID =". $ntid;
        $result = $conn ->query($sql) ;
        $row = $result ->fetch_array() ;
        echo $row["NT_Name"];
      ? >
   </td>
 </tr>
 <? php
//加载新闻信息列表
$sql ="select *  from News_Info where NT_ID =". $ntid. " and N_Status =1 order by N_CreateTime desc";
$result = $conn ->query($sql) ;
while($row = $result ->fetch_array() ) {
  echo "<tr><td class ='td_news'>";
  echo "[". $row["N_CreateTime"]."] ";
  echo "<a href ='news_info.php? N_ID =". $row["N_ID"]. "">". $row["N_Title"]."</a>";
  echo "</td></tr>";
  echo "<tr><td>". $row["N_Intro"]."</td></tr>";
 }
}else {
  echo "<script>alert('新闻类别不存在！') ;self.location ='index_content.php'</script>";
 }
? >
</table>
</body>
</html>
```

（2）新闻内容页面（news_info.php）

当用户在网站主页或者新闻列表页面中单击某个新闻标题时，页面将跳转到新闻内容页，同时传递新闻编号。新闻内容页面的数据动态加载效果如图 10.27 所示。

图 10.27　新闻内容页面的数据动态加载效果

在新闻内容页中,根据传递的新闻编号到新闻信息表和新闻类别表中分别查询该新闻所属的类别名称以及新闻信息。接着将新闻类别名称显示在"当前位置"区域,形成网站页面位置导航。最后将查询到的新闻信息显示在页面中,具体代码如下。

```php
<html >
<head >
    <title >新闻内容页 </title >
</head >
<body >
<? php include_once ('menu. php') ; //包含网站栏目 ? >
<table >
    <tr > <td >当前位置: <a href ="index. php">首页 </a > = = >
        <? php
            require_once ("conn/Conn_DB. php") ;
            //加载新闻标题
            if ($_GET["N_ID"] ! = "") {
                $nid = $_GET["N_ID"]; //新闻编号
                $sql = "select *  from News_Info ni, News_Type nt where ni. NT_ID = nt. NT_ID and ni. N_
ID =". $nid;
                $result = $conn -> query($sql) ;
                $row = $result -> fetch_array( ) ;
                //显示新闻类别
```

```
            echo "<a href='news_list.php? NT_ID=". $row["NT_ID"]. "">". $row["NT_Name"]. "</
a>";
            //显示新闻标题
            echo "==> ". $row["N_Title"];
        ?>
      </td>
  </tr>
  <tr><td><? echo $row["N_Title"];?></td></tr>
  <tr><td>
        发布时间: <? echo $row["N_CreateTime"];?>  点击率: <? echo $row["N_Hits"];?>
  </td></tr>
  <tr><td><? echo $row["N_Contents"];?> </td></tr>
    <tr><td><a href="javascript:history.back(-1);" target="_self">返回</a></td></
tr>
  <?php }?>
  </table>
  </body>
  </html>
```

至此, 电子商务网站的数据管理和数据动态加载功能已经开发完成, 实现了网站后台管理, 商品类别和信息、新闻类别和信息的编辑和展示功能。读者可以根据该章知识开发简单的 PHP 动态网站, 可以进一步扩展为企业门户网站、个人博客网站等多种类型网站, 并且应用到不同领域。

第 11 章　面向对象程序设计

【本章要点】
- ☛ 面向对象与类
- ☛ 类的定义与使用
- ☛ 对象的使用
- ☛ 类的访问修饰符
- ☛ 面向对象特性

11.1　面向对象技术概述

面向对象程序设计（Object-Oriented Programming，OOP）是目前主流的编程思想之一。面向对象就是将要处理的实际问题抽象为一个个对象，通过设置各个对象的属性和行为来解决该对象的实际问题。类和对象是面向对象编程的基础。

1. 类

面向对象的一个重要理念就是世间万物皆为对象，将具有相同或相似属性的对象归为一类。世间万物都具有自身的特征（属性）和行为（方法），通过这些特征和行为可以将不同物质（对象）区分开来，形成类。也就是说，类是属性和方法的集合。例如，创建一个学生类，包括 6 个属性：姓名、性别、年龄、学号、专业、班级；包括 3 个方法：听课、打球、玩游戏。"学生"类如图 11.1 所示。

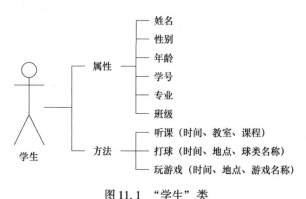

图 11.1　"学生"类

2. 对象

类只是某一类具有相同特征（属性）的事物（对象）的抽象模型，实际应用中还需要对类进行具体化（实例化），对象是类进行实例化后的产物，是一个实体。例如，张三是一名学生，那么可以说"张三是学生"，但不能说"学生是以张三"。因为除了张三外，还有其他学生。因此，"张三"是"学生"这个类的一个实例对象，这样就可以理解对象与类的关系。

在此实例化"学生"类，定义一个学生实例对象"张三"，并设置属性和方法，如图 11.2 所示。

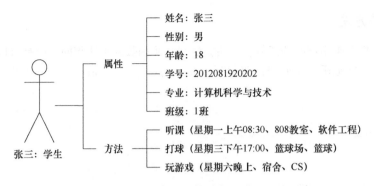

图 11.2　学生实例对象"张三"

【举一反三】

请写出人类、教师、系统管理员、新闻等类的属性和方法。

11.2　类和对象

11.2.1　类的定义

PHP 支持面向对象的编程，类的定义使用 class 关键字来标识，语法格式如下。

```
<? php
  访问修饰符 class 类名
{
    类体 ;
}
? >
```

参数说明如下。

访问修饰符：用于控制类的可访问性，取值为 public、protected、private 等。

类名：类的名称，命名规则与变量相同，此后的大括号"{ }"分别标识类的开始与结束。

类体：在此处编写类的成员，包括类的属性和方法等。

11.2.2　类的属性

类的属性是指在类中声明的变量，可以使用访问修饰符控制类属性的访问范围，访问修饰符包括 public、producted、private 等。声明类属性的语法格式如下。

```
<? php
  访问修饰符 class 类名
{
    访问修饰符 $属性名1; //声明成员属性1
    访问修饰符 $属性名2; //声明成员属性2
    …
}
? >
```

11.2.3　类的方法

类的方法是指在类中声明的函数，声明方法和声明函数的语法相同，但是可以使用访问修饰符控制类方法的访问范围，访问修饰符包括 public、producted、private 等。声明类方法的语法格式如下。

```php
<? php
  访问修饰符 class 类名
{
    ...
    访问修饰符 function 方法名1()
    { //方法体1 }
    访问修饰符 function 方法名2()
    { //方法体2 }
    ...
}
? >
```

【案例 11.1】

本案例创建图 11.1 中描述的"学生"类，并添加成员属性和成员方法。

【实现步骤】

在 Zend Studio 软件中创建一个 PHP 项目，命名为 PHP11，用于实现本章的所有案例代码。在 PHP11 项目中创建一个 PHP 文件并命名为"1101.php"，在文件中定义"学生"类，声明成员属性和成员方法，具体代码如下。

```php
<? php
  class Student {         //定义"学生"类
  public $Name;          //定义成员变量——姓名
  public $Sex;           //定义成员变量——性别
  public $Age;           //定义成员变量——年龄
  public $Number;        //定义成员变量——学号
  public $Specail;       //定义成员变量——专业
  public $Classes;       //定义成员变量——班级

  //定义方法——听课 (时间、教室、课程)
  public function LinsenCourse($time1, $class1, $coursename)
  {
    echo "<br/>大家好,我叫:". $this->Name;
    echo "<br/>我将于". $time1."在". $class1."教室听课,课程名称是:". $coursename;
  }

  //定义方法——打球 (时间、地点、球类名称)
  public function PlayBall($time1, $address, $ballname)
  {
    echo "<br/>大家好,我叫:". $this->Name;
    echo "<br/>我将于". $time1."在". $address. $ballname;
  }
```

```
    //定义方法——玩游戏（时间、地点、游戏名称）
    public function PlayGame($time1, $address, $gamename)
    {
      echo "<br/>大家好,我叫:". $this->Name;
      echo "<br/>我将于". $time1."在". $address."玩". $gamename;
    }
    }
? >
```

11.2.4　对象

1. 创建对象

对象是类的实例，类创建完后，就可以创建相应的对象。创建对象通常也称为类的实例化，语法格式如下。

```
$对象名=new 类名([参数1,…]);
```

参数说明如下。

➢ "new"：类实例化关键字。

➢ "参数1，…"：实例化类时传递的参数，默认为空。实例化类时将根据参数个数和类型调用相应的构造方法。

2. 访问对象成员

在对象中使用 "->" 运算符访问类中声明的成员属性和方法，语法格式如下。

```
$对象名=new 类名([参数1,…]);    //类的实例化
$对象名->成员属性1=值1;          //为成员属性赋值
echo $对象名->成员属性1;         //获取成员属性值并输出
$对象名->成员方法;               //调用对象中指定的方法
```

【案例 11.2】

本案例创建图 11.2 中描述的 "学生" 类的对象——张三，并为该对象设置成员属性值，调用成员方法。

【实现步骤】

在 PHP11 项目中创建一个 PHP 文件并命名为 "1102.php"，包含 1101.php 文件，实例化 "学生" 类，并为该对象设置成员属性值，调用成员方法，具体 PHP 代码如下。

```
<html>
<body>
<? php
    include('1101.php');    //包"学生"类文件
    $student1=new Student(); //实例化"学生"类

    $student1->Name="张三"; //赋值成员变量
    $student1->Sex="男";
    $student1->Age=18;
    $student1->Number ="2012081920202";
    $student1->Specail ="计算机科学与技术";
    $student1->Classes="1 班";
```

```
//调用类的方法——听课 (时间、教室、课程)
$student1 -> LinsenCourse(date('Y 年 m 月 d 日 h 点') ,"202","软件工程") ;

//调用类的方法——打球 (时间、地点、球类名称)
$student1 -> PlayBall(date('Y 年 m 月 d 日 h 点') ,"篮球场","打篮球") ;
? >
</body >
</html >
```

1102. php 页面的运行结果如图 11.3 所示。

图 11.3　类的实例化

11.2.5　构造方法与析构方法

1. 构造方法

当为某个类实例化一个对象时，有时需要对这个对象进行一些初始化操作，而不是等对象创建完成后再逐个赋值，这就用到了构造方法（构造函数）。构造方法与类中的其他成员方法不同，不需要被人为调用执行，而是在类被实例化时自动调用，用于初始化对象。该方法必须命名为 __construct，没有返回值，可以没有参数，也可以有多个参数，语法格式如下。

```
void __construct([参数 1,…]) {
    方法体;
}
```

注意：构造方法名称中的 "__" 是两条下画线 "_"。

与类中的其他成员方法不同的是，构造函数只有 void 这一种返回类型。构造函数一般不需要声明访问修饰符。而且根据面向对象的多态性，可以声明多个含有不同参数及参数类型的同名构造函数。即实现构造函数的重载，C#会根据参数匹配原则来选择执行合适的构造函数。

【案例 11.3】

本案例首先创建一个"教师"类，定义成员变量、构造方法和成员方法，然后创建教师对象并赋初值，最后调用成员方法。

【实现步骤】

在 PHP11 项目中创建一个 PHP 文件并命名为"1103. php"，编写 PHP 代码如下。

```
<? php
class Teacher {          //定义"教师"类
  public $Name;        //定义成员变量——姓名
  public $Sex;         //定义成员变量——性别
  public $Coursename; //定义成员变量——主讲课程名称
```

```
//定义构造函数
public function __construct($name1,$sex1,$coursename1) {
   $this ->Name = $name1;
   $this ->Sex = $sex1;
   $this ->Coursename = $coursename1;
}

//定义成员方法
public function SayHello( ) {
   echo "<br/>同学们好,我的名字是:". $this ->Name;
   echo "<br/>我的主讲课程是:". $this ->Coursename;
}
}

//类的实例化,调用构造函数
$teacher1 = new Teacher('陈丹','女','软件界面设计') ;
$teacher1 ->SayHello( ) ; //调用成员方法
? >
```

浏览 1103. php 页面，运行结果如图 11.4 所示。

图 11.4　构造方法的应用

2. 析构方法

析构方法的作用和构造方法正好相反，在对象被销毁时被自动调用，用于释放内存。析构方法必须命名为__destruct，没有参数，没有返回值。语法格式为：

```
void __destruct() {
   方法体;
}
```

注意：析构方法名称中的"__"是两条下画线"_"。

【案例 11.4】

本案例首先创建一个"教师"类，定义成员变量、构造方法、成员方法和析构方法，然后创建教师对象并赋初值，调用成员方法，最后销毁该对象。

【实现步骤】

在 PHP11 项目中创建一个 PHP 文件并命名为"1104. php"，编写 PHP 代码如下。

```
<? php
class Teacher            //定义教师类
{
   public $Name;        //定义成员变量——姓名
   public $Sex;         //定义成员变量——性别
```

```php
   public $Coursename; //定义成员变量——主讲课程名称

   //定义构造函数
   public function __construct($name1,$sex1,$coursename1)
   {
      $this->Name = $name1;
      $this->Sex = $sex1;
      $this->Coursename = $coursename1;
   }

   //定义成员方法
   public function SayHello()
   {
      echo "<br/>同学们好,我的名字是:".$this->Name;
      echo "<br/>我的主讲课程是:".$this->Coursename;
   }

   //定义析构方法
   public function __destruct()
   {
      echo "<br/>记住我的名字:".$this->Name;
      echo "<br/>我轻轻地走了,不带走一片云彩";
   }

}
   //类的实例化,调用构造函数
   $teacher1 = new Teacher('陈丹','女','软件界面设计');
   $teacher1->SayHello(); //调用成员方法
   unset($teacher1); //销毁对象
?>
```

浏览 1104. php 页面，运行结果如图 11.5 所示。

图 11.5 析构方法的应用

11.3   面向对象特性

面向对象的三大特点就是继承性、多态性和封装性。

11.3.1   继承性

继承是指一个类（称为子类）继承于另一个类（称为父类），子类自动拥有父类的相关属性和方法（private 修饰的属性和方法不能被继承），子类还可以根据需要声明自己的属性和方法。通过继承能够提高代码的重用性和可维护性。

继承分为单继承和多继承。PHP 仅支持单继承，即一个子类只能有一个父类。类继承的语法格式如下。

```
class 子类名称 extends 父类名称
{
   //子类成员变量列表
}
```

【案例 11.5】

本案例首先定义一个"人"类，为"人"类定义成员变量：姓名、性别、年龄。然后定义一个"学生"类继承于"人"类，此时无须为"学生"类再次定义姓名、性别和年龄成员变量就可以直接使用这些变量。可以继续为"学生"类定义其他成员变量——主修专业，然后定义成员函数。依同样方法定义一个"教师"类继承于"人"类。

【实现步骤】

在 PHP11 项目中创建一个 PHP 文件并命名为"1105.php"，编写 PHP 代码如下。

```php
<? php
   class Pepole          //定义人类
   {
     public $Name;  //定义成员变量——姓名
     public $Sex;   //定义成员变量——性别
     public $Age;   //定义成员变量——年龄
   }

   class Student extends Pepole //定义"学生"类，继承于"人"类
   {
   public $Number;    //定义成员变量——学号
   public $Specail;   //定义成员变量——专业
   public $Classes;   //定义成员变量——班级

    //定义成员方法
    public function SayHello()
    {
      echo "<br/>我的名字是:". $this->Name;
      echo "<br/>我的主修专业是:". $this->Specail;
    }
   }

   class Teacher extends Pepole   //定义"教师"类，继承"人"类
   {
   public $Coursename; //定义成员变量——主讲课程名称

    //定义成员方法
    public function SayHello()
    {
```

```
      echo "<br/>同学们好,我的名字是:". $this->Name;
      echo "<br/>我的主讲课程是:". $this->Coursename;
    }
}

$student1 = new Student();            //实例化学生对象
$student1->Name ="张三";              //赋值成员变量,注意该成员变量为父类成员变量
$student1->Specail ="计算机科学系"; //赋值成员变量
$student1->SayHello();

$teacher1 = new Teacher();            //实例化教师对象
$teacher1->Name ="陈丹";                   //赋值成员变量,注意该成员变量为父类成员变量
$teacher1->Coursename ="PHP 程序设计"; //赋值成员变量
$teacher1->SayHello();
?>
```

浏览 1105. php 页面,运行结果如图 11.6 所示。

图 11.6　类的继承

11.3.2　多态性

多态性是指一个类的同一个方法在不同对象中的执行结果不同。多态性增加了软件的灵活性和重用性。多态性包括两种形式:覆盖和重载。

1)所谓覆盖,就是在子类中重写父类的方法,当子类中的成员与父类成员重名时,子类中的成员覆盖掉父类中的成员。例如,在案例 11.5 中,在"学生"子类和"教师"子类中都调用了父类"人"中的方法 SayHello(),但是由于该方法在两个子类中分别被重写了,因此返回的结果不同。

2)重载是类的多态的另一种实现。方法重载是指一个类中存在多个同名函数,这些函数的函数名相同,参数个数或参数类型不相同,因此能够通过函数的参数个数或者参数类型将这些同名函数区分开来。调用时,虽然函数名称相同,但系统将根据参数个数或者参数类型不同自动调用对应的函数,不发生混淆。但是 PHP 对重载的支持并不理想,甚至可以说 PHP 根本不支持真正的重载,因为 PHP 不允许一个类中出现两个同名的变量或者同名的方法,否则会报错。

【案例 11.6】

本案例定义一个"计算"类,定义两个同名方法 GetMax()来用于比较并输出最大值,两个函数根据参数个数的不同进行区分,分别实现两个数的最大值比较和 3 个数的最大值比较。

【实现步骤】

在 PHP11 项目中创建一个 PHP 文件并命名为"1106. php",编写 PHP 代码如下。

```php
<?php
  class Compute    //定义"计算"类
  {
      //定义成员方法——获取最大值,两个数
      public function GetMax($num1,$num2)
      {
          $max = $num1 > $num2 ? $num1 : $num2;
          echo "<br/>两个数比较,最大值是:".$max;
      }

      //定义成员方法——获取最大值, 3个数
      public function GetMax($num1,$num2,$num3)
      {
          $max = $num1 > $num2 ? $num1 : $num2;
          $max = $max  > $num3 ? $max  : $num3;
          echo "<br/>三个数比较,最大值是:".$max;
      }
  }
  $c = new Compute();    //实例化"计算"类
  $c->GetMax(10,20);    //调用成员方法
  $c->GetMax(10,20,30); //调用成员方法
?>
```

运行 1106. php，由于 PHP 不允许一个类中出现两个同名的变量或者同名的方法，所以本案例运行结果会报错，如图 11.7 所示。也就是说，PHP 不支持真正意义的重载，C#、Java 等面向对象语言才支持类的重载。

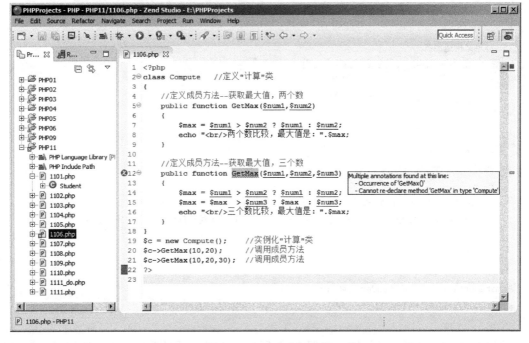

图 11.7　方法重载的应用

313

11.3.3 封装性

封装性是将类的实现和使用分开，将数据（存储在属性中）与方法封装在一起，只通过方法存取数据。对于需要用到该类数据的程序员，只需要知道该类的方法如何调用即可，不需要也不能知道该类的内部结构。这样可以控制数据的存取方式，解决了数据存取的权限问题。类的封装通过访问修饰符进行控制。访问修饰符包括 public、private、protected、static 和 final 等。

1. public（公共成员）

public 修饰符是允许的最高访问级别，所修饰的类、属性以及方法对外公开，可以在程序的任何地方调用。

2. private（私有成员）

private 是一种私有访问修饰符，是允许的最低访问级别，所修饰的类、属性及方法完全隐藏，只能在本类中被调用，不可以在子类和其他类中被调用。

【案例 11.7】

本案例创建一个"学生"类，定义两个成员变量，一个公共访问成员变量 Name、一个私有成员变量 Sex。接着定义一个"学生"类的子类——"小学生"类，然后创建"小学生"对象并赋初值，分别调用父类"学生"的公共、私有成员变量。

【实现步骤】

在 PHP11 项目中创建一个 PHP 文件并命名为"1107. php"，编写 PHP 代码如下。

```php
<? php
    class Student    //定义"学生"类
{
    public $Name;              //定义公共成员变量——姓名
    private $Sex = "保密";      //定义私有成员变量——性别
}
    class SmallStudent extends Student    //定义学生类的子类——"小学生"类
{
    //定义构造函数
    public function __construct($name1)
    {
        $this->Name = $name1;
    }

    //定义成员方法
    public function SayHello()
    {
        echo "<br/>同学们好,我的名字是:". $this->Name;
        echo "<br/>我的性别是". $this->Sex;        //此处无法访问父类的私有成员 Sex
    }
}

$smstudent1 = new SmallStudent('晓东');
$smstudent1->SayHello();
? >
```

浏览 1107. php 页面，运行结果如图 11.8 所示。从图中可以看出，由于性别属性被设置

private，因此无法调用，也就无法显示在页面中。

图11.8 private 访问修饰符的应用

3. protected（保护成员）

protected 用于修饰类的成员，用 protected 修饰的类成员在本类和子类中能够被调用，在其他类中不可以被调用。

【案例 11.8】

本案例在案例 11.7 的基础上只做一些修改，仅将私有成员变量 Sex 的访问修饰符由 private 修改为 protected，重新运行程序，即可发现此时子类可以访问父类中的保护成员变量了。

【实现步骤】

在 PHP11 项目中创建一个 PHP 文件并命名为"1108. php"，编写 PHP 代码如下。

```php
<? php
class Student    //定义学生类
{
      public $Name;         //定义成员变量——姓名
      protected $Task = "我要好好学习!"; //定义成员变量——任务
}
class HighSchoolStudent extends Student    //定义学生类的子类——"高中生"类
{
      //定义构造函数
      public function __construct($name1)
      {
          $this -> Name = $name1;
      }

      //定义成员方法
      public function SayHello()
      {
          echo "<br/>同学们好,我的名字是:". $this -> Name;
          echo "<br/>我的当前任务是:". $this -> Task;        //此处可以访问父类的保护成员 Task
      }
}

$smstudent1 = new HighSchoolStudent('焕焕');
$smstudent1 -> SayHello();
? >
```

浏览 1108. php 页面，运行结果如图 11.9 所示。从程序代码和运行结果可以看到，在实例化高中生对象时，只赋予学生姓名，并没有赋予兴趣，但是该高中生的"Task"属性自动继承父类的属性，并且能够访问该父类的保护成员 Task 的值。

图 11.9　protected 访问修饰符的应用

4. static（静态成员）

static 可以用于修饰类的属性和方法，用 static 修饰的类成员（包括属性和方法，分别称为静态属性和静态方法）使用时不需要实例化类，可以通过类名进行调用。静态属性和方法与对象的创建和销毁操作无关，即静态成员创建于程序运行开始，销毁于程序运行结束。

在类的内部访问静态成员的语法格式如下。

```
self::$成员名称
```

在类的外部访问该类静态成员的语法格式如下。

```
类名::$成员名称
```

【案例 11.9】

本案例首先创建一个"学生"类，定义静态成员变量 $num，定义成员方法"CheckNum"，实现点名报数功能；然后实例化两个对象，分别通过对象和类调用 CheckNum 方法来访问静态成员变量 $num。

【实现步骤】

在 PHP11 项目中创建一个 PHP 文件并命名为"1109. php"，编写 PHP 代码如下。

```php
<? php
    class Student    //定义"学生"类
{
    static $num =1; //定义静态成员并赋初始值

    public function CheckNum()    //点名
    {
      echo "<br/>我是". self::$num. "号学生";//使用"self::$成员变量名"方式访问静态成员
      self::$num ++;
    }
}
$student1 = new Student(); //实例化学生对象 1
$student2 = new Student(); //实例化学生对象 2

echo "<br/>开始点名:";
$student1 -> CheckNum(); //通过对象访问静态成员
$student2 -> CheckNum(); //通过对象访问静态成员
Student::CheckNum();    //直接通过类访问静态成员
echo "<br/>两个学生,三个人到,什么情况?";
? >
```

浏览 1109. php 页面，运行结果如图 11.10 所示。从程序和运行结果可以看到，不仅可以通过对象访问静态成员方法，还可以通过类名直接访问静态成员方法。

316

5. final（最终）

final 可用于修饰类或方法，用 final 修饰的类不可以被继承（即不能有子类）。用 final 修饰的方法在子类中不可以被覆盖。

【案例 11.10】

本案例创建一个"人"类，并为该类设置关键字 final，定义成员变量，接着定义一个子类——"学生"类，然后创建"学生"对象并赋初值。可以看到程序报错，无法执行。

图 11.10　static 访问修饰符的应用

【实现步骤】

在 PHP11 项目中创建一个 PHP 文件并命名为"1110.php"，编写 PHP 代码如下。

```php
<? php
    final class Pepole   //定义"人"类
    {
        public $Name;    //定义成员变量——姓名
    }

    class Student extends Pepole //定义"学生"类，继承于"人"类
    {
    }
$student1 = new Student(); //实例化学生对象
$student1 -> Name ="张三";
? >
```

浏览 1110.php 页面，可以看到程序报错，无法执行，运行结果如图 11.11 所示。

图 11.11　final 访问修饰符的应用

11.4　综合案例

【案例 11.11】　使用类的属性保存数据库连接参数

【案例剖析】

本案例实现面向对象编程的具体应用，定义数据库连接类，声明成员变量、构造函数以及成

员方法，然后在程序中进行调用。

【实现步骤】

在 PHP11 项目中创建一个 PHP 文件并命名为"1111_ConnDB. php"，定义数据库连接类，声明成员变量、构造函数以及成员方法，编写 PHP 代码如下。

```php
<? php
//定义数据库连接类
class ConnDB
{
    //声明成员变量
    private $host;    //MySQL 服务器地址
    private $username; //数据库用户名
    private $password; //数据库密码
    private $charset;  //数据库编码格式
    private $dbname;   //数据库名称

    //构造函数，实现类的初始化
    public function ConnDB ($host1, $username1, $password1, $dbname1, $charset1)
    {
        $this->host = $host1;        //将参数值赋给成员变量
        $this->username = $username1;
        $this->password = $password1;
        $this->dbname = $dbname1;
        $this->charset = $charset1;
    }

    //成员方法，实现数据库连接
    public function getConn()
    {
        $conn =mysql_connect($this->host, $this->username, $this->password); //连接 MySQL
服务器
        mysql_select_db($this->dbname, $conn);    //选择数据库
        mysql_query('set names '. $this->charset); //设置数据库编码格式
        return $conn; //返回连接句柄
    }
}
```

接着创建一个 1111. php 文件，制作数据库连接表单，编写 PHP 代码如下。

```php
<html>
 <head><title>数据库连接类的应用</title></head>
 <body>
<form action ="1111_do. php" method ="POST">
<table border ="1">
<tr><td colspan ="2" align ="center">数据库连接类的应用</td></tr>
<tr><td>服务器地址：</td><td><input type ="text" name ="txt_host" /></td></tr>
<tr><td>用户名：</td><td><input type ="text" name ="txt_username" /></td></tr>
```

```
<tr> <td>密码: </td> <td> <input type = "password" name = "txt_pwd" /> </td> </tr>
<tr> <td>数据库名称: </td> <td> <input type = "text" name = "txt_dbname" /> </td> </tr>
<tr> <td colspan = "2" align = "center">
   <input type = "submit" value = "连接" /> <input type = "reset" value = "重置" />
</td> </tr>
</table>
</form>
</body>
</html>
```

继续创建一个 1111_do. php 文件，接收由 1111. php 页面提交的要连接数据库的相关数据，调用数据库连接类 ConnDB，创建类的实例化对象，然后调用成员方法，实现数据库连接，并做出相应的响应，具体 PHP 代码如下。

```
<html>
 <head> <meta http - equiv = "content - type" content = "text/html; charset = gb2312" /> </head>
 <body>
 <? php
 if( $_POST['txt_host']! = "" && $_POST['txt_username']! = "" && $_POST['txt_pwd']! = "" && $_POST
['txt_dbname']! = "" && $_POST['txt_charset']! = "")
 {
      require '1111_ConnDB. php'; //包含数据库连接类文件
      //创建数据库连接对象 $connDB1，实例化数据库连接类，并将表单数据传递至对象属性
      $connDB1 = new ConnDB( $_POST['txt_host'], $_POST['txt_username'], $_POST['txt_pwd'], $_POST
['txt_dbname'], $_POST['txt_charset']) ;
      echo $connDB1 -> getConn() = = true ? '数据库连接成功! ': '数据库连接失败! ';
      //调用数据库连接方法，输出连接结果
 }
 ? >
 </body>
 </html>
```

浏览 1111. php 页面，填写相关数据，单击"连接"按钮，将数据提交到 1111_do. php 页面，执行数据库连接，输出连接结果，效果如图 11.12 所示。

a）数据库连接表单

b）数据库连接结果

图 11.12　数据库连接表单及数据库连接结果

11.5　课后习题

一、选择题

1. PHP 支持面向对象的编程，类的定义使用（　　　）关键字来标识。

（A）get　　　　　　　（B）set　　　　　　　（C）class　　　　　　　（D）unset

2. 下面对 C#中类的构造函数描述正确的是（　　　）。

（A）与方法不同的是，构造函数只有 void 这一种返回类型

（B）构造函数如同方法一样，需要人为调用才能执行其功能

（C）构造函数一般被声明成 private 型

（D）在类中可以重载构造函数，C#会根据参数匹配原则来选择执行合适的构造函数

3. 以下选项中，不属于面向对象的三大特点的是（　　　）。

（A）继承性　　　　　（B）唯一性　　　　　（C）封装性　　　　　（D）多态性

二、填空题

1. 实例化对象用的是类的＿＿＿＿＿＿方法/函数。

2. 多态性是指一个类的同一个方法在不同对象中的执行结果不同。多态性包括两种形式：＿＿＿＿＿＿和＿＿＿＿＿＿。

3. 面向对象的三大特征是＿＿＿＿＿＿、＿＿＿＿＿＿、＿＿＿＿＿＿。

4. 析构方法在对象被销毁时被自动调用，用于释放内存，其命名为＿＿＿＿＿＿，没有参数，没有返回值。

5. PHP 中，类成员的访问修饰符包括＿＿＿＿＿＿、＿＿＿＿＿＿、＿＿＿＿＿＿、＿＿＿＿＿＿和＿＿＿＿＿＿等。

三、判断题

1.（　　　）在 PHP 中，类的构造方法必须命名为 __construct，没有返回值，可以没有参数，也可以有多个参数。

2.（　　　）在 PHP 中，使用访问修饰符控制类的成员方法的访问范围，访问修饰符包括 public、producted、private 等。

3.（　　　）类只是某一类具有相同特征（属性）的事物（对象）的抽象模型，实际应用中还需要对类进行具体化（实例化），对象是类进行实例化后的产物，是一个实体。

4.（　　　）类和对象是面向对象编程的基础。

5.（　　　）封闭性是指一个类（称为子类）继承于另一个类（称为父类），子类自动拥有父类的相关属性和方法（private 修饰的属性和方法不能被继承），子类还可以根据需要声明自己的属性和方法。

第 12 章　PHP 安全与加密技术

【本章要点】

☛ PHP 漏洞与防护措施
☛ PHP 数据加密技术

12.1　PHP 漏洞与防护措施

PHP 的安全漏洞种类很多，本节主要讲解 PHP 主要安全漏洞中的文件上传漏洞、表单提交漏洞和 SQL 注入漏洞等。

12.1.1　文件上传漏洞

目前，很多网站都允许用户上传个人资料信息，包括文字、图片以及文件，这些操作给网站带来了安全隐患。其中，文件上传操作也存在漏洞，非法用户可以将攻击性命令编写在某些文件中，然后将文件上传到网站，当文件在网站中运行时，就会执行这些攻击性命令，从而使网站陷入危险之中。

【案例 12.1】

本案例中，非法用户自己编写了一个 PHP 的死循环算法文件，如果将该页面文件上传到网站中，并附加到某页面上，当其他用户访问该页面时，就会使网站服务器资源耗尽，最后程序无法响应。

【实现步骤】

在 Zend Studio 软件中创建一个 PHP 项目，命名为 PHP12，用于实现本章的所有案例代码。在 PHP12 项目中创建一个 PHP 文件并命名为"1201. php"，编写死循环程序代码如下。

```
<html>
<body>
<? php
    for($i=0;$i<50000000000000;$j++)
        for($j=0;$j<50000000000000;$j++)
            for($k=0;$k<50000000000000;$k++)
                echo $i* $j* $k;
? >
</body>
</html>
```

浏览 1201. php 页面，可以看到页面一直在运行过程中，死循环程序运行结果如图 12.1 所示。

图 12.1 死循环程序运行结果

12.1.2 表单提交漏洞

表单提交过程中可能存在多种漏洞，包括 JavaScript 脚本验证漏洞（如客户端浏览器禁用 JavaScript 脚本功能）、表单提交地址改写漏洞（如使用 GET 方式提交表单时强制修改提交地址字符串）、页面间传值判断漏洞（如跳过登录页面、直接访问后台管理主页面）等。

【案例 12.2】

本案例实现一个系统登录功能，用户访问系统登录页面 1202_login. php，输入用户名与密码，单击"登录"按钮可以进行用户名和密码验证。如果用户名和密码正确，则跳转到网站管理平台主页 1202_main. php，否则弹出提示对话框并返回登录页。但由于网站管理主页中没有进行登录判断，因此非法用户不需要访问系统登录页面，只要在浏览器地址栏中输入网站管理主页的网址，同样可以进入网站管理平台。

【实现步骤】

在 PHP12 项目中创建两个 PHP 文件并分别命名为"1202_login. php"和"1202_main. php"。在 1202_login. php 文件中编写 HTML 代码来设计登录表单，并编写 PHP 代码用于登录验证程序。

```
<html>
<head><title>系统登录</title></head>
<body>
<form name="form1" action="1202_main. php" method="POST">
  <table border="1" width="250px">
  <tr><td colspan="2" align="center">系统登录</td></tr>
  <tr>
    <td>用户名：</td>
    <td><input type="text" name="txt_username" /></td>
  </tr>
  <tr>
    <td>密码：</td>
    <td><input type="password" name="txt_pwd" /></td>
  </tr>
  <tr><td colspan="2" align="center">
    <input type="submit" value="登录" />
  </td></tr>
  </table>
</form>
```

```php
<? php
    if($ _POST['txt_username']! ="" && $ _POST['txt_pwd']! ="")
    {
        //执行用户名与密码判断
        if($ _POST['txt_username'] = ="admin" && $ _POST['txt_pwd'] = ="123")
        {
            echo "< script >window. location ='1202_main. php'; </script >"; //登录成功
        }
        else
        {
            echo "< script >alert('登录失败') ; window. location ='1202_login. php'; </script >";
        }
    }
? >
</body>
</html>
```

接着创建一个 1202_main. php 文件，作为网站管理平台主页，编写 HTML 代码如下。

```html
<html >
<head > <title >网站管理平台主页 </title > </head >
<body style ="font - size:20px" >
欢迎来到网站管理平台!!!
</body >
</html >
```

浏览 1202_login. php 系统登录页面，输入用户名与密码，单击"登录"按钮以进行用户名和密码验证，如果用户名和密码正确，则跳转到网站管理平台主页 1202_main. php，否则弹出提示对话框并返回登录页，效果如图 12.2a 所示。

非法用户不需要访问系统登录页面，只要在浏览器地址栏中输入网站管理主页的网址 http://localhost:8090/PHP12/1202_main. php，同样可以进入网站管理平台，如图 12.2b 所示。

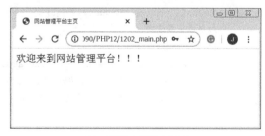

a) 系统登录页javaScript判断   b) 直接进入网站主页面

图 12.2　网站表单提交漏洞

12.1.3　SQL 注入漏洞

SQL 注入是一种常见的、破坏性极大的网络攻击手段。非法用户通过用户输入界面或页面跳转字符串对 SQL 语句进行强制拼接，实现 SQL 语句的改写，从而通过执行非法的 SQL 命令对数据库进行破坏操作。

【案例 12.3】

本案例实现一个 SQL 注入攻击过程，分析其攻击原理及防护方法。

【实现步骤】

在 PHP12 项目中创建两个 PHP 文件并分别命名为 "1203. php" 和 "1203_do. php"。在 1203. php 文件中编写表单及表单控件，具体 HTML 代码如下。

```
<html>
<head><title>用户查询</title></head>
<body>
    <form name="form1" action="1203_do.php" method="POST">
        请输入查询的用户编号：<input type="text" name="txt_num" />
        <input type="submit" value="查找" />
    </form>
</body>
</html>
```

在 1203_do. php 文件中编写 PHP 代码，接收由 1203. php 页面提交的数据并进一步处理，代码如下。

```php
<?php
$A_ID = $_POST["txt_num"];  //获取提交的用户编号
$servername = "localhost";
$username = "root";
$password = "88888888";
$databasename = "MyWeb_DB";
$conn1 = new mysqli($servername, $username, $password, $databasename);  //创建连接
if ($conn1->connect_error) {
    echo "MySQL 数据库连接失败：".$conn1->connect_error;
} else {
    $sql = "select *  from Admin_Info where A_ID =".$A_ID;

    echo "查询语句：".$sql;
    $result = $conn1->query($sql);
    //显示查询结果
    if ($result->num_rows > 0) {
        while($row = $result->fetch_assoc()) {
            echo "<br/>用户编号：". $row ["A_ID"];
            echo "<br/>用户名：". $row ["A_UserName"];
        }
    } else {
        echo "对不起，该用户不存在.";
    }
}
?>
```

浏览 1203. php 页面，如图 12.3a 所示，输入要查询的用户编号 "2"，单击 "查找" 按钮提交表单数据到 1203_do. php 页面。在 1203_do. php 页面中获取提交的表单数据并输出查询语句，然后到数据库执行查询并显示结果，结果如图 12.3b 所示。

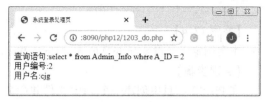

a) 正常的表单提交页面   b) 正常的SQL数据查询结果

图 12.3   正常的表单处理页面及 SQL 数据查询结果

但是非法用户或者网络黑客并不是这样简单访问的，如果在 1203. php 页面的文本框中输入的不是 "2"，而是 "2 or 1 = 1 --"，如图 12.4a 所示。然后单击 "查找" 按钮，1203_do. php 页面的处理结果马上变化，显示的不仅仅是查询编号为 2 的用户信息，而是将整个用户信息表中的所有用户信息都获取并且显示出来，如图 12.4b 所示。

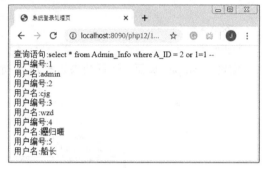

a) 含有SQL注入攻击的表单提交页面   b) 错误的SQL数据查询结果

图 12.4   含有 SQL 注入攻击的表单提交页面及 SQL 数据查询结果

【学习笔记】

本代码通过获取 txt_num 参数的值，构造一个用户自定义的 SQL 语句，执行查询操作。当用户输入 "2" 时，生成查询语句为 "select * from Admin_Info where A_ID = 2"，到数据库中的 Admin_Info 表中查询 A_ID 为 2 的用户记录并显示。但是当用户输入 "2 or 1 = 1 --" 时，由于没有限制传递参数，同样生成查询语句为 "select * from Admin_Info where A_ID = 2 or 1 = 1 --"，此时查询语句等同于 "select * from Admin_Info"，即 SQL 注入成功。

此防护只需要简单的一行代码即可实现，在获取 id 参数值时进行数据类型转换并过滤非法的字符，关键代码如下。

```
$num = (int) $_GET["txt_num"];
```

12.2   PHP 数据加密技术

数据加密与数据安全都是一直备受关注的热门技术，PHP 提供了丰富的数据加密函数，主要有 crypt() 函数、sha1() 函数和 md5() 函数。

12.2.1   crypt() 数据加密函数

crypt() 函数实现单向加密功能，语法格式如下。

```
string crypt(string 原字符串);
```

【案例 12.4】

本案例定义变量 $str 并赋值为 "Hello Word!"，然后使用 crypt() 函数进行加密并输出。

【实现步骤】

在 PHP12 项目中创建一个 PHP 文件并命名为 "1204. php"，编写 PHP 代码如下。

```
<html>
<body>
<? php
  echo "crypt()加密函数应用示例";
  $str ='Hello Word! ';                    //声明字符串变量 $str 并赋值
  echo '<br/>加密前 $str 的值为'. $str;
  $crypttostr = crypt($str);               //对变量 $str 加密
  echo '<br/>加密后 $str 的值为'. $crypttostr; //输出加密后的变量
? >
</body>
</html>
```

浏览 1204. php 页面，运行结果如图 12.5 所示。

图 12.5　crypt()加密函数应用

注意：经 crypt() 函数加密后的字符串是随机产生的。

12.2.2　sha1()数据加密函数

sha1()函数使用的是 SHA，SHA (Secure Hash Algorithm) 是一种安全哈希算法。sha1() 函数的语法格式如下。

```
string sha1(string 原字符串);
```

注意：函数名 sha 后面的 1 是阿拉伯数字 1，而不是小写字母 l。

【案例 12.5】

本案例声明一个字符串变量 $str 并赋值为 "Hello Word!"，然后使用 sha1() 函数进行加密并输出。

【实现步骤】

在 PHP12 项目中创建一个 PHP 文件并命名为 "1205. php"，编写 PHP 代码如下。

```
<html>
<body>
<? php
  echo "sha1()加密函数应用示例";
  $str ='Hello Word! ';                    //声明字符串变量 $str 并赋值
  echo '<br/>加密前 $str 的值为'. $str;
```

```
    $crypttostr = sha1 ($ str) ;                    //对变量 $ str 加密
    echo '<br/>加密后 $ str 的值为'. $ crypttostr; //输出加密后的变量
? >
</body >
</html >
```

浏览 1205. php 页面, 运行结果如图 12.6 所示。

图 12.6　sha1( )加密函数应用

12.2.3　md5( )数据加密函数

md5( )函数使用 MD5 算法 (Message-Digest Algorithm 5, 信息 – 摘要算法 5), 用于将一个字符串经过运算生成一个 128 位的整数值, 语法格式如下。

```
string md5 (string 原字符串]) ;
```

【案例 12.6】

本案例声明一个字符串变量 $ str 并赋值为 "Hello Word!", 然后使用 md5( )函数进行加密并输出。

【实现步骤】

在 PHP12 项目中创建一个 PHP 文件并命名为 "1206. php", 编写 PHP 代码如下。

```
<html >
<body >
<? php
    echo "md5 ()加密函数应用示例";
    $ str ='Hello Word! ';                    //声明字符串变量 $ str 并赋值
    echo '<br/>加密前 $ str 的值为'. $ str;
    $crypttostr = md5 ($ str) ;                //对变量 $ str 加密
    echo '<br/>加密后 $ str 的值为'. $ crypttostr; //输出加密后的变量
? >
</body >
</html >
```

浏览 1206. php 页面, 运行结果如图 12.7 所示。

图 12.7　md5( )加密函数应用

【学习笔记】

网站开发过程中，为了提高用户信息的安全性，可以在用户注册时将用户信息（密码等信息）先经过 MD5 算法加密，然后保存到数据库中。用户登录时，再将用户输入的密码信息经过 MD5 算法加密，然后与数据库中保存的密码值进行比较。这样应用程序及数据库都只知道加密后的密码信息，即使非法用户破解了程序或者入侵了数据库，也无法知道用户的真正密码。

12.3 综合案例

【案例 12.7】 表单提交攻击与防护

【案例剖析】

表单有 GET 和 POST 两种提交方式，采用 GET 方式提交的表单，表单数据将暴露在访问地址中，非法用户可以通过修改访问地址来实现攻击。本案例演示一种表单提交攻击。

【实现步骤】

在 PHP12 项目中创建两个 PHP 文件并分别命名为 "1207. php" 和 "1207_do. php"。在 1207. php 文件中编写表单及表单控件，具体 PHP 代码如下。注意：该页面表单提交方式为 GET。

```html
<html>
<head> <title>绝密行动</title> </head>
<body>
<form name="form1" action="1207_do.php" method="GET">
  请输入行动代号：<input type="text" name="txt_num" />
  <input type="submit" value="执行" />
</form>
</body>
</html>
```

在 1207_do. php 文件中编写 PHP 代码，接收由 1207. php 页面提交的数据并显示，代码如下。

```php
<html>
<head> <title>获取绝密行动</title> </head>
<body>
<? php
    if($_GET['txt_num']! ="")
    {
    echo "您要执行的行动代号是:". $_GET['txt_num'];
    }
? >
</body>
</html>
```

浏览 1207. php 页面，如图 12.8a 所示，输入行动代号 "2020"，单击 "执行" 按钮提交表单数据到 1207_do. php 页面。在 1207_do. php 页面中获取提交的表单数据并输出，如图 12.8b 所示。

由于 1207. php 页面以 GET 方式提交表单数据，因此提交的数据暴露在浏览器地址栏中，非法用户只需要修改地址栏中的数据，就可以向 1207_do. php 页面传递非法数据。例如，在浏览器地址栏中将网址修改为 http://localhost:8090/PHP12/1207_do. php? txt_num = 100，此时 1207_

do. php 页面的处理结果马上变化，如图 12.9 所示。

a）表单页面   b）表单处理页面

图 12.8 表单页面及表单处理页面

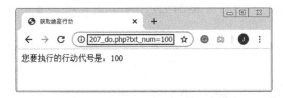

图 12.9 被修改后的表单处理页面

【案例 12.8】 用户信息加密技术

【案例剖析】

本案例实现管理员信息添加功能，将会员密码加密后存入数据库。

【实现步骤】

在 PHP12 项目中创建两个 PHP 文件并分别命名为 "1208. php" 和 "1208_do. php"。在 1208. php 文件中编写表单及表单控件，具体 HTML 代码如下。

```html
<html>
<head> <title>添加管理员</title> </head>
<body>
<form action ="1208_do. php" method ="POST">
  <table border ="1">
    <tr> <td colspan ="2" align ="center">添加管理员</td> </tr>
    <tr>
        <td>用户编号：</td>
        <td> <input type ="text" name ="txt_num" /> </td>
    </tr>
    <tr>
        <td>用户名：</td>
        <td> <input type ="text" name ="txt_username" /> </td>
    </tr>
    <tr>
        <td>密码：</td>
        <td> <input type ="password" name ="txt_pwd"/> </td>
    </tr>
    <tr> <td colspan ="2"  align ="center"> <input type ="submit" value ="保存"/> </td> </tr>
  </table>
```

```
</form>
</body>
</html>
```

在 1208_do. php 文件中编写 PHP 代码，接收由 1208. php 页面提交的数据并进一步处理，代码如下。

```
<html>
<head><title>管理员添加</title></head>
<body>
<? php
if($_POST["txt_num"] == "" or $_POST["txt_username"] == "" or $_POST["txt_pwd"] == "")
  {
      echo "<script>alert('请填写用户编号、用户名、密码！'); window. location = '1208. php'; </
script>";
    } else {
      $a_id = $_POST["txt_num"]; //获取提交的用户名
      $a_name = $_POST["txt_username"]; //获取提交的用户名
      $a_pwd = md5($_POST["txt_pwd"]);          //获取提交的密码，经过 MD5 算法加密

      $servername = "localhost";
      $username = "root";
      $password = "88888888";
      $databasename = "MyWeb_DB";

      $conn1 = new mysqli($servername, $username, $password, $databasename); //创建连接
      if ($conn1 -> connect_error) {
          echo "<script>alert('数据库选择失败:". $conn1 -> connect_error. "'); window. location
= '1208. php'; </script>";;
        } else {
            $sql = "insert into Admin_Info (A_ID, A_UserName, A_Pwd) values (". $a_id. ", '". $a_
name. "', '". $a_pwd. "')";
            $result = $conn1 -> query($sql);
            if($result == TRUE) {
                echo "<script>alert('管理员添加成功'); window. location = '1208. php'; </script>";
              } else {
                echo "<script>alert('管理员添加失败'); window. location = '1208. php'; </script>";
              }
          }
      }
    ?>
  </body>
</html>
```

浏览 1208. php 页面，如图 12.10a 所示，输入用户编号为 "2020"，用户名为 "新用户"，密码为 "20202020"，单击 "保存" 按钮提交表单数据到 1209_do. php 页面。在 1209_do. php 页面中获取提交的表单数据，将用户密码进行 MD5 算法加密处理，然后到数据库执行添加操作并显示执行结果，运行结果如图 12.10b 所示。接着进入 MySQL 客户端界面，查询 Admin_Info 表，可

以看到新添加的编号为"2020"的用户信息，如图 12.10c 所示，此时密码已经被加密成密文字符串。

a）添加信息   b）SQL 数据添加操作运行结果

c）用户密码加密

图 12.10　用户信息加密技术

12.4　课后习题

一、填空题

1. PHP 表单提交过程中可能存在多种漏洞，如_____、_____、_____等。

2. PHP 提供了丰富的数据加密函数，主要有_____函数、_____函数和_____函数。

3. crypt( ) 函数实现单向加密功能，其语法格式为_____ 。

二、判断题

1. （ 　　 ）SQL 注入是一种常见的、破坏性极大的网络攻击手段。非法用户通过用户输入界面或页面跳转字符串对 SQL 语句进行强制拼接，实现 SQL 语句的改写，从而通过执行非法的 SQL 命令对数据库进行破坏操作。

2. （ 　　 ）md5( ) 函数使用 MD5 算法，用于将一个字符串经过运算生成一个 512 位的整数值。

第13章 电子商务网站开发——在线购物

13.1 系统设计

本章在第 7 章和第 10 章的基础上进一步完善电子商务网站的在线购物功能。要实现在线购物，首先需要在网站中注册会员信息并且进行会员登录。当会员登录网站后，在查看商品的过程中可以将选中的商品添加到购物车中，然后进行订单的填写和提交。本章仅实现订单的提交和存储，不涉及网上支付和物流跟踪等环节。

13.1.1 业务流程设计

在线购物业务所涉及的业务主要包括会员信息管理和订单管理，其核心业务流程如图 13.1 所示。

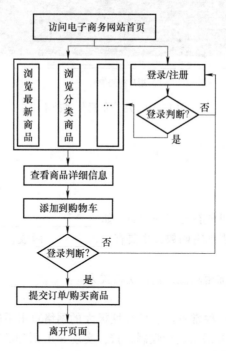

图 13.1 电子商务网站在线购物核心业务流程

13.1.2 数据库设计

本章在第 10 章设计的数据库基础上进一步增加在线购物功能所需要的数据表。本章在 Web-Shop 数据库中增加 3 个表，分别是会员信息表、订单信息表以及订单商品信息表，见表 13.1 ~ 表 13.3。

1. 会员信息表（Member_Info）

会员信息表用于存放电子商务网站所有会员的基本信息，主要包括会员编号、会员名、密码、身份证号、联系电话等基本信息。会员信息表（Member_Info）的基本结构见表 13.1。

表 13.1　会员信息表（Member_Info）**的基本结构**

字 段 名 称	字 段 类 型	是 否 为 空	备　　注
M_ID	int	否	会员编号（主键，标识）
M_Name	varchar（20）	否	会员名
M_Password	varchar（50）	否	密码
M_Question	varchar（50）	是	密码保护问题
M_Answer	varchar（50）	是	密码保护答案
M_Card	varchar（30）	是	身份证号
M_Tel	varchar（20）	是	联系电话
M_QQ	varchar（20）	是	QQ
M_Email	varchar（50）	是	邮箱
M_Address	varchar（200）	是	联系地址
M_Code	varchar（20）	是	邮政编码
M_Money	float	是	消费总额
M_Blance	float	是	余额
M_CreateTime	datetime	否	注册日期
M_Status	int	否	状态（1：正常，0：禁用）

2. 订单信息表（Order_Info）

订单信息表用于存放每个会员所提交的订单基本信息，主要包括订单号、会员名、商品数量、消费金额、收货人、收货地址、付款方式、订单日期和订单状态等。订单信息表（Order_Info）的基本结构见表 13.2。

表 13.2　订单信息表（Order_Info）**的基本结构**

字 段 名 称	字 段 类 型	是 否 为 空	备　　注
O_ID	int	否	订单编号（主键，标识）
O_Num	varchar（20）	否	订单号
M_Name	varchar（20）	否	会员名
P_Nums	int	否	商品数量
O_Money	float	否	消费金额
O_Taker	varchar（100）	否	收货人
O_Address	varchar（300）	否	收货地址
O_Tel	varchar（20）	否	联系电话
O_Paymethod	int	否	付款方式
O_CreateTime	datetime	否	订单日期
O_Status	int	否	订单状态（0：待付款；1：待发货；2：已发货；3：已签收；4：已评价；5：已关闭）
O_Remark	text	是	备注

3. 订单商品信息表（Order_Product）

由于一份订单中可能包括一项或者多项商品，因此，订单与商品之间的关系是一对多关系，需要单独创建一个订单商品信息表来存放每个订单中的具体商品信息。每一条订单商品信息都包括该商品所属的订单号、商品编号、单价、数量、折扣和小计金额等信息。订单商品信息表（Order_Product）的基本结构见表 13.3。

表 13.3 订单商品信息表（Order_Product）的基本结构

字 段 名 称	字 段 类 型	是 否 为 空	备 注
OP_ID	int	否	编号（主键，标识）
O_Num	varchar（20）	否	订单号
P_ID	int	否	商品编号
P_UnitPrice	float	否	单价
P_Nums	int	否	数量
P_Flod	float	是	折扣
P_Price	float	否	小计金额

创建以上 3 个数据表所对应的 MySQL 语句如下。

```
use WebShop_DB;

//会员信息表
create table Member_Info
(M_ID      int     auto_increment   primary key,   //会员编号
M_Name      varchar(20)          not null,  //会员名
M_Password    varchar(50) not null,         //密码
M_Question    varchar(50) ,         //密码保护问题
M_Answer    varchar(50) ,          //密码保护答案
M_Card     varchar(30) ,         //身份证号
M_Tel     varchar(20) ,       //联系电话
M_QQ     varchar(20) ,       //QQ
M_Email     varchar(50) ,        //邮箱
M_Address     varchar(200) ,        //联系地址
M_Code     varchar(20) ,        //邮政编码
M_Money     float,        //消费总额
M_Blance     float,       //余额
M_CreateTime    datetime,        //注册日期
M_Status     int        //状态
);

//订单信息表
create table Order_Info
(O_ID      int     auto_increment   primary key,    //订单编号
O_Num     varchar(20)     not null,     //订单号
M_Name     varchar(20)     not null,     //会员名
P_Nums     int     not null,     //商品数量
```

```
O_Money     float not null,          //消费金额
O_Taker     varchar(100) not null,        //收货人
O_Address   varchar(300),          //收货地址
O_Tel    varchar(20),         //联系电话
O_Paymethod    int,        //付款方式
O_CreateTime    datetime,        //订单日期
O_Status    int,        //订单状态
O_Remark    text        //备注
);

//订单商品信息表
create table Order_Product
(OP_ID    int    auto_increment  primary key,    //编号
O_Num    varchar(20)    not null,     //订单号
P_ID    int    not null,      //商品编号
P_UnitPrice    float not null,        //单价
P_Nums    int not null,       //数量
P_Flod    float not null,     //折扣
P_Price    float not null     //小计价格
);
```

13.2　系统实现

13.2.1　创建项目

创建 PHP 项目，可以在第 10 章创建的 PHP10 项目上继续开发，也可以重新创建一个 PHP 项目文件（命名为 PHP13），并将 PHP10 项目中的文件复制过来。PHP13 项目新增加的文件清单见表 13.4。

表 13.4　新增加的文件清单

	根目录文件	子目录文件	说　　明
1		member_manager. php	会员信息管理页面
2	Admin	member_info. php	查看会员信息页面
3		order_manager. php	订单信息管理页面
4		order_info. php	查看订单信息页面
5	Admin/action	member_action_do. php	会员状态处理（启用、禁用、删除）
6		order_action_do. php	订单状态处理（发货、结算）
7		member_register_do. php	前台会员注册处理
8		member_login_do. php	前台会员登录处理
9	Action	session_member_check. php	前台会员登录判断
10		member_loginout_do. php	前台会员退出处理
11		member_pwd_update_do. php	会员密码修改处理

（续）

	根目录文件	子目录文件	说 明
12	Action	shopcar_do. php	购物车处理页
13		order_add_do. php	提交订单处理
14		member_order_add_do. php	会员订单提交处理页
15		member_update_do. php	会员信息修改处理页
16	shopcar_info. php		购物车信息页
17	member_register. php		会员注册页
18	member_login. php		会员登录页
19	member_info. php		会员中心主页
20	member_update. php		会员信息修改页
21	member_pwd_update. php		会员密码修改页
22	member_order_add. php		提交订单页
23	member_order_list. php		会员订单列表页
24	member_order_info. php		会员订单详细内容页
25	sub_member_menu. php		模块--会员中心管理菜单

13.2.2 数据库访问类

在学习了第 11 章之后，这里将 MySQL 数据库操作功能以面向对象的方式进行实现。数据库访问类编写在 conn \ Conn_DB. php 文件中，实现原理如下：

1）创建一个数据库连接类 ConnDB，并且在类中分别声明成员变量 $host、$username、$password、$dbname，分别用于存储 MySQL 服务器地址、数据库用户名、数据库密码、要连接的数据库名称。

2）编写该类的构造函数，在实例化 ConnDB 对象时，将 MySQL 服务器地址、数据库用户名和密码、要连接的数据库名称分别赋值给该类的成员变量。

3）编写数据库连接的成员方法 getConn()，在该方法中实现 MySQL 服务器和数据库的连接。如果连接成功，则返回连接对象 $conn，否则提示出错信息并且返回空值。

4）在该文件的最后对 ConnDB 进行实例化，并且执行 MySQL 数据库的连接，将连接结果存储在 $conn 变量中，供整个项目的各个页面调用。

```php
<? php
/* 定义数据库连接类 * /
class ConnDB {
    //声明成员变量
    private $host;      //MySQL 服务器地址
    private $username;  //数据库用户名
    private $password;  //数据库密码
    private $dbname;    //数据库名称

    //构造函数，实现类的初始化
    public function ConnDB ($host1, $username1, $password1, $dbname1) {
        //将参数值赋给成员变量
```

```
            $this -> host = $host1;
            $this -> username = $username1;
            $this -> password = $password1;
            $this -> dbname = $dbname1;
    }

    //成员方法,实现数据库连接
    public function getConn ( ) {
        //连接 MySQL 服务器和数据库
        $conn = new mysqli($this -> host, $this -> username, $this -> password, $this -> dbname) ;
        if ($conn -> connect_error) {
            echo "MySQL 连接失败: ". $conn -> connect_error;
            return NULL;
        } else {
            return $conn;
        }
    }
}
$conndb = new ConnDB("localhost","root","88888888","WebShop_DB") ;//数据库连接类实例化
$conn = $conndb -> getConn ( ) ;      //获取连接句柄
? >
```

13. 3   网站前台开发

电子商务网站的前台由网站首页、商品展示模块、新闻展示模块、会员中心模块和订单管理模块组成。整个电子商务网站的前台功能模块如图 13.2 所示。由于网站首页、商品展示模块、新闻展示模块的开发过程已在第 10 章讲解了,本章主要讲解会员中心模块和订单管理模块的开发。

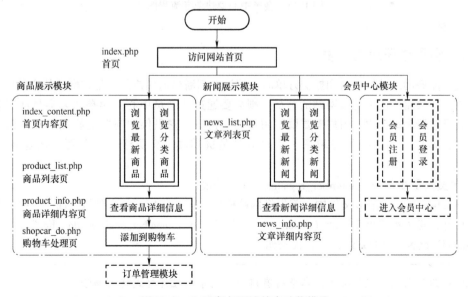

图 13.2   电子商务网站前台功能模块

会员中心模块由 13 个文件组成,分别是会员注册表单页、会员注册处理页、会员登录表单页、会员登录处理页、会员中心主页、会员信息修改页、会员信息修改处理页、会员密码修改页、会员密码修改处理页、订单提交页、订单提交处理页、会员订单列表页、会员订单详细信息页。会员中心模块业务流程如图 13.3 所示。

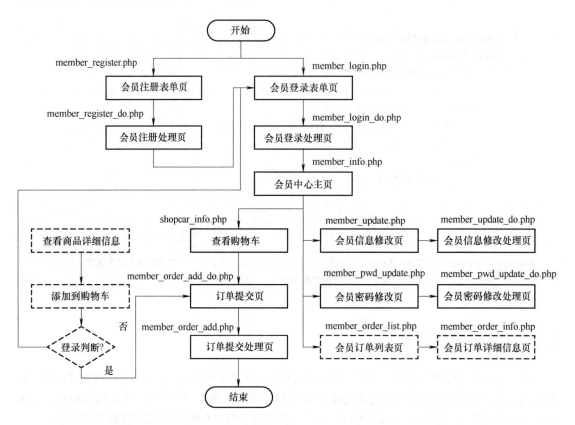

图 13.3 会员中心模块业务流程图

13.3.1 会员注册页面开发

在电子商务网站进行购物和提交订单时,网站会判断当前用户是否是该网站的会员以及是否已经登录。如果用户还不是该网站的会员,则需要通过"会员中心"菜单进入会员注册表单页面。在会员注册表单页中,用户需要填写用户名、密码、密码保护问题及答案以及其他基本信息。其中,用户名和密码是必填项、其他信息是选填项。会员注册表单页面的运行效果如图 13.4所示。

1. 会员注册表单页(member_register. php)**开发**

在 member_register. php 文件中,首先将网站栏目(menu. php)包含到该页面中,接着编写各个表单控件,将表单的提交地址(action)设置为" action/member_register_do. php ",将提交方式(method)设置为"POST",具体代码如下。

说明:为了简化代码复杂性,本章所有前面代码中的控件样式将被移除。

图13.4 会员注册表单页面运行效果

```
<html>
<head>
   <title>会员注册</title>
</head>
<body>
<? php include_once ('menu.php') ; ? >
< form name ="form1" action ="action/member_register_do.php" method ="POST">
  <table>
    <tr> <td colspan ="2"> 会员注册 </td> </tr>
    <tr> <td> <font color ="red">* </font>用户名: </td>
       <td> <inputtype ="text" name ="txt_username"/> </td>
    </tr>
    <tr> <td> <font color ="red">* </font>密码: </td>
       <td> <input type ="password" name ="txt_password" /> </td>
  </tr>
  <tr> <td>密码保护问题: </td>
       <td> <input type ="text" name ="txt_question"/> </td>
  </tr>
  <tr> <td>密码保护答案: </td>
       <td> <input type ="text" name ="txt_answer" /> </td>
  </tr>
  <tr> <td class ="td_center1">身份证号: </td>
       <td> <input type ="text" name ="txt_card" /> </td>
  </tr>
```

```
  <tr > <td >联系电话：</td >
      <td > < input type = "text" name = "txt_tel" / > </td >
  </tr >
  <tr > <td >QQ：</td >
      <td > < input type = "text" name = "txt_qq" / > </td >
  </tr >
  <tr > <td >邮箱：</td >
      <td > < input type = "text" name = "txt_email" / > </td >
  </tr >
  <tr > <td >联系地址：</td >
      <td > < input type = "text" name = "txt_address"/ > </td >
  </tr >
  <tr > <td >邮政编码：</td >
      <td > < input type = "text" name = "txt_code" / > </td >
  </tr >
  <tr > < td colspan = "2" align = "center" >
          < input type = "submit" value = "注册" class = "btn_1" / >    
          < input type = "reset" value = "清空" class = "btn_1" / >
      </td >
  </tr >
</table >
</form >
</body >
</html >
```

2. 会员注册处理页（member_register_do. php）**开发**

在 action \ member_register_do. php 文件中编写 PHP 代码，获取提交的会员信息，先判断必填信息（用户名和密码）是否进行了填写，然后连接到 MySQL 数据库，将提交的会员信息添加到 SQL 插入语句中，并将信息添加到 Member_Info 表，具体代码如下。

```
< ? php
/* 会员注册处理页 */
require_once ("../conn/Conn_DB. php") ; //包含数据库连接文件
if( $_POST["txt_username"]! = "" && $_POST["txt_password"]! = "") {
    $username = $_POST["txt_username"]; //用户名
    $password = $_POST["txt_password"]; //密码
    $question = $_POST["txt_question"];  //密码保存问题
    $answer = $_POST["txt_answer"];    //密码保存答案
    $card = $_POST["txt_card"];        //身份证号
    $tel = $_POST["txt_tel"];        //联系电话
    $qq = $_POST["txt_qq"];          //QQ
    $email = $_POST["txt_email"];    //邮箱
    $address = $_POST["txt_address"]; //联系地址
    $code = $_POST["txt_code"];      //邮政编码
    $createtime = date('Y - m - d H:i:s') ; ;   //注册日期
```

```
        $sql = "insert into Member_Info (M_Name, M_Password, M_Question, M_Answer, M_Card, M_Tel, M_
QQ, M_Email, M_Address, M_Code, M_Money, M_Blance, M_CreateTime, M_Status) values ('$username', '$
password', '$question', '$answer', '$card', '$tel', '$qq', '$email', '$address', '$code', 0, 0, '$createtime',
1) ";
        $insert = $conn -> query($sql) ;        //执行 SQL 语句
        if($insert) {
            echo "<script>alert('恭喜您,会员注册成功! ') ;self. location ='../member_info. php'</
script>";
        } else {
            echo "<script>alert('对不起,会员注册失败! ') ;self. location ='../member_register. php'
</script>";
        }
    } else {
        echo "<script>alert('请输入用户名和密码! ') ;self. location ='../member_register. php'</
script>";
    }
    ? >
```

以上代码中,数据插入语句 $sql 是知识难点,该语句中的字段名称要与 Member_Info 表的字段名称及顺序一一对应。插入值中的两个 "0" 表示会员的消费总额和余额,初始化为 0。最后一个 "1" 表示会员的状态,状态为 1 表示正常,会员状态为 0 表示失效/禁用。

会员注册功能开发完成后,浏览 member_register. php 页面,填写图 13.4 所示的会员信息进行会员注册。注册成功后,可以进入 MySQL 客户端查询 Member_Info 表中的数据,可以看到刚注册的会员信息已经成功保存到 Member_Info 表,如图 13.5 所示。

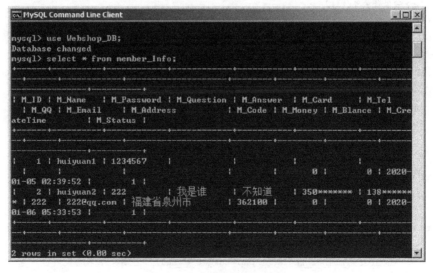

图 13.5　会员信息注册成功

13.3.2　会员登录页面开发

会员信息注册成功后,可以通过会员登录页面进行登录。会员登录表单页面的运行效果如图 13.6所示。

341

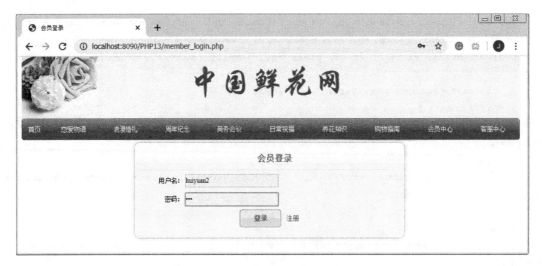

图 13.6 会员登录表单页面的运行效果

1. 会员登录表单页（member_login. php）开发

在 member_login. php 文件中编写表单控件（用户名和密码框），将表单的提交地址（action）设置为"action/member_login_do. php"，将提交方式（method）设置为"POST"，具体代码如下。

```
<html>
<head>
  <title>会员登录</title>
</head>
<body>
<? php include_once ('menu. php') ; ? >
<form name ="form1" action ="action/member_login_do. php" method ="POST">
  <table>
    <tr> <td colspan ="2">会员登录</td> </tr>
    <tr> <td>用户名:</td>
        <td> <input type ="text" name ="txt_username" /> </td>
    </tr>
    <tr> <td>密码:</td>
        <td> <inputtype ="password" name ="txt_pwd" /> </td>
    </tr>
    <tr> <td colspan ="2"  align ="center">
        <input type ="submit" value ="登录" />   
        <a href ="member_register. php" target ="_self">注册</a>
     </td>
  </tr>
</table>
</form>
</body>
</html>
```

2. 会员登录处理页（member_login_do. php）**开发**

在 action \ member_login_do. php 文件中编写 PHP 代码，获取提交的会员信息，先判断必填信息（用户名和密码）是否进行了填写，然后连接到 MySQL 数据库，并到 Member_Info 表中查验用户名和密码是否正确。如果登录成功，则设置会话变量 $_SESSION ['member']，这样网站前台各个页面之间都可以通过共享该会话变量而得知该用户已经登录，具体代码如下。

```php
<? php
/* 会员登录处理页 */
require_once("../conn/Conn_DB.php") ; //包含数据库连接文件
if( $_POST["txt_username"]! = "" && $_POST["txt_pwd"]! = "") {
    $name = $_POST["txt_username"]; //获取提交的用户名
    $pwd = $_POST["txt_pwd"];        //获取提交的密码
    $sql = "select *  from Member_Info where M_Name ='$name' and M_Password ='$pwd'";
    $result = $conn -> query($sql) ;
    echo $result -> num_rows;
    if ($result -> num_rows > 0) { //查看返回的查询结果行数
        session_start( ) ;   //登录成功,设置 SESSION 值
        $_SESSION['member'] = $_POST['txt_username'];
        echo "< script > self. location ='../member_info.php'; </script >";
    } else {
        echo "< script > alert('用户名或密码错误! ') ; self. location ='../member_login.php'</
script >";
    }
} else {
    echo "< script > alert('请输入用户名和密码! ') ; self. location ='../member_login.php'</script >";
}
? >
```

当用户名和密码输入正确时，页面将自动跳转到会员中心页面（member_info. php），否则将弹出错误提示对话框，并且跳转回会员登录页面。

13.3.3　会员中心功能模块开发

当会员登录成功后，页面将自动跳转到会员中心主页。在会员中心主页中，会员可以查看自己的基本信息，也可以对基本信息和用户密码进行修改，并且可以查看本人的购物车和订单信息。会员中心主页的运行效果如图 13.7 所示。

当会员登录成功后，在 member_login_do. php 文件中设置会话变量 $_SESSION ['member']。接着在会员中心管理和在线购物过程的各个页面都可以通过判断该 SESSION 变量来查看当前用户是否已经登录。如果在每个页面中都编写 SESSION 变量判断的功能代码，则会导致代码冗余，因此可以将该功能统一写在一个文件（session_member_check. php）中，然后在各个页面中调用该文件即可。

1. 会员登录判断页面（session_member_check. php）**开发**

在会员登录判断页面中判断会话变量 $_SESSION ['member'] 是否存在以及是否为空。如果 session 值为空，说明没有经过登录，则弹出提示对话框并跳转回会员登录表单页面 member_login. php。该功能能够有效防止非法用户通过输入会员中心主页地址直接进入会员中心，具体代码如下。

图 13.7　会员中心主页的运行效果

```
<? php
//登录判断，如果没有登录则跳转到会员登录表单页面
session_start();
if(! isset($_SESSION['member']) || $_SESSION['member'] = = "") {
        echo "<script>alert('登录超时! ') ; self. location ='member_login. php';</script>";
} else {
        $membername = $_SESSION['member'];
        echo "欢迎光临中国鲜花网!". $membername;
}
? >
```

　　由于在会员中心模块的各个页面（如查看会员信息页、会员信息修改页、会员密码修改页、查看购物车、查看订单等页面）都需要使用会员中心管理菜单，因此将会员中心管理菜单的代码编写在一个文件（sub_member_menu. php）中，然后在各个页面中调用即可。

2. 会员中心管理菜单（sub_member_menu. php）

　　在 sub_member_menu. php 文件中编写各个会员中心管理页面的超链接，具体代码如下。

```
<a href="member_info. php">查看会员信息</a><br/>
<a href="member_update. php">修改会员信息</a><br/>
<a href="member_pwd_update. php">修改密码</a><br/>
<a href="shopcar_info. php">查看购物车</a><br/>
```

```
<a href ="member_order_list.php">查看订单</a> <br/> <br/>
<a href ="action/member_loginout_do.php">安全退出</a>
```

3. 会员中心主页 (member_info.php) 开发

member_info.php 页面作为会员中心主页，用于显示当前会员的基本信息。进入该页面时，首先包含会员登录判断页面 (session_member_check.php)。如果会话变量 $_SESSION ['member'] 的值不为空，则读取 SESSION 中的会员用户名，并到数据库中查询会员信息并显示到页面，具体代码如下。

```
<html>
<head>
  <title>会员中心</title>
</head>
<body>
<? php include_once ('menu.php') ; //加载网站栏目 ? >
<? php require_once("action/session_member_check.php") ; //判断会员登录 ? >
<table>
<tr> <td colspan ="2">会员中心</td> </tr>
<tr> <td valign ="top"> <? php include_once ('sub_member_menu.php') ; //加载管理菜单 ? > </td>
  <td>
   <? php
   //查询会员信息
   require_once("conn/Conn_DB.php") ;
   $sql ="select *  from Member_Info where M_Name ='". $membername. "'";
   $result = $conn -> query($sql) ;
   $row = $result -> fetch_array() ;
   ? >
<table>
   <tr> <td colspan ="2">会员基本信息</td> </tr>
   <tr> <td>用户名: </td>
      <td> <? php echo $row["M_Name"];? > </td>
   </tr>
   <tr> <td>密码: </td>
      <td> <? php echo $row["M_Password"];? > </td>
   </tr>
   <tr> <td>密码保护问题: </td>
      <td> <? php echo $row["M_Question"];? > </td>
   </tr>
   <tr> <td>密码保护答案: </td>
      <td> <? php echo $row["M_Answer"];? > </td>
   </tr>
   <tr> <td>身份证号: </td>
      <td> <? php echo $row["M_Card"];? > </td>
   </tr>
   <tr> <td>联系电话: </td>
      <td> <? php echo $row["M_Tel"];? > </td>
   </tr>
```

```
<tr><td>QQ: </td>
    <td> <? php echo $row["M_QQ"];? > </td>
</tr>
<tr><td>邮箱: </td>
    <td> <? php echo $row["M_Email"];? > </td>
</tr>
<tr><td>联系地址: </td>
    <td> <? php echo $row["M_Address"];? > </td>
</tr>
<tr><td>邮政编码: </td>
    <td> <? php echo $row["M_Code"];? > </td>
</tr>
<tr><td>消费金额: </td>
    <td> <? php echo $row["M_Money"];? > </td>
</tr>
<tr><td>余额: </td>
    <td> <? php echo $row["M_Blance"];? > </td>
</tr>
<tr><td>注册时间: </td>
    <td> <? php echo $row["M_CreateTime"];? > </td>
</tr>
</table>
</td></tr>
</table>
</body>
</html>
```

4. 会员退出处理页（member_loginout_do. php）**开发**

当会员单击会员中心管理菜单中的"安全退出"超链接时，进入 member_loginout_do. php 页面，实现会员退出处理，即清空 $_SESSION［member］变量，并自动返回到网站前台主页，具体代码如下。

```
<? php
/* 会员退出处理页 */
session_start();
unset($_SESSION['member']);
echo "<script>alert('您已安全退出系统! '); self. location ='../index.php';</script>";
? >
```

13. 3. 4　会员信息修改

在会员中心模块，会员可以修改自己的基本信息，包括身份证号、联系电话、QQ、邮箱、联系地址和邮政编码等信息。会员信息修改页的运行效果如图 13. 8 所示。

1. 会员信息修改页（member_update. php）

在 member_update. php 文件中包含会员登录判断页（session_member_check. php）。如果会话变量 $_SESSION［'member'］的值不为空，则读取 SESSION 中的会员用户名，到数据库中查询会员信息并显示到页面的相应表单控件中。将表单的提交地址（action）设置为"action/member_ update_do. php", 将提交方式（method）设置为"POST", 具体代码如下。

图13.8 会员信息修改页的运行效果

```
<html>
<head>
    <title>修改会员信息</title>
</head>
<body>
<form name ="form1" action ="action/member_update_do. php" method ="POST">
<? php include_once ('menu. php') ; //加载网站栏目   ? >
<? php require_once("action/session_member_check. php") ; //判断会员登录? >
<table>
    <tr> <td colspan ="2">会员中心</td> </tr>
    <tr> <td valign ="top"> <? php include_once ('sub_member_menu. php') ; //加载管理菜单? > </
td>
        <td>
        <? php
        //查询会员信息并显示到表单控件
        require_once("conn/Conn_DB. php") ;
        $sql ="select *  from Member_Info where M_Name ="'. $membername. "'";
        $result = $conn ->query($sql) ;
        $row = $result ->fetch_array( ) ;
        ? >
```

```
<table>
    <tr> <td colspan = "2">修改会员信息</td> </tr>
    <tr> <td>用户名:</td>
        <td> <? php echo $row['M_Name'];? > </td>
    </tr>
    <tr> <td>身份证号:</td>
        <td> <input type = "text" name = "txt_card" value = "<? php echo $row['M_Card'];? >"/> </td>
    </tr>
    <tr> <td>联系电话:</td>
        <td> <input type = "text" name = "txt_tel" value = "<? php echo $row['M_Tel'];? >"/> </td>
    </tr>
    <tr> <td>QQ:</td>
        <td> <input type = "text" name = "txt_qq" value = "<? php echo $row['M_QQ'];? >" /> </td>
    </tr>
    <tr> <td>邮箱:</td>
        <td> <input type = "text" name = "txt_email" value = "<? php echo $row['M_Email'];? >" /> </td>
    </tr>
    <tr> <td>联系地址:</td>
        <td> <input type = "text" name = "txt_address" value = "<? php echo $row['M_Address'];? >" /> </td>
    </tr>
    <tr> <td>邮政编码:</td>
        <td> <input type = "text" name = "txt_code" value = "<? php echo $row['M_Code'];? >" /> </td>
    </tr>
    <tr> <td colspan = "2" align = "center">
        <input type = "hidden" name = "txt_id" value = "<? echo $row['M_ID'] ? >"/>
        <input type = "submit" value = "保存" />
    </td>
    </tr>
</table>
</td> </tr>
</table>
</form>
</body>
</html>
```

在以上代码中创建一个隐藏控件 " < input type = "hidden" name = "txt_id" >",用于存储当前会员的编号。该编号将在提交修改的会员信息时和各个表单控件中的值一起传递到处理页,用于修改当前会员编号的信息。

2. 会员信息修改处理页（member_update_do. php）**开发**

在 member_update_do. php 文件中获取提交的会员信息,判断会员编号（即上述隐藏控件中的值）是否存在。如果会员编号存在,则生成 SQL 修改语句,并到数据库中的 Member_Info 表中进行数据修改,具体代码如下。

```php
<?php
/* 会员信息修改处理页 */
require_once("../conn/Conn_DB.php");      //包含数据库连接文件
if($_POST["txt_id"]!="") {
        $mid = $_POST["txt_id"];              //会员编号
        $card = $_POST["txt_card"];           //身份证号
        $tel = $_POST["txt_tel"];             //联系电话
        $qq = $_POST["txt_qq"];               //QQ
        $email = $_POST["txt_email"];         //邮箱
        $address = $_POST["txt_address"];     //联系地址
        $code = $_POST["txt_code"];           //邮政编码
        $sql = "update Member_Info set M_Card='$card', M_Tel='$tel', M_QQ='$qq', M_Email='$email', M_Address='$address', M_Code='$code' where M_ID=$mid";
        $update = $conn->query($sql);
        if($update) {
                echo "<script>alert('恭喜您,会员信息修改成功! ');
self.location='../member_info.php'</script>";
        } else {
                echo "<script>alert('对不起,会员信息修改失败! '); self.location='../member_update.php'</script>";
        }
} else {
        echo "<script>alert('请重新选择修改会员信息! ');self.location='../member_update.php'</script>";
}
?>
```

13.3.5　会员密码修改

和会员信息修改相似，会员可以在会员中心模块修改会员密码信息，运行效果如图 13.9 所示。

图 13.9　会员密码修改页的运行效果

1. 会员密码修改页（member_pwd_update. php）

在 member_pwd_update. php 页面中包含会员登录判断页面（session_member_check. php），读取 SESSION 中的会员用户名并且显示在页面中。同样设置一个隐藏标签 "< input type = "hidden" name = "txt_membername" / >" 用于存放会员用户名，具体代码如下。

```html
< html >
< head >
    < title >修改密码</title >
</head >
< body >
  < form name ="form1"action ="action/member_ pwd_ update_ do.php" method ="POST" >
<? php include_ once ('menu.php') ; //加载网站栏目   ? >
<? php require_ once ("action/session_ member_ check.php") ; //判断会员登录 ? >
< table >
  < tr > < td colspan ="2" >会员中心</td > </tr >
  < tr > < td valign ="top" > <? php include_ once ('sub_ member_ menu.php') ; //加载管理菜单 ? >
</td >
  < td >
    < table >
    < tr > < td colspan ="2" >修改会员密码</td > </tr >
    < tr > < td >用户名：</td >
        < td > <? php echo $membername;? > </td >
    </tr >
    < tr > < td > < font color ="red" >* </font >输入原密码：</td >
        < td > < input type ="password" name ="txt_ password" / > </td >
    </tr >
    < tr > < td > < font color ="red" >* </font >输入新密码：</td >
        < td > < input type ="password" name ="txt_ newpassword1" / > </td >
    </tr >
    < tr > < td > < font color ="red" >* </font >确认新密码：</td >
        < td > < input type ="password" name ="txt_ newpassword2" / > </td >
    </tr >
    < tr > < td colspan ="2" align =" center" >
        < input type ="hidden" name =" txt_ membername"value =" <? echo $membername; ?
        >" / >
        < input type ="submit" value ="保存" / >
      </td >
    </tr >
    </table >
  </td >
 </tr >
</table >
</form >
</body >
</html >
```

2. 会员密码修改处理页（member_pwd_update_do. php）

在 member_pwd_update_do. php 文件中获取提交的会员用户名、原密码和新密码，先到数据库中查询用户名和原密码是否正确,如果正确,则进行密码修改操作,具体代码如下。

```php
<? php
/* 会员密码修改处理页 */
require_once("../conn/Conn_DB.php") ; //包含数据库连接文件
if( $_POST["txt_password"] = = "") {
        echo "<script>alert('请输入原密码!') ; self.location ='../member_pwd_update.php'</
script>";
    } else if( $_POST["txt_newpassword1"] = = "" ) {
        echo "<script>alert('请输入新密码!') ; self.location ='../member_pwd_update.php'</
script>";
    } else if( $_POST["txt_newpassword1"]! = $_POST["txt_newpassword2"]) {
        echo "<script>alert('两次输入的新密码不一致!') ;
self.location ='../member_pwd_update.php'</script>";
    } else {
        $mname = $_POST["txt_membername"] ;            //会员名称
        $password = $_POST["txt_password"] ;          //原密码
        $newpassword = $_POST["txt_newpassword1"] ; //新密码
        //查询原密码是否正确
        $sql ="select * from Member_Info where M_Name ='". $mname. "' and M_Password ='". $password. "'";
        $result = $conn ->query($sql) ;
        //返回的结果行数大于 0,表示原密码正确
        if ($result ->num_rows > 0) {
            //更新密码
            $sql ="update Member_Info set M_Password ='". $newpassword. "' where M_Name ='". $mname. "'";
            $update = $conn ->query($sql) ; //执行 SQL 语句
            if($update) {
                echo "<script>alert('恭喜您,密码修改成功!') ; self.location ='../member_info.php'
</script>";
            } else {
                echo "<script>alert('对不起,密码修改失败!') ;
self.location ='../member_pwd_update.php'</script>";
            }
        } else {
            echo "<script>alert('对不起,原密码错误!') ; self.location ='../member_pwd_update.php'</
script>";
        }
    }
? >
```

13.3.6 购物车功能

当用户在网上主页、商品列表页或者商品信息页看中某个商品时,可以单击该商品下方的"放入购物车"超链接,即可将该商品放入当前用户的购物车列表中。当鼠标指针移动到各个商品的"放入购物车"超链接时,浏览器状态栏中将会自动显示该商品对应的购物车处理页的提交信息,如图 13.10 所示。

图 13.10 商品信息中的"放入购物车"超链接

1. 动态加载"放入购物车"的链接路径和参数

商品信息显示功能的实现是在第 10 章中完成的，在网站主页、商品列表页面、商品信息页面中，其动态加载"放入购物车"的链接地址所对应的功能代码如下：

```
< a class ="a1" href ="shopcar_info. php? P_ID = <? echo $row["P_ID"];? >">放入购物车</a>
```

当单击某个商品下方的"放入购物车"超链接时，可将该商品放入当前用户的购物车列表中，如图 13.11 所示。

图 13.11 购物车页面

2. 网站购物车页面（shopcar_info. php）开发

shopcar_info. php 文件作为网站购物车页面，首先根据将传递的商品编号从数据库中查询详细商品信息，存入 SESSION 变量（$_SESSION ['car']），然后从 SESSION 变量中循环读取所有购物车商品信息并显示在页面，具体代码如下。

```php
<html >
<head >
   <title >购物车 </title >
   </head >
<body >
<? php include_once ('menu. php') ; //加载网站栏目    ? >
<table >
   <tr > <td colspan ="7">我的购物车 </td > </tr >
   <tr >
       <td >商品编号 </td > <td >商品名称 </td >   <td >图片 </td >
       <td >数量 </td >   <td >价格 </td >   <td colspan ="2">操作 </td >
   </tr >
   <? php
       session_start ( ) ;
       require_once ("conn/Conn_DB. php") ; //包含数据库连接文件
       //根据传递的商品编号到数据库中查询商品信息并显示，同时存入 SESSION 变量中
       if(isset($_GET["P_ID"]) && $_GET["P_ID"]! ="") {
           $pid = $_GET["P_ID"] ; //商品编号
           $sql ="select * from Product_Info where P_ID =". $pid;
           $result = $conn -> query ($sql) ;
           $row = $result -> fetch_array ( ) ;
           //将查询到的商品信息存到 SESSION 变量中
           $a = array($row["P_ID"],$row["P_Name"],$row["P_Image"],'1',$row["P_VPrice"]) ;
           //创建购物车 SESSION 变量
           if(! isset($_SESSION['car']) || $_SESSION['car'] = = "")
               $car_arr = array( ) ;
           else
               $car_arr = (array) $_SESSION['car'];
           array_push ($car_arr,$a) ;
           $_SESSION['car'] = $car_arr;
       }
   //显示购物车 SESSION 信息
   if(isset($_SESSION['car']) && $_SESSION['car']! = "") {
     $arr2 = (array) $_SESSION['car'];
     foreach ($arr2 as $key1 = > $value1) {
       echo "<tr >";
       echo "<td >". $value1[0]. "</td >";
       echo "<td >". $value1[1]. "</td >";
       echo "<td > <img src ="". $value1[2]. "" width ='39' height ='39'/ > </td >";
       echo "<td > <input type ='text' name ='txt_num". $value1[0]. "']' value ="". $value1[3]. ""/ >
</td >";
       echo "<td >". $value1[4]. "</td >";
```

```
        echo "<td><a href='action/shopcar_do.php? type=2'>更新数量</a></td>";
        echo "<td><a href='action/shopcar_do.php? type=3'>删除</a></td>";
        echo"</tr>";
        }
    ?>
    <tr><td colspan="7">
        <a href="action/shopcar_do.php? type=1">清空购物车</a>
        <a href="index_content.php">继续购物</a>
        <a href="member_order_add.php">提交订单</a>
    </td></tr>
    <?php
    } else {
        echo "<tr><td colspan='7' align='center'>当前购物车为空！</td></tr>";
    }
    ?>
</table>
</body>
</html>
```

保存页面，在商品详细信息页面中单击"放入购物车"超链接，进入购物车页面。

3. 购物车处理页（shopcar_do. php）

shopcar_do. php 文件作为购物车处理页面，接收由 chopcar_info. php 页面提交的信息，根据操作类型执行相应的操作。例如：type = 1 表示清空整个购物车；type = 2 表示更新当前商品的订购数量；type = 3 表示将当前商品从购物车中移除。在此仅实现购物车清空功能，读者可以尝试实现剩余两个功能。通过清空 SESSION 变量的值实现购物车清空功能，具体代码如下。

```
<?php
/* 购物车处理页 */
if($_GET['type'] == '1') //清空购物车
{
    session_start();
    unset($_SESSION['car']);
    echo "<script> self.location='../shopcar_info.php';</script>";
}
?>
```

13.3.7　提交订单

当用户想要购买当前购物车中的商品时，可以单击"提交订单"超链接，进入订单提交页面，如图 13.12 所示。在该页面中，用户可以查看所选定的商品信息，系统将自动计算出订单的价格，之后填写收货信息和付款方式。

1. 订单提交页面（member_order_add. php）

在 member_order_add. php 文件中，首先需要判断会员是否登录。如果会员没有登录，则要求会员登录并跳转到会员登录页面。如果会员已经登录，则继续判断并且获取 SESSION 变量中的购物车信息，然后显示到页面，具体代码如下。

图 13.12 订单提交页面

```
<html>
<head>
  <title>提交订单</title>
</head>
<body>
<form name="form1" action="action/member_order_add_do.php" method="POST">
<?php include_once ('menu.php'); //加载网站栏目   ?>
<?php require_once("action/session_member_check.php"); //判断会员登录 ?>
<table>
  <tr><td>提交订单</td></tr>
</table>
<table>
  <tr><td colspan="2">当前订单信息</td></tr>
  <tr><td colspan="2" align="center">
  <table>
  <?php
  //判断并加载购物车
  if(isset($_SESSION['car']) && $_SESSION['car']! ="") {
      $arr2 = (array) $_SESSION['car']; //将购物车 SESSION 变量赋值给数组变量
```

```
            $p_nums = 0；//声明变量,存储订单商品数量
            $o_money = 0；//声明变量,存储订单金额
            foreach ($arr2 as $key1 = > $value1 ) { //遍历购物车数组
                echo "<tr>";
                echo "<td>". $value1[0]."</td>";
                echo "<td>". $value1[1]."</td>";
                echo "<td><img src ="". $value1[2]." width ='39' height ='39'/></td>";
                echo "<td>". $value1[3]."</td>";
                echo "<td>". $value1[4]."</td>";
                echo"</tr>";
                $p_nums + = (int) $value1[3];//订单商品数量累加
                $o_money + = (float) $value1[4];//订单金额累加
            }
        } else {
            echo "<script>alert('当前购物车为空,请先选择要购买的商品信息！') ;
self. location ='index_content. php'</script>";
        }
    ? >
    </table>
    </td></tr>
    <tr><td>会员姓名：</td>
        <td><? php echo $membername;? >
            <input type ="hidden" name ="txt_username" value ="<? php echo $membername;? >"/>
        </td>
    </tr>
    <tr><td>商品数量：</td>
        <td><? php echo $p_nums;? >
            <input type ="hidden" name ="txt_pnums" value ="<? php echo $p_nums;? >"/>
        </td>
    </tr>
    <tr><td>订单金额：</td>
        <td><? php echo $o_money;? >
            <input type ="hidden" name ="txt_omoney" value ="<? php echo $o_money;? >"/>
        </td>
    </tr>
    <tr><td><font color ="red">* </font>收货人：</td>
        <td><input type ="text" name ="txt_taker" /></td>
    </tr>
    <tr><td><font color ="red">* </font>收货地址：</td>
        <td><input type ="text" name ="txt_address" /></td>
    </tr>
    <tr><td><font color ="red">* </font>联系电话：</td>
        <td><input type ="text" name ="txt_tel" /></td>
    </tr>
    <tr><td><font color ="red">* </font>付款方式：</td>
        <td><select name ="txt_paymethod">
```

```
                    <option value ="货到付款">货到付款 </option >
                    <option value ="支付宝付款">支付宝付款 </option >
                    <option value ="信用卡付款">信用卡付款 </option >
                </select >
            </td >
    </tr >
    <tr > <td >备注：</td >
        <td > <textarea name ="txt_remark"> </textarea > </td >
    </tr >
    <tr > <td colspan ="2"> <input type ="submit" value ="提交"> </td >
    </tr >
</table >
</form >
</body >
</html >
```

以上代码中，订单价格是根据各个商品的单价和订购数量进行自动计算的。另外，代码中添加了3个隐藏控件（<input type ="hidden" />），用于存放会员姓名、商品数量和订单金额。这样就可以将这3个信息作为表单数据传递到订单提交处理页中。

2. 订单提交处理页（member_order_add_do. php）

当用户填写收货信息并且单击"提交"按钮之后，表单数据将被传递到 member_order_add_ do. php 页面。在该页面中分别获取 SESSION 变量中的购物车信息和提交的订单收货信息，分别向数据库的 Order_Info 表和 Order_Product 表中添加数据，具体代码如下。

```php
<? php
require_once ("../conn/Conn_DB. php") ;
//判断收货人信息是否为空
if ( $_POST["txt_taker"]! ="" && $_POST["txt_address"]! ="" && $_POST["txt_tel"]! ="" && $_POST["
txt_paymethod"]! ="") {
        $taker = $_POST["txt_taker"];          //收货人
        $address = $_POST["txt_address"];     //收货地址
        $tel = $_POST["txt_tel"];              //联系电话
        $paymethod = $_POST["txt_paymethod"];//付款方式
        $username = $_POST["txt_username"]; //会员名
        $pnums = $_POST["txt_pnums"];         //商品数量
        $omoney = $_POST["txt_omoney"];       //订单金额
        $remark = $_POST["txt_remark"];      //备注
        $onum = date('YmdHis'). $username; //生成订单号
        $createtime = date('Y-m-d H:i:s') ;; //订单提交日期
        //添加到订单信息表
        $sql = "insert into Order_Info (M_Name, O_Num, P_Nums, O_Money, O_Taker, O_Address, O_Tel, O_
Paymethod, O_CreateTime, O_Status, O_Remark) values ('$username', '$onum', $pnums, $omoney, '$taker', '
$address', '$tel', '$paymethod', '$createtime', 0, '$remark') ";
        $insert = $conn ->query ($sql) ;

        //将 SESSION 信息添加到订单商品信息表
        $insert2 =1;
```

```
        session_start();
        if(isset($_SESSION['car']) && $_SESSION['car']!="") {
            $arr2 = (array) $_SESSION['car'];
            foreach ($arr2 as $key1 => $value1) {
              $pid = $value1[0];        //商品编号
              $p_unitprice = $value1[4];//单价
              $p_nums = $value1[3];     //数量
              $p_price = $value1[4];    //小计价格
              $sql2 ="insert into Order_Product (O_Num, P_ID, P_UnitPrice, P_Nums, P_Flod, P_Price)
values('$onum', $pid, $p_unitprice, $p_nums, 1, $p_price) ";
              $insert2 = $conn->query($sql2); //执行 SQL 语句
            }
        }
        //如果两个表的数据都插入成功
        if($insert && $insert2) {
            unset($_SESSION['car']); //清空购物车
            echo "<script>alert('恭喜您,订单提交成功! '); self.location='../member_order_list.php'
</script>";
        } else {
            echo "<script>alert('对不起,订单提交失败! ');self.location='../order_add.php'</script>";
        }
    } else {
        echo "<script>alert('请输入带*号的必填信息! ');self.location='../order_add.php'</script>";
    }
    ?>
```

如果订单信息和商品详细信息都保存成功，则会弹出提示对话框，并且跳转到会员中心的查看订单信息页面中，提示信息如图 13.13 所示。本网站暂未实现在线支付和物流管理等功能。

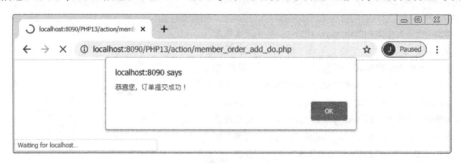

图 13.13　订单提交成功后的提示信息

13.3.8　我的订单管理

1. 会员订单列表页（member_order_list. php）

单击会员中心的"查看订单"超链接，可以查看到当前会员的所有订单记录。每一条订单记录包括订单编号、商品数量、订单金额、收货人、收货地址，以及订单日期和状态等信息，如图 13.14 所示。

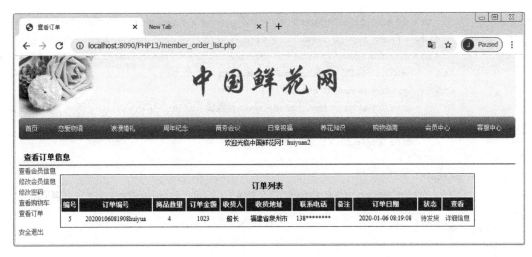

图 13.14　会员订单列表页

在 member_order_list. php 文件中，首先获取 SESSION 变量中用户名，并到数据库的 Order_
Info表中查询该会员的所有订单信息并显示到页面，具体代码如下。

```
<html>
<head>
  <title>查看订单</title>
</head>
<body>
<? php include_once ('menu. php') ; //加载网站栏目　? >
<? php require_once("action/session_member_check. php") ; //判断会员登录 ? >
<table>
  <tr> <td>查看订单信息</td> </tr>
  <tr> <td> <? php include_once ('sub_member_menu. php') ; //加载管理菜单 ? > </td>
    <td>
      <table>
        <tr> <td colspan ="11">订单列表 </td> </tr>
        <tr>
          <td>编号</td> <td>订单编号</td> <td>商品数量</td> <td>订单金额</td>
          <td>收货人</td> <td>收货地址</td> <td>联系电话</td> <td>备注</td>
          <td>订单日期</td> <td>状态</td> <td>查看</td>
        </tr>
        <? php
          require_once("conn/Conn_DB. php") ; //包含数据库连接文件
          $sql ="select *  from  Order_Info where M_Name ='$membername' order by O_Create-
Time desc";
          $result = $conn -> query($sql) ; //执行 SQL 语句
          while($row = $result -> fetch_array())    //遍历查询结果的每一行
          {
        ? >
        <tr>
          <td> <? echo $row["O_ID"];? >   </td>  <td> <? echo $row["O_Num"];? >   </td>
```

```
        <td> <? echo $row["P_Nums"];? > </td>    <td> <? echo $row["O_Money"];? > </td>
        <td> <? echo $row["O_Taker"];? > </td>    <td> <? echo $row["O_Address"];? > </td>
        <td> <? echo $row["O_Tel"];? >   </td>    <td> <? echo $row["O_Remark"];? > </td>
    <td> <? echo $row["O_CreateTime"];? > </td>
    <td> <? switch ($row["O_Status"]) {
            case '0': echo '<font color = red>待发货</font>'; break;
            case '1':  echo '<font color = blue>已发货</font>'; break;
            case '2':  echo '已结算'; break;
        } ? >
    </td>
    <td> <a href ="member_order_info.php? O_Num = <? echo $row["O_Num"];? >">详细信息</a >
</td>
    </tr>
  <? php
    }
? >
  </table>
</td> </tr>
</table>
</body>
</html>
```

2. 会员订单详细信息页（member_order_info. php）

单击订单列表中的某一项订单信息的"详细信息"超链接，则会进入会员订单详细信息页面。在该页面中将显示订单的基本信息及订单所包含的详细商品信息，页面效果如图 13.15 所示。

图 13. 15　会员订单详细信息页面效果

在 member_order_info. php 文件中，首先获取从会员订单列表页中传递的订单编号，然后根据该订单编号从数据库的 Order_Info 和 Order_Product 表中查询相应订单信息并加载到页面中，具体代码如下。

```html
<html>
<head>
  <title>查看订单详细信息</title>
</head>
<body>
<? php include_once ('menu. php') ; //加载网站栏目    ? >
<? php require_once ("action/session_member_check. php") ; //判断会员登录？>
<table>
  <tr><td>查看订单详细信息</td></tr>
  <tr><td><? php include_once ('sub_member_menu. php') ; //加载管理菜单？></td>
  <td>
    <table border = "0">
    <? php
      require_once ("conn/Conn_DB. php") ; //包含数据库连接文件
      //获取传递的订单编号
      if($_GET['O_Num']! = "") {
        $onum = $_GET['O_Num'] ;
        $sql = "select *  from  Order_Info where M_Name ='$membername' and O_Num ='$onum' order
by O_CreateTime desc" ;
        $result = $conn -> query($sql) ;
        $row = $result -> fetch_array() ; //获取查询结果
    ? >
    <tr><td>订单编号</td><td><? echo $row["O_Num"];? >   </td></tr>
    <tr><td>商品数量</td><td><? echo $row["P_Nums"];? ></td></tr>
    <tr><td>订单金额</td><td><? echo $row["O_Money"];? ></td></tr>
    <tr><td>收货人</td>   <td><? echo $row["O_Taker"];? ></td></tr>
    <tr><td>收货地址</td><td><? echo $row["O_Address"];? ></td></tr>
    <tr><td>联系电话</td><td><? echo $row["O_Tel"];? >   </td></tr>
    <tr><td>备注</td>     <td><? echo $row["O_Remark"];? ></td></tr>
    <tr><td>订单日期</td><td><? echo $row["O_CreateTime"];? ></td></tr>
    <tr><td>状态</td>
          <td>
          <? php
            echo $row["O_Status"] = ='1'? '<font color = blue>已发货</font>':'<font col-
or = red>待发货</font>';
          ? >
          </td></tr>
    </table>
  <table>
  <tr><td colspan = "7">订单详细信息 </td></tr>
  <tr>
    <td>商品编号</td>  <td>商品名称</td>  <td>商品图片</td>
    <td>单价</td>  <td>数量</td>  <td>折扣</td>  <td>小计价格</td>
```

```
    </tr>
    <? php
      $sql2 ="select op. * , p. P_Name, p. P_Image from Order_Product op, Product_Info p    where op. P_
ID = p. P_ID and O_Num ='$onum' order by OP_ID";
      $result2 = $conn -> query($sql2) ;              //执行 SQL 语句
      while($row2 = $result2 -> fetch_array()) //遍历查询结果的每一行
      {
    ? >
  <tr>
    <td> <? echo $row2["P_ID"];? >   </td>
    <td> <? echo $row2["P_Name"];? > </td>
    <td> <img src ='<? echo $row2["P_Image"];? >' width ="39" height ="39"/>  </td>
    <td> <? echo $row2["P_UnitPrice"];? >   </td>
    <td> <? echo $row2["P_Nums"];? > </td>
    <td> <? echo $row2["P_Flod"];? > </td>
    <td> <? echo $row2["P_Price"];? > </td>
  </tr>
  <? php
      }
    }
? >
<a href ="javascript:history. back(-1) ;" target ="_self">返回</a>
</body>
</html>
```

至此，电子商务网站前台的会员中心模块和在线购物模块开发完成。

13.4　网站后台开发

本节在第 7 章和第 10 章的基础上继续讲解网站后台模块的开发，包括会员信息管理模块和订单信息管理模块。

13.4.1　会员信息管理模块开发

会员信息管理模块由 3 个文件组成，分别是会员信息管理页面（member_manager. php）、会员详细信息页面（member_info. php）和会员信息状态处理页面（member_action_do. php），具体流程如图 13. 16 所示。

1. 会员信息管理页面（member_manager. php）

会员信息管理页面负责会员信息列表的展示，从数据库的 Member_Info 表中查询所有会员信息并显示在页面中。用户可以单击会员信息右侧的"详细信息"链接进入会员详细信息页面（member_info. php），也可以单击"启用"和"禁用"超链接对会员信息进行操作。会员信息管理页面的运行效果如图 13. 17 所示。

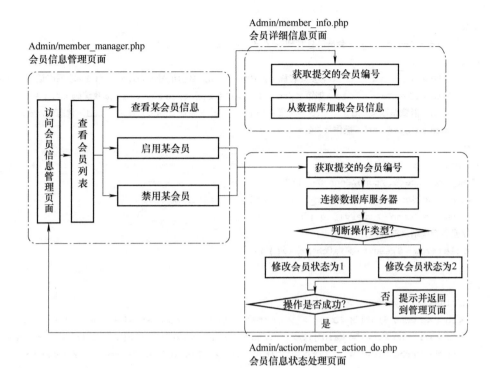

图 13.16 会员信息管理模块流程图

图 13.17 会员信息管理页面的运行效果

member_manager. php 文件的具体 PHP 代码如下。

```html
<html>
<head>
    <title>会员信息管理</title>
</head>
<body>
<? php  include 'action/session_check. php'; //登录判断  ? >
```

363

```
<table>
  <tr><td colspan="16">会员信息管理</td></tr>
  <tr>
      <td>编号</td>    <td>会员名称</td>    <td>身份证号</td>    <td>联系电话</td>
      <td>QQ</td>    <td>邮箱</td><td>联系地址</td>    <td>邮政编码</td>
      <td>消费总额</td>    <td>余额</td>    <td>注册日期</td>    <td>状态</td>
      <td colspan="4">操作</td>
  </tr>
  <?php
  require_once("../conn/Conn_DB.php");
  $sql="select * from Member_Info order by M_CreateTime desc";
  $result=$conn->query($sql);
  //遍历查询结果的每一行
  while($row=$result->fetch_array())
  {
  ?>
  <tr class="tr_content">
    <td><? echo $row["M_ID"];?>    </td>   <td><? echo $row["M_Name"];?>   </td>
    <td><? echo $row["M_Card"];?>    </td>   <td><? echo $row["M_Tel"];?>    </td>
    <td><? echo $row["M_QQ"];?>    </td> <td><? echo $row["M_Email"];?></td>
    <td><? echo $row["M_Address"];?></td> <td><? echo $row["M_Code"];?>    </td>
    <td><? echo $row["M_Money"];?></td>    <td><? echo $row["M_Blance"];?></td>
    <td><? echo $row["M_CreateTime"];?></td>
    <td><? echo $row["M_Status"]=='1'?'<font color=blue>启用</font>':'<font color=red>禁用</font>';?>   </td>
      <td><a href="action/member_action_do.php?Type=1&M_ID=<? echo $row["M_ID"];?>">启用</a></td>
      <td><a href="action/member_action_do.php?Type=2&M_ID=<? echo $row["M_ID"];?>">禁用</a></td>
      <td><a href="action/member_action_do.php?Type=3&M_ID=<? echo $row["M_ID"];?>">删除</a></td>
      <td><a href="member_info.php?M_ID=<? echo $row["M_ID"];?>">详细信息</a></td>
  </tr>
  <?php } ?>
  </table>
</body>
</html>
```

2. 会员详细信息页面 (member_info.php)

当要查看会员信息列表中的某一个会员的详细信息时，可以单击该会员所在行的"详细信息"超链接，进入会员详细信息页面，运行效果如图 13.18 所示。

在会员详细信息页面（member_info.php）文件中，首先获取由会员信息管理页面传递的会员编号，然后根据该编号从数据库的 Member_Info 表中查询相应会员信息并加载到页面中，具体代码如下。

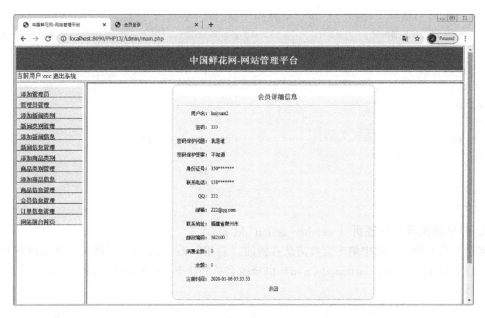

图13.18 会员详细信息界面的运行效果

```
<html>
<head>
    <title>会员详细信息</title>
</head>
<body>
<? php  include 'action/session_check.php'; //登录判断   ? >
<? php
    require_once(".. /conn/Conn_DB.php") ;
    if($_GET['M_ID']! ="") {
        $mid = $_GET['M_ID'];
        $sql = "select *  from Member_Info where M_ID = $mid";
        $result = $conn -> query($sql) ;
        $row = $result -> fetch_array() ; //获取查询结果
? >
<table>
    <tr> <td colspan ="2">会员详细信息</td> </tr>
    <tr> <td>用户名:</td>          <td> <? php echo $row["M_Name"];? > </td> </tr>
    <tr> <td>密码:</td>            <td> <? php echo $row["M_Password"];? > </td> </tr>
    <tr> <td>密码保护问题:</td>     <td> <? php echo $row["M_Question"];? > </td> </tr>
    <tr> <td>密码保护答案:</td>     <td> <? php echo $row["M_Answer"];? > </td> </tr>
    <tr> <td>身份证号:</td>        <td> <? php echo $row["M_Card"];? > </td> </tr>
    <tr> <td>联系电话:</td>        <td> <? php echo $row["M_Tel"];? > </td> </tr>
    <tr> <td>QQ:</td>              <td> <? php echo $row["M_QQ"];? > </td> </tr>
    <tr> <td>邮箱:</td>            <td> <? php echo $row["M_Email"];? > </td> </tr>
    <tr> <td>联系地址:</td>        <td> <? php echo $row["M_Address"];? > </td> </tr>
    <tr> <td>邮政编码:</td>        <td> <? php echo $row["M_Code"];? > </td> </tr>
    <tr> <td>消费金额:</td>        <td> <? php echo $row["M_Money"];? > </td> </tr>
```

```
    <tr> <td>余额:</td>          <td> <? php echo $row["M_Blance"];? > </td> </tr>
    <tr> <td>注册时间:</td>      <td> <? php echo $row["M_CreateTime"];? > </td> </tr>
    <tr> <td colspan="2"> <a href="javascript:history. back(-1) ;" target="_self">返回</a>
</td> </tr>
  </table>
  <? php
    } else {
       echo "<script>self. location ='member_manager. php'</script>";
    }
  ? >
  </body>
</html>
```

3. 会员信息状态处理页（member_action_do. php）

在会员信息管理页面中单击会员信息右侧的"启用"或"禁用"超链接,系统跳转到会员信息状态处理页（member_action_do. php）以修改会员的状态,运行效果如图13.19所示。

图13.19　会员信息状态处理页面的运行效果

在会员信息状态处理页（member_action_do. php）中,首先获取由会员信息管理页面传递的会员编号,根据提交的处理类型和会员编号选择相应的 SQL 语句对 Member_Info 表数据进行操作,接着判断操作是否成功,给出相应提示并返回会员信息管理页面,具体代码如下。

```
<? php
  require_once("../../conn/Conn_DB. php") ;
  //获取传递的会员编号和操作类型
  if($_GET['M_ID']! = "" &&  $_GET["Type"]! = "") {
    $mid = $_GET['M_ID']; //会员编号
    $type = $_GET["Type"]; //操作类型
    $str ="";
    switch ($type) {
      case "1":
        $str ="update Member_Info set M_Status =1 where M_ID =". $mid; //更新语句
        break;
      case "2":
```

```
            $str = "update Member_Info set M_Status = 2 where M_ID = ". $mid; //更新语句
            break;
          case "3":
            $str = "delete from Member_Info where M_ID = ". $mid; //删除语句
            break;
      }
      $i = mysql_query($str); //执行SQL语句
      if($i){
        echo "<script> alert('操作成功!'); window. location. href = '../member_manager.php'</
script>";
      } else {
        echo "<script> alert('操作失败!'); window. location. href = '../member_manager.php'</
script>";
      }
    } else {
      echo "<script>alert('请重新选择要操作的会员信息!');
      window. location. href = '../member_manager.php'</script>";
    }
  ? >
```

13.4.2 订单信息管理模块开发

订单信息管理模块由3个文件组成，分别是订单信息管理页面（order_manager. php）、订单详细信息页面（order_info. php）和订单信息状态处理页面 order_action_do. php，具体流程如图13.20所示。

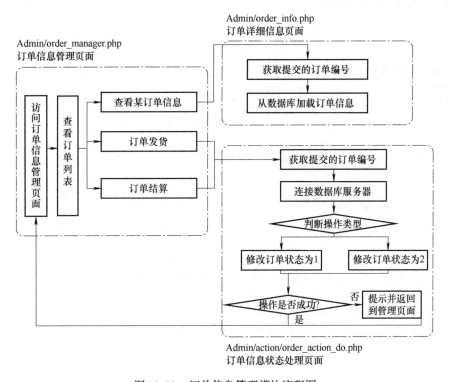

图13.20 订单信息管理模块流程图

1. 订单信息管理页面（order_manager. php）

订单信息管理页面负责显示该网站的订单信息列表，管理员可以单击订单信息右侧的"详细信息"超链接进入订单详细信息页面（order_info. php），也可以单击"发货"和"结算"超链接对订单信息进行操作，页面运行效果如图 13. 21 所示。

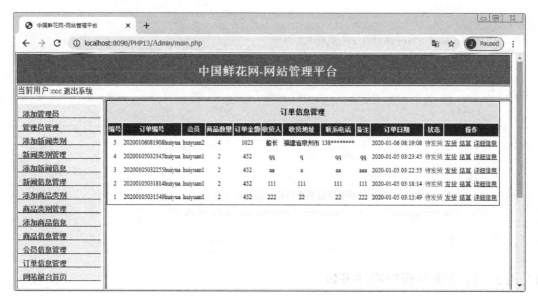

图 13.21　订单信息管理页面的运行效果

在订单信息管理页面（order_manager. php）中，从数据库的 Order_Info 表中查询所有订单信息并显示在页面中，具体代码如下。

```
<html>
<head>
 <title>订单管理</title>
</head>
<body">
<? php   include 'action/session_check. php'; //登录判断   ? >
<table>
   <tr> <td colspan ="14">订单信息管理</td> </tr>
   <tr>
       <td>编号</td>   <td>订单编号</td>   <td>会员</td>   <td>商品数量</td>
       <td>订单金额</td>   <td>收货人</td>   <td>收货地址</td>   <td>联系电话</td>
       <td>备注</td>   <td>订单日期</td>   <td>状态</td>   <td colspan ="3">操作</td>
   </tr>
   <? php
   require_once("../conn/Conn_DB. php") ; //包含数据库连接文件
   $sql ="select * from  Order_Info order by O_CreateTime desc"; //查询语句
   $result = $conn -> query($sql) ; //执行 SQL 语句
   while($row = $result -> fetch_array())   //遍历查询结果的每一行
   {
   ? >
```

```
<tr class = "tr_content">
    <td> <? echo $row["O_ID"];? >  </td>    <td> <? echo $row["O_Num"];? ></td>
    <td> <? echo $row["M_Name"];? ></td> <td> <? echo $row["P_Nums"];? ></td>
    <td> <? echo $row["O_Money"];? ></td>    <td> <? echo $row["O_Taker"];? ></td>
    <td> <? echo $row["O_Address"];? ></td>  <td> <? echo $row["O_Tel"];? ></td>
    <td> <? echo $row["O_Remark"];? ></td>  <td> <? echo $row["O_CreateTime"];? ></td>
    <td> <? switch ($row["O_Status"]) {
        case '0':  echo '<font color = red >待发货</font>';     break;
        case '1':    echo '<font color = blue>已发货</font>';    break;
        case '2':  echo '已结算';     break;
        }
    ? >
    </td>
    <td> <a href = "action/order_action_do.php? Type =1&O_Num = <? echo $row["O_Num"];? >">
发货</a></td>
    <td> <a href = "action/order_action_do.php? Type =2&O_Num = <? echo $row["O_Num"];? >">
结算</a></td>
    <td> <a href = "order_info.php? O_Num = <? echo $row["O_Num"];? >">详细信息</a></td>
  </tr>
<? } ? >
  </table>
</body>
</html>
```

2. 订单详细信息页面（order_info.php）

当要查看订单信息列表中的某一个订单的详细信息时，可以单击该订单所在行的"详细信息"超链接，进入订单详细信息页面，运行效果如图13.22所示。

图 13.22　订单详细信息页面的运行效果

在订单详细信息页面（order_info. php）文件中，首先获取由订单信息管理页面传递的订单编号，根据该编号从数据库的 Order_Info 和 Order_Product 表中查询相应订单信息并加载到页面中，具体代码如下。

```
<html >
<head >
    <title >查看订单详细信息 </title >
</head >
<body" >
    查看订单详细信息 <br/ >
<table >
<? php
    require_once("../conn/Conn_DB. php") ; //包含数据库连接文件
    //获取传递的订单编号
    if($_GET['O_Num']! = "") {
        $onum = $_GET['O_Num'] ;
        $sql ="select *  fromOrder_Info where O_Num ='$onum' order by O_CreateTime desc" ;
        $result = $conn -> query($sql) ; //执行 SQL 语句
        $row = $result -> fetch_array() ; //获取查询结果
    ? >
    <tr > <td >订单编号: </td > <td > <? echo $row["O_Num"];? >   </td > </tr >
    <tr > <td >商品数量: </td > <td > <? echo $row["P_Nums"];? > </td > </tr >
    <tr > <td >订单金额: </td > <td > <? echo $row["O_Money"];? > </td > </tr >
    <tr > <td >收货人: </td >   <td > <? echo $row["O_Taker"];? > </td > </tr >
    <tr > <td >收货地址: </td > <td > <? echo $row["O_Address"];? > </td > </tr >
    <tr > <td >联系电话: </td > <td > <? echo $row["O_Tel"];? >   </td > </tr >
    <tr > <td >备注: </td >    <td > <? echo $row["O_Remark"];? > </td > </tr >
    <tr > <td >订单日期: </td > <td > <? echo $row["O_CreateTime"];? > </td > </tr >
    <tr > <td >状态: </td >   <td > <? echo $row["O_Status"] = ='1'?'<font color =blue >已发货 </
font >':'<font color =red >待发货 </font >';? >   </td > </tr >
    </table >
    <table >
    <tr > <td colspan ="7">订单详细信息 </td > </tr >
    <tr > <td >商品编号 </td >   <td >商品名称 </td >   <td >商品图片 </td >   <td >单价 </td >
        <td >数量 </td >   <td >折扣 </td >   <td >小计价格 </td > </tr >
    <? php
    //查询订单详细信息
    $sql2 ="select op. * , p. P_Name, p. P_Image from Order_Product op, Product_Info p  where op. P_ID =
p. P_ID and O_Num ='$onum' order by OP_ID";
    $result2 = $conn -> query($sql2) ;     //执行 SQL 语句
    while($row2 = $result2 -> fetch_array()) //遍历查询结果的每一行
    {
    ? >
    <tr class ="tr_content" >
        <td > <? echo $row2["P_ID"];? >   </td >
        <td > <? echo $row2["P_Name"];? > </td >
        <td > <img src ='.. / <? echo $row2["P_Image"];? >' width ="39" height ="39"/ >   </td >
```

```
        <td> <? echo $row2["P_UnitPrice"];? >  </td>
        <td> <? echo $row2["P_Nums"];? > </td>
        <td> <? echo $row2["P_Flod"];? > </td>
        <td> <? echo $row2["P_Price"];? > </td>
    </tr>
<? php
    }
  }
? >
</table>
</body>
</html>
```

3. 订单信息状态处理页面

在订单信息管理页面中可以单击订单信息右侧的"发货"或"结算"超链接,系统将跳转到订单信息状态处理页(order_action_do.php),对当前订单的状态进行更新,运行效果如图13.23所示。

图13.23　订单信息状态处理页面的运行效果

在订单信息状态处理页面(Admin/action/order_action_do.php)中,首先获取由订单信息页面传递的订单编号,根据提交的处理类型和订单编号选择相应的SQL语句对Order_Info表数据进行操作,接着判断操作是否成功,给出相应的提示并返回订单信息管理页面,具体代码如下。

```
<? php
    //订单状态处理
    require_once("../../conn/Conn_DB.php"); //包含数据库连接文件
    //获取传递的订单编号和操作类型
    if($_GET['O_Num']! = "" && $_GET["Type"]! = "") {
        $onum = $_GET['O_Num'];
```

```
            $type = $_GET["Type"];
            $sql = "";
            switch ($type) {
                case "1":
                    $sql = "update Order_Info set O_Status =1 where O_Num ='$onum'"; //更新语句
                    break;
                case "2":
                    $sql = "update Order_Info set O_Status =2 where O_Num ='$onum'"; //更新语句
                    break;
            }
            $i = $conn -> query($sql) ; //执行 SQL 语句
            if($i) { //判断执行结果
                echo "<script>alert('操作成功！') ;self.location ='../order_manager.php'</script>";
            } else {
                echo "<script>alert('操作失败！') ;self.location ='../order_manager.php'</script>";
            }
    }else{
        echo "<script>alert('请重新选择要操作的订单信息！') ;self.location ='../order_manager.php'
</script>";
    }
    ?>
```

至此，电子商务网站后台的会员信息管理和订单信息管理功能开发完成。

附录　课后习题参考答案

第1章　PHP语法基础

一、选择题
1. D　　2. B

二、填空题
1. Web网页程序、命令行程序、桌面应用程序
2. 浏览器、网页服务器

三、判断题
1. F　　2. T

四、简答题
简述PHP的工作过程。

1）用户在浏览器地址栏中输入要访问的PHP页面地址，按Enter键发出请求，并将请求传送到支持PHP的目标Web服务器。

2）目标Web服务器接收这个PHP请求，从服务器中取出对应的PHP应用程序，并将其发送给PHP解释器。

3）PHP解释器读取目标Web服务器传送的PHP程序文件，根据命令进行数据处理，并动态生成相应的HTML页面。

4）PHP解释器将生成的HTML页面返回给目标Web服务器。

5）目标Web服务器将HTML页面作为响应返回给客户端浏览器。

第2章　网站开发基础

一、选择题
1. B　　2. A　　3. A　　4. C　　5. B

二、填空题
1. align、left、right、center
2. colspan、rowspan
3. 有序列表、无序列表
4. < embed > < /embed >
5. 行内样式表、内部样式表、外部样式表
6. < link href = "样式文件名 . css" type = "text \ css"　　rel = "stylesheet" / >
7. "checkbox"
8. < img >、src
9. 跳转到hello. php页面
10. 弹出对话框，显示"hello. php"

三、判断题
1. T　　2. T　　3. F　　4. T　　5. F　　6. T

第 3 章　PHP 语法基础

一、选择题

1. D　　2. B　　3. A　　4. A　　5. C　　6. A

7. D　　8. B　　9. B　　10. B　　11. A　　12. D

二、填空题

1. < ? php ? > < ? ? >

2. //、/ * …… * /、#

3. 标量数据类型、复合数据类型、特殊数据类型

4. 返回当前文件所在的完整路径和文件名

5. 赋值运算符、位运算符、逻辑运算符

6. 局部变量、全局变量、静态变量

三、判断题

1. F　　2. F　　3. T　　4. T　　5. T　　6. T　　7. F

四、简答题

简述 PHP 中的变量命名应遵循的规则。

1）变量的命名必须是以美元符号（$）开始，并且区分大小写。

2）变量名以字母或下画线开头，由字母、下画线和数字组成。

3）PHP 变量属于松散数据类型，变量不需要预先定义，在使用时动态识别类型。

第 4 章　PHP 流程控制语句

一、选择题

1. D　　2. D　　3. D　　4. A

二、填空题

1. 顺序结构、条件结构、循环结构

2. while 循环语句、do-while 循环语句、for 循环语句、foreach 循环语句

3. while 循环语句、do-while 循环语句

4. break 跳转语句

5. include( )、include_once( )、require( )、require_once( )

三、判断题

1. T　　2. F　　3. T　　4. T　　5. T

第 5 章　PHP 数组

一、选择题

1. B　　2. B　　3. B　　4. C　　5. A　　6. B　　7. D

二、填空题

1. 数字索引数组、关联数组

2. 一维数组、二维数组、多维数组

3. foreach 循环语句、for 循环语句

4. array_unique( )

5. $_SERVER[ ]全局

三、判断题

1. T   2. T   3. T   4. F   5. T

四、简答题

请使用伪语言结合数据结构中的冒泡排序法对以下一组数据进行排序。

待排序数据：102、36、14、10、25、23、85、99、45。

参考答案：

```
$str ='102 36 14 10 25 23 85 99 45';
$arr = explode (' ', $str) ;
$count = count ($arr) ;
for ($i = 0; $i < $count; $i ++) {
for ($j = $i + 1; $j < $count; $j ++) {
   if ($arr[$j] < $arr[$i]) {
     $temp = $arr[$i];
     $arr[$i] = $arr[$j];
     $arr[$j] = $temp;
   }
}
}
$str1 = implode (' ', $arr) ;
echo $str1;
```

第6章   PHP 网站开发

一、选择题

1. C   2. A   3. A

二、填空题

1. 设置当前表单数据提交的目标处理程序路径、设置当前表单数据的提交方式

2. session_start ( )

3. $_SESSION ['expiretime']

4. bool setCookie (string 变量名 [，string 变量值 [，int 过期时间]]) ;

5. < form > 和 </ form >

三、判断题

1. F   2. T   3. F   4. T   5. T

第8章   MySQL 数据库技术

一、选择题

1. A   2. C   3. A   4. B   5. D

二、填空题

1. net start MySQL 8. 0

2. mysql -h localhost -u root -p

3. net stop MySQL 8. 0

4. delete from 表名

5. select into outfile 命令

三、判断题

1. F　　2. T　　3. F　　4. T　　5. T

四、简答题

某系统现需要存储用户信息，存储信息包括用户名、姓名、密码、性别、年龄、生日、民族。

1）请合理设计该表的名称、字段名称以及各字段的数据类型。

2）写出创建该数据表的 SQL 语句。

3）写出查询所有年龄在 30 ~ 45 岁之间的女性用户的 SQL 语句。

4）写出统计每一个民族的用户的数量。

参考答案：

1）请合理设计该表的名称、字段名称以及各字段的数据类型。用户信息表设计见表 8.3。

表 8.3　用户信息表（User_Info）

字 段 名 称	字 段 类 型	备　　注
U_ID	int	用户编号（主键，标识）
UserName	varchar(20)	用户名
Password	varchar(20)	密码（1 表示女性，2 表示男性）
Sex	int	性别
Age	int	年龄
Birthday	date	生日
Nation	int	民族

2）写出创建该数据表的 SQL 语句。

```
create table User_Info
( U_ID  int auto_increment  primary key,
 UserName  varchar(20) ,
 Password  varchar(20) ,
 Sex  int,
 Age  int,
 Birthday  date,
 Nation  int,
);
```

3）写出查询所有年龄在 30 ~ 45 岁之间的女性用户的 SQL 语句。

```
select *  from User_Info where Sex =1 and Age > =30 and Age < =45;
```

4）写出统计每一个民族的用户的数量。

```
select Nation, count (U_ID) as Nums from User_Info group by Nation
```

第 9 章　PHP 与 MySQL 数据库编程技术

一、填空题

1. delete from 表名

2. 数据库服务器地址、服务器用户名、服务器密码、数据库名称

3. $conn1 -> connect_error( )

4. true 或 false、结果集资源

5. mysqli_connect ( )函数

二、判断题

1. T　　2. T　　3. T　　4. T　　5. T

三、简答题

某系统需要删除图书信息，现编写删除处理页面 PHP 代码，（使用 POST 方法向该页面提供图书编号 B_ID），根据图书编号从图书信息表（Book_Info）中删除相应信息，删除成功弹出提示，删除失败时返回图书列表页（book_list. php）。

参考答案：

```php
<? php
    if( $_POST ["B_ID"]! ="") {
    //获取传递的图书编号
    $bid = $_POST [" B_ID"];
    //连接 MySQL 服务器
    $servername =" localhost";
    $username =" root";
    $password =" 88888888";
    $databasename =" My_DB1";
    $conn = new mysqli ($servername, $username, $password, $databasename) ; //创建连接
    if ($conn -> connect_error) {
        echo " MySQL 服务器连接失败:". $conn -> connect_error;
    } else {
    //执行数据删除操作
    $str =" delete from Book_Info where B_ID =". $aid;
    $delete = mysql_query ($str);
     if ($delete) {
        echo " <script>alert ('图书信息删除成功! ') ; self. location ='book_list. php'</script>";
    } else {
        echo " <script>alert ('图书信息删除失败! ') ; self. location ='book_list. php'</script>";
    }
    } else {
        echo " <script>alert ('请选择要删除的图书信息! ') ; self. location ='book_list. php'</script>";
    }
? >
```

第 11 章　面向对象技术

一、选择题

1. C　　2. A　　3. B

二、填空题

1. 构造

2. 覆盖、重载

3. 封装性、多态性、继承性

4. __destruct

5. public、private、protected、static、final

三、判断题

1. T　　2. T　　3. T　　4. T　　5. F

第 12 章　PHP 安全与加密技术

一、填空题

1. JavaScript 脚本验证漏洞、表单提交地址改写漏洞、页面间传值判断漏洞

2. crypt( )、md5( )、sha1( )

3. string crypt(string 原字符串);

二、判断题

1. T　　2. F

参考文献

［1］ 潘凯华，刘欣，杨明，等．学通 PHP 的 24 堂课 ［M］．北京：清华大学出版社，2011.

［2］ 孔祥盛．PHP 编程基础与实例教程 ［M］．北京：人民邮电出版社，2011.

［3］ 徐辉，卢守东，蒋曹清．PHP Web 程序设计教程与实验 ［M］．北京：清华大学出版社，2008.

［4］ 潘凯华，刘中华，等．PHP 开发实战 1200 例 ［M］．北京：清华大学出版社，2011.

［5］ 刘秋菊，刘书伦．Web 编程技术：PHP + MySQL 动态网页设计 ［M］．北京：北京师范大学出版社，2011.

参考文献

[1] ……，……．……［M］．……：……，2012．

[2] ……．……［M］．……：……，2011．

[3] ……，……．……［M］．……：……大学……，2005．

[4] ……．……：200 ……［M］．……：……大学……，2011．

[5] ……，……．……［J］．……，……

……，2011．